高等学校土木工程专业指导委员会推荐规划教材

高等学校土木工程本科指导性专业规范配套系列教材

总主编 何若全

流体力学 (第2版)

LIUTI LIXUE

U0240191

主 编 龙天渝 童思陈

参 编 钟 亮

主 审 何 川

重庆大学出版社

内 容 提 要

本书为"高等学校土木工程本科指导性专业规范配套系列教材"之一,是"大土木"的一门基础课程教材。全书共 10 章,内容包括:绪论,流体静力学,流体动力学基础,流动阻力和水头损失,孔口、管嘴出流和有压管流,明渠流动,堰流,渗流,水文学基础,桥位处水力水文计算。每章有导读和小结,书后附有部分习题答案。

本书主要作为高等学校土木工程等专业的流体力学课程教学用书,也可作为全国注册结构工程师考试的参考书,此外还可供从事工程流体力学工作的工程技术人员参考。

图书在版编目(CIP)数据

流体力学/龙天渝,童思陈主编.--2 版.--重庆:
重庆大学出版社,2018.5(2024.1 重印)
高等学校土木工程本科指导性专业规范配套系列教材
ISBN 978-7-5689-1075-0

Ⅰ.①流… Ⅱ.①龙… ②童… Ⅲ.①流体力学—高
等学校—教材 Ⅳ.①O35

中国版本图书馆 CIP 数据核字(2018)第 096884 号

高等学校土木工程本科指导性专业规范配套系列教材

流 体 力 学
(第 2 版)

主编 龙天渝 童思陈
主审 何 川
策划编辑:林青山 王 婷
责任编辑:范春青 版式设计:范春青
责任校对:刘志刚 责任印制:赵 晟

*

重庆大学出版社出版发行
出版人:陈晓阳
社址:重庆市沙坪坝区大学城西路 21 号
邮编:401331
电话:(023) 88617190 88617185(中小学)
传真:(023) 88617186 88617166
网址:http://www.cqup.com.cn
邮箱:fxk@cqup.com.cn(营销中心)
全国新华书店经销
重庆华林天美印务有限公司印刷

*

开本:787mm×1092mm 1/16 印张:14.5 字数:364 千
2018 年 6 月第 2 版 2024 年 1 月第 5 次印刷
印数:9 001—12 000
ISBN 978-7-5689-1075-0 定价:39.00 元

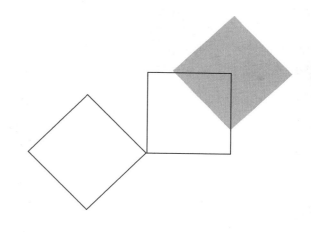

编委会名单

总 主 编： 何若全
副总主编： 杜彦良　邹超英　桂国庆　刘汉龙

编　　委（按姓氏笔画排序）：

卜建清	王广俊	王连俊	王社良
王建廷	王雪松	王慧东	仇文革
文国治	龙天渝	代国忠	华建民
向中富	刘凡	刘建	刘东燕
刘尧军	刘俊卿	刘新荣	刘曙光
许金良	孙俊	苏小卒	李宇峙
李建林	汪仁和	宋宗宇	张川
张忠苗	范存新	易思蓉	罗强
周志祥	郑廷银	孟丽军	柳炳康
段树金	施惠生	姜玉松	姚刚
袁建新	高亮	黄林青	崔艳梅
梁波	梁兴文	董军	覃辉
樊江	魏庆朝		

总　序

　　进入 21 世纪的第二个十年,土木工程专业教育的背景发生了很大的变化。《国家中长期教育改革和发展规划纲要(2010—2020 年)》正式启动,中国工程院和国家教育部倡导的"卓越工程师教育培养计划"开始实施,这些都为高等工程教育的改革指明了方向。截至 2010 年底,我国已有 300 多所大学开设土木工程专业,在校生达 30 多万人。我国已成为世界上该专业在校大学生最多的国家。如何培养面向产业、面向世界、面向未来的合格工程师,是土木工程界一直在思考的问题。

　　由住房和城乡建设部土建学科教学指导委员会下达的重点课题"高等学校土木工程本科指导性专业规范"的研制,是落实国家工程教育改革战略的一次尝试。"专业规范"为土木工程本科教育提供了一个重要的指导性文件。

　　由"高等学校土木工程本科指导性专业规范"(以下简称"专业规范")研制项目负责人何若全教授担任总主编,重庆大学出版社出版的《高等学校土木工程本科指导性专业规范配套系列教材》力求体现"专业规范"的原则和主要精神,按照土木工程专业本科期间有关知识、能力、素质的要求设计了各教材的内容,同时对大学生增强工程意识、提高实践能力和培养创新精神做了许多有意义的尝试。这套教材的主要特色体现在以下方面:

　　(1)系列教材的内容覆盖了"专业规范"要求的所有核心知识点,并且教材之间尽量避免了知识的重复;

　　(2)系列教材更加贴近工程实际,满足培养应用型人才对知识和动手能力的要求,符合工程教育改革的方向;

　　(3)教材主编们大多具有较为丰富的工程实践能力,他们力图通过教材这个重要手段实现"基于问题、基于项目、基于案例"的研究型学习方式。

　　据悉,本系列教材编委会的部分成员参加了"专业规范"的研究工作,而大部分成员曾为"专业规范"的研制提供了丰富的背景资料。我相信,这套教材的出版将为"专业规范"的推广实施,为土木工程教育事业的健康发展起到积极的作用!

中国工程院院士　哈尔滨工业大学教授

沈世钊

前言

（第2版）

本书是何若全总主编的《高等学校土木工程本科指导性专业规范配套系列教材》中《流体力学》的修订版。

为了更好地适应国家正在实施的"创新驱动发展"等一系列重大战略对人才培养的要求，培养具有科学基础厚、工程能力强、综合素质高的工程技术人才，在汲取了有关专家的意见和建议的基础上，编者对2012年出版的《流体力学》教材主要在以下几个方面进行了修订：

（1）对上一版内容进行了适当的调整，删除了上一版中的第9章"量纲分析和相似原理"，增加了"水文学基础"和"桥位处水力水文计算"两章。增加的内容展示了流体力学基本理论在土木工程中的实际应用，学生可作为工程案例来学习。

（2）通过精简上一版中的一些繁难的数学推导，并删除三维流动基本方程的推导过程，降低了部分内容的难度。

（3）进一步加强了对物理概念和物理意义的清晰描述。

（4）增加了一些例题，有利于学生更好地学习。

（5）进一步对全书进行了全面的校核和修正。

本书由重庆大学龙天渝、重庆交通大学童思陈和钟亮负责修订。龙天渝负责修订第2章和第3章，童思陈负责修订第1,6,7,8章，钟亮负责修订第4,5章。新增加的第9章"水文学基础"和第10章"桥位处水力水文计算"由童思陈和钟亮共同完成。全书由龙天渝统稿审定。

本书由重庆大学何川教授审阅，对此表示衷心的感谢。

由于水平有限，时间较紧，书中难免有不妥之处，恳请读者批评指正。

编　者

2018年1月

前言
（第 1 版）

随着高等学校人才培养模式的不断更新,流体力学也迎来了新的挑战。为适应新形势下人才培养的需求,根据土木工程专业的需要和新颁布的专业规范对流体力学课程的要求,本书介绍了工程流体力学的基本概念、基本原理和基本方法。本书按土木工程大类专业培养的理念编写,在保证必需的基础知识的前提下,力求内容精练,编排合理,思路清晰,物理概念明确;注意强调知识点的物理含义与工程背景,强调研究方法与实验手段,使读者在学习过程中不断积累理论联系实际的意识与能力。

全书共 9 章:绪论,流体静力学,流体动力学基础,流动阻力和水头损失,孔口、管嘴出流和有压管流,明渠流动,堰流,渗流,量纲分析和相似理论。每章有导读和小结,书后附有部分习题答案和主要参考文献。

本书为高等学校土木工程等专业的流体力学课程教材,适用于 30 ~ 40 学时的教学安排,也可作为全国注册结构工程师考试的参考书。

本书由龙天渝编写第 2,3,9 章;童思陈编写 1,6,7,8 章;钟亮编写 4,5 章。龙天渝、童思陈担任主编。

本书由重庆大学何川教授主审,提出了许多宝贵的意见和建议,对此表示衷心的感谢。

由于编者的学识及水平所限,虽经多次修改,仍难免有不尽如人意的地方,欢迎并恳请广大读者批评指正、提出宝贵意见。

编 者
2012 年 6 月

目　录

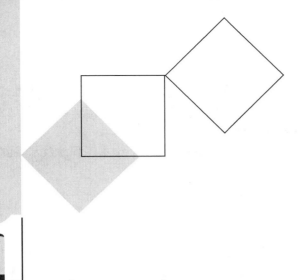

1 绪 论

本章导读：
- **基本要求** 理解流体的主要物理性质；掌握惯性、黏性和牛顿内摩擦定律；理解液体的压缩性、表面张力的概念及其现象；了解牛顿流体和非牛顿流体的概念及其区别；理解并掌握作用在液体上的力的分类方法；掌握表面力与质量力的概念及其一般类别。
- **重点** 牛顿内摩擦定律的推导；作用在液体上的力的类别及其划分标准；单位质量力及其分量的概念。
- **难点** 牛顿内摩擦定律的推导、剪切变形速度梯度等概念；单位质量力及其分量的表达。

1.1 流体力学及其作用

自然界物质存在的主要形式是固体、液体和气体。液体和气体具有共同的特征——易流动性，故将液体和气体统称为流体。常见的流体有水、油和空气等。从力学角度讲，流体是一种受任何微小剪切力的作用都会连续变形的物体。只要这种力继续存在，变形就不会停止。固体则不然，当受到剪切力作用时，固体仅能产生一定程度的变形。

流体力学作为力学的一个分支，主要研究在各种力的作用下，流体处于静止和宏观运动时的规律以及流体与固体边界间的相互作用。流体涉及面很广，流体力学的应用范围也很广。在土建工程中，流体力学得到了广泛的应用。如城市的生活和工业用水一般都是从水厂集中供应，水厂利用水泵把河流、湖泊或井中的水抽上来，经过消毒净化处理后，再通过管路系统把水输送到各用户。有时，为了均衡负荷，还需要修建水塔。这样，就需要解决一系列流体力学问题，例如取水口的布置、管路布置、水管直径和水塔高度等的计算、水泵容量和井的产水量计算等。又如，在供热通风及燃气工程设计中同样需要解决一系列的流体力学问题，如热的供应、空气的调节、燃气的输配、排毒排湿、除尘降温的设计计算等。在修建铁路及公路、开凿航道、设计港口等工程时,也必须解决一系列流体力学问题,如桥涵孔径的设计、路基排水设计、隧道及地下工程通风和排水设计以及高速铁(公)路隧道洞型设计等。

总之,流体力学是土木工程类学科中一门重要的专业基础课程,在土木工程涉及水、油等流体的情况下均有广泛应用。

1.2 流体的主要物理性质

外因是变化的条件,内因是变化的依据。流体运动的规律,除与外部因素(如边界的几何条件及动力条件等)有关外,更重要的是取决于流体本身的物理性质。因此,流体的物理性质是我们研究流体相对平衡和机械运动的基本出发点。在流体力学中,有关流体的主要物理性质有以下几个方面。

1.2.1 惯性

惯性是物体保持其原有运动状态的一种性质。物体运动状态的任何改变,都必须克服惯性的作用。表示惯性大小的物理量是质量。质量越大,惯性越大,运动状态越难于改变。一个物体反抗改变原有运动状态而作用于其他物体上的反作用力称为惯性力。设物体质量为 m,加速度为 $\vec{a}$,则惯性力为

$$\vec{F} = -m\vec{a} \tag{1.1}$$

式中,负号表示惯性力的方向与物体加速度的方向相反。

流体单位体积内所具有的质量称为密度,以 ρ 表示。对于均质流体,若其体积为 V,质量为 m,则

$$\rho = \frac{m}{V} \tag{1.2}$$

对于非均质流体,各点的密度不同。要确定空间某点流体的密度,可在该点周围取微元体积 ΔV,若它的质量为 Δm,则该点的密度为

$$\rho = \lim_{\Delta V \to 0} \frac{\Delta m}{\Delta V} = \frac{\mathrm{d}m}{\mathrm{d}V} \tag{1.3}$$

在国际单位制中,密度的单位为 kg/m^3。

流体的密度随温度和压强的变化而变化。在一个标准大气压下,不同温度下水和空气的密度值见表 1.1。实验表明,液体的密度随温度和压强的变化甚微,在绝大多数实际流体力学问题中,可近似认为液体的密度为一个常数。计算时,一般取水的密度值为 1 000 kg/m^3。

表 1.1 在标准大气压时不同温度下水和空气的密度

温度/℃	水/(kg·m⁻³)	空气/(kg·m⁻³)	温度/℃	水/(kg·m⁻³)	空气/(kg·m⁻³)
0	999.9	1.293	40	992.2	1.128
5	1 000.0	1.270	50	988.1	1.093
10	999.7	1.248	60	983.2	1.060

温度/℃	水/(kg·m⁻³)	空气/(kg·m⁻³)	温度/℃	水/(kg·m⁻³)	空气/(kg·m⁻³)
15	999.1	1.226	70	977.8	1.029
20	998.2	1.205	80	971.8	1.000
25	997.1	1.185	90	965.3	0.973
30	995.7	1.165	100	958.4	0.947

1.2.2　黏性

流体在运动状态下抵抗剪切变形的能力,称为黏滞性或简称黏性。黏性是流体的固有属性,是流动流体产生机械能损失的主要原因。

现用牛顿平板实验来说明流体的黏性。设面积为 A 的两平行平板相距 h,其间充满了流体,下板固定不动,上板受拉力 T 的作用,以匀速 U 向右运动,如图 1.1(a)所示。

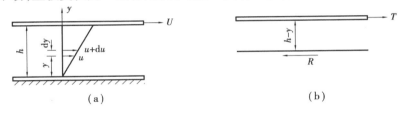

(a)　　　　　　　　　　　　　　　(b)

图 1.1　牛顿平板实验

由于流体的黏性,当流体与固体相接触时,流体质点将黏附于固体上,故下板上的流体质点的速度为零,而上板上的流体质点的速度为 U。当 h 或 U 不是太大时,沿板的法线方向,两平板间流体的流速呈线性变化,即

$$u(y) = \frac{U}{h} y \tag{1.4}$$

实验表明,对于大多数流体(包括水在内)存在下列关系

$$T \propto \frac{AU}{h}$$

若引入一比例系数 μ,称为黏度(也称黏性系数)或动力黏度,上式可写为

$$T = \mu \frac{AU}{h}$$

则得黏附于上板的流层的切应力 τ 为

$$\tau = \frac{T}{A} = \mu \frac{U}{h} \tag{1.5}$$

再研究任一流层上的切应力。在距下板 y 处作一个同上下板平行的平面,取上部流体为隔离体,如图 1.1(b)所示,由平衡条件得

$$R = T$$

由此可知,任一流层上的切应力 τ 相同。

由图 1.1(b)可知,力 R 是下部流体对上部流体的阻力,其方向与 U 相反。根据牛顿第三定律,上部流体对下部流体的作用力亦为 R,但方向与 U 相同,上下部流体在 y 平面上的这一对相互作用的剪力,即为黏滞力或摩擦力。由此可见,流体作相对运动时,必然在内部产生剪力以抵抗流体的相对运动,流体的这一特性,即为黏性。

一般情况下,可将式(1.5)改写成

$$\tau = \mu \frac{\mathrm{d}u}{\mathrm{d}y} \tag{1.6a}$$

当两平板间的流速分布为线性关系时,有

$$\frac{\mathrm{d}u}{\mathrm{d}y} = \frac{U}{h}$$

式(1.6a)即为著名的牛顿内摩擦定律。式中,$\mathrm{d}u/\mathrm{d}y$ 为流速梯度,它表示流速沿垂直于流速方向 y 的变化率,实质上它代表流体微团的剪切变形速率。现证明如下:

设 t 时刻在运动流体中相距 $\mathrm{d}y$ 的两流层间取矩形微团 $abcd$,如图 1.2 所示。经过 $\mathrm{d}t$ 段后,该流体微团运动至 $a'b'c'd'$,因流层间存在流速差 $\mathrm{d}u$,微团除平移运动外,还有剪切变形,即由矩形 $abcd$ 变成平行四边形 $a'b'c'd'$。ad 和 bc 都发生了角变形 $\mathrm{d}\theta$,其角变形速率为 $\mathrm{d}\theta/\mathrm{d}t$。因 $\mathrm{d}t$ 为微分时段,$\mathrm{d}\theta$ 亦为微量,故有

$$\mathrm{d}\theta \approx \tan \theta = \frac{\mathrm{d}u\,\mathrm{d}t}{\mathrm{d}y}$$

由此得

$$\frac{\mathrm{d}u}{\mathrm{d}t} = \frac{\mathrm{d}\theta}{\mathrm{d}t}$$

可见,流速梯度等于角变形速率,因为它是在切应力作用下发生的,故也称为剪切变形速率。

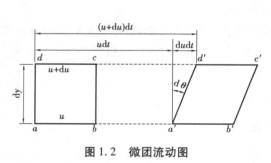

图 1.2 微团流动图

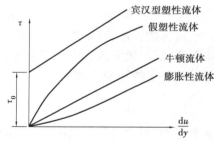

图 1.3 不同流体的流速梯度曲线

因此,牛顿内摩擦定律式(1.6a)又可写成

$$\tau = \mu \frac{\mathrm{d}\theta}{\mathrm{d}t} \tag{1.6b}$$

此式表明,黏性即为运动流体抵抗剪切变形速率的能力。

牛顿内摩擦定律仅适用于流体的层流运动,而对某些特殊流体不适用。一般把符合牛顿内摩擦定律的流体称为牛顿流体,如水、空气、汽油、煤油、乙醇等;把不符合牛顿内摩擦定律的流体,称为非牛顿流体,如聚合物溶液、泥浆、血浆、新拌水泥砂浆、新拌混凝土、泥石流等。牛顿流体与非牛顿流体的区别如图 1.3 所示,其中 τ_0 为初始(屈服)切应力。本书只讨论牛顿流体。

流体的黏性可用黏度 μ 来量度。μ 值越大,流体抵抗剪切变形的能力就越大。μ 的量纲为 $\mathrm{ML}^{-1}\mathrm{T}^{-1}$,国际单位为牛顿·秒/米²(N·s/m²)或帕·秒(Pa·s)。黏度主要与流体的种类和温度有关。对于液体来说,μ 值随着温度的升高而减小;气体则反之。这是因为黏性是流体分

子间的内聚力和分子不规则的热运动产生动量交换的结果。温度升高,分子间的内聚力降低,而动量交换加剧。对于液体,因其分子间距较小,内聚力是决定性的因素,所以液体的黏性随温度的升高而减小;而对于气体,由于其分子间距较大,分子间热运动产生的动量交换是决定性的因素,因此气体的黏性随温度的升高而增加。

流体的黏性还可以用动力黏度 μ 与流体密度 ρ 的比值即 $\nu = \mu/\rho$ 来表示,ν 称为运动黏度,其量纲为 L^2T^{-1},国际单位为米^2/秒(m^2/s)。水的运动黏度可用下列经验公式计算

$$\nu = \frac{0.017\,75}{1 + 0.033\,7t + 0.000\,221t^2} \tag{1.7}$$

式中,t 为水温,以℃计。其他流体的黏度可查阅有关流体计算手册。

通过以后有关流体运动的讨论可以了解,考虑流体黏性后,将使流体运动的分析变得很复杂。在工程流体力学中,为了简化分析,有时对流体的黏性暂不考虑,从而引出不考虑黏性的理想流体模型。在理想流体模型中,黏度 $\mu = 0$,按照理想流体模型得出的流体运动的结论应用到实际流体时,必须考虑黏性而进行修正。

【例1.1】　如图1.4所示,边长为 0.4 m 的正方形物体,所受重力 $W = 534$ N,沿一个与水平面成 $\theta = 30°$ 夹角并涂有润滑油的斜面下滑,速度 $v = 0.8$ m/s,油的动力黏滞系数为 0.14 N·s/m^2,求油膜厚度 y。

【解】　促使物体作下滑运动的动力是重力在运动方向的分力,即 $F' = W \sin 30°$。

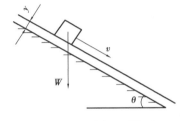

图1.4　例1.1图

另一方面,物体下滑引起的切向阻力 $F = \mu A \dfrac{du}{dy}$。由于油膜很薄,$\dfrac{du}{dy}$ 可按线性分布计算,即 $\dfrac{du}{dy} = \dfrac{v}{y}$。

根据平衡条件,运动方向的分力应等于切向阻力,$F' = F$,即 $\mu A \dfrac{v}{y} = W \sin 30°$。

代入已知条件,变换得

$$y = \frac{\mu A v}{W \sin 30°} = \frac{0.14 \times 0.4^2 \times 0.8}{534 \times \sin 30°} = 0.067(\text{mm})$$

1.2.3　压缩性和膨胀性

流体的压缩性是指流体受压,体积缩小,密度增大,除去外力后能恢复原状的性质。流体的膨胀性是指流体受热,体积膨胀,密度减小,温度下降后能恢复原状的性质。液体和气体虽然都是流体,但它们的压缩性和膨胀性大不一样,下面分别进行介绍。

1)液体的压缩性和膨胀性

液体的压缩性一般用体积压缩系数 α_p 来表示。它表示在一定温度下单位压强所引起的体积相对减小值,α_p 越大,液体越易压缩。设液体的原有体积为 V,如压强增加 dp 后,体积减小 dV,则体积压缩系数为

$$\alpha_p = -\frac{dV/V}{dp} \tag{1.8}$$

α_p 的单位是压强单位的倒数,即 Pa^{-1}。由于体积随压强的增大而减小,所以 $\dfrac{dV}{V}$ 和 dp 异号。式中右侧加一负号,以保证 α_p 为正值。

由于液体随压强增大,体积缩小,但质量没有变化,即 $dm=0$,故密度增大,由 $dm=d(\rho V)$ $=\rho dV+V d\rho=0$ 可得 $-\dfrac{dV}{V}=\dfrac{d\rho}{\rho}$,故体积压缩系数也可写成

$$\alpha_p = \frac{d\rho/\rho}{dp} \tag{1.9}$$

工程上往往用液体的弹性模量 E 来表示液体的压缩性。体积压缩系数 α_p 的倒数为弹性模量 E,即

$$E = \frac{1}{\alpha_p} = -V\frac{dp}{dV} = \rho\frac{dp}{d\rho} \tag{1.10}$$

E 的单位与压强的单位相同,即 Pa。显然,E 越大越不易压缩,$E=\infty$ 表示绝对不能压缩。表 1.2 列举了水在 0 ℃ 时不同压强下的体积压缩率,表中 at 为工程大气压的单位符号 (1 at = 98.07 kPa)

表 1.2 水的压缩性

压强/at	5	10	20	40	80
α_p/Pa^{-1}	0.538×10^{-9}	0.536×10^{-9}	0.531×10^{-9}	0.528×10^{-9}	0.515×10^{-9}

液体的膨胀性一般用体积膨胀系数 α_V 来表示。定义是在一定压强下,单位温升所引起的体积变化率,即

$$\alpha_V = \frac{dV/V}{dT} \tag{1.11}$$

同理,体积膨胀系数也可以表示为

$$\alpha_V = -\frac{d\rho/\rho}{dT} \tag{1.12}$$

表 1.3 给出了一个大气压作用下不同温度时水的体积膨胀系数。

表 1.3 水的体积膨胀系数

温度/℃	10~20	40~50	60~70	90~100
α_V/K^{-1}	1.50×10^{-4}	4.22×10^{-4}	5.56×10^{-4}	7.19×10^{-4}

从表 1.2 和表 1.3 可以看出,水的压缩性和膨胀性都很小。压强每升高一个大气压,水的密度约增加 1/20 000;在常温(10~20 ℃)情况下,温度每增加 1 ℃,密度约减小 1.5/10 000。因此,一般情况下水的压缩性和膨胀性可以忽略不计,只有在某些特殊情况下,例如水管的阀门突然关闭时所发生的水击现象或在自然循环的热水采暖系统中,才需要考虑水的压缩性和膨胀性。

2) 气体的压缩性和膨胀性

气体具有显著的压缩性和膨胀性。在温度不过低(热力学温度不低于 253 K)、压强不过高(压强不超过 20 MPa)时,常用气体(如空气、氮、氧、二氧化碳等)的密度、压强和温度三者之间

的关系相当符合理想气体状态方程,即

$$\frac{p}{\rho} = RT \tag{1.13}$$

式中,p 为气体的绝对压强,Pa;ρ 为气体密度,kg/m³;T 为气体的热力学温度,K;R 为气体常数,在标准状态下,$R = \frac{8\ 314}{n}$ J/(kg·K)(n 为气体的相对分子质量),空气的气体常数为 287 J/(kg·K)。

最后应指出,对于低速气流,其流速远小于声速,密度变化不大。例如,气流速度小于 50 m/s 时,密度的变化率小于 1%,通常可以忽略压缩性的影响,按不可压缩流体来处理,其结果也是足够精确的。

1.2.4　表面张力特性

在两种不同流体介质的分界面(如液体与气体)以及液体同固体的接触面上,由于分界面两侧分子作用力的不平衡,常使分界面上的流体分子间存在一个微小拉力,从宏观上看就表现为表面张力,所以表面张力可以看成作用于液体表面边线上的一个拉力。在表面张力的作用下,液体表面总是处于收缩的倾向,就像拉紧了的弹性膜,从而使得液体表面收缩成最小面积。例如,空气中的小液滴往往呈球状。

表面张力的大小,常用液体表面上单位长度所受的张力即表面张力系数 σ 表示,单位为 N/m。其方向总是垂直于长度方向。σ 的大小与液体的性质、纯度、温度和与其接触的介质有关。表 1.4 列出了几种液体与空气接触的表面张力系数。

表 1.4　几种液体与空气接触时的表面张力系数

流体名称	温度/℃	表面张力系数 $\sigma/(N \cdot m^{-1})$	流体名称	温度/℃	表面张力系数 $\sigma/(N \cdot m^{-1})$
水	20	0.072 75	四氯化碳	20	0.025 7
水银	20	0.465	丙酮	16.8	0.023 44
酒精	20	0.022 3	甘油	20	0.065

从表 1.4 可以看出,液体的表面张力是很小的,在工程中没有什么实际意义,一般可以忽略不计。但是,当小液滴、细小泥沙颗粒运动,以及水在孔隙介质中运动时,则应予以考虑。

将直径很小两端开口的细管竖直插入液体中,由于表面张力的作用,管中的液体会发生上升或下降的现象,称为毛细管现象。水体沿玻璃管上升的原因是由于玻璃与水体之间的附着力大于水体的内聚力而使液面呈凹形面。这样液面周界处的表面张力将引起水体上升,如图 1.5 所示。

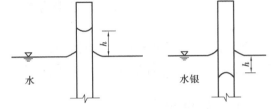

图 1.5　毛细管现象

高为 h 的液体重力应与表面张力在铅直方向上的投影相平衡,即

$$\sigma \pi d \cos \theta = \rho g \frac{\pi d^2}{4} h$$

由此得毛细管上升的高度

$$h = \frac{4\sigma \cos \theta}{\rho g d}$$

式中，θ 为液体与固体的接触角，水与玻璃的接触角 $\theta_w = 0° \sim 9°$；σ 为液体的表面张力系数；d 为玻璃管的直径。

对于水银，由于内聚力比附着力大，所以细玻璃管中的水银面呈现凸形面，表面张力将产生指向水银内部的附加压强，因而压下一个毛细管高度。

上述公式表明，液面上升或下降的高度与管径成反比，即玻璃管的内径 d 越小，毛细管现象引起的误差越大。因此，实验室中通常要求测压管的内径不小于 10 mm，以减小误差。

1.3 作用在流体上的力

作用在流体上的力，按其物理性质来看，有重力、摩擦力、弹性力、表面张力、惯性力等。但在流体力学中分析流体运动时，主要是从流体中取出一封闭表面所包围的流体，作为隔离体来分析。从这一角度出发，可将作用在流体上的力分为表面力和质量力两大类。

1.3.1 表面力

作用于流体隔离体表面上、大小与作用面积成比例的力称为表面力。它是相邻流体之间或其他物体与流体之间相互作用的结果。根据连续介质的概念，表面力连续分布在隔离体表面上，因此，在分析时常采用应力的概念。与作用面正交的应力称为压应力或压强；与作用面平行的应力称为切应力。

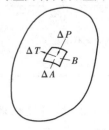

如图 1.6 所示，在流体隔离体表面上取包含 B 点的微小面积 ΔA，作用在 ΔA 上的法向力为 ΔP，切向力为 ΔT，则 B 点处的压强 p 及切应力 τ 分别为

$$p = \lim_{\Delta A \to 0} \frac{\Delta P}{\Delta A} = \frac{\mathrm{d}P}{\mathrm{d}A} \tag{1.14}$$

$$\tau = \lim_{\Delta A \to 0} \frac{\Delta T}{\Delta A} = \frac{\mathrm{d}T}{\mathrm{d}A} \tag{1.15}$$

图 1.6 表面力

p 及 τ 的量纲为 $ML^{-1}T^{-2}$。国际单位为帕斯卡(Pa)，简称帕，1 Pa = 1 N/m^2。

顺便指出，在静止流体中，流体间没有相对运动，即流速梯度 $du/dy = 0$，或者在理想流体中，黏度 $\mu = 0$。这两种情况均有 $\tau = 0$，作用在 ΔA 上的表面力只有法向压力 ΔP。

1.3.2 质量力

作用于流体隔离体内每个流体质点上、大小与流体质量成比例的力称为质量力。在均质流体中，质量力也必然和受作用流体的体积成正比，所以质量力又称为体积力。最常见的质量力是重力和惯性力。

设在流体中取一个质量为 m 的质点,作用在这个质点上的质量力为 $\vec{F}$,则单位质量力为

$$\vec{f} = \frac{\vec{F}}{m} \tag{1.16}$$

若 F 在每个坐标轴上的分力为 F_x, F_y, F_z,则单位质量力 $\vec{f}$ 在三个坐标轴上的分量分别为

$$\left. \begin{array}{l} f_x = \dfrac{F_x}{m} \\[2mm] f_y = \dfrac{F_y}{m} \\[2mm] f_z = \dfrac{F_z}{m} \end{array} \right\} \tag{1.17}$$

单位质量力及其分量都具有加速度的量纲 LT^{-2}。若流体所受的质量力只有重力时,则 $\vec{G} = -mg\vec{k}$,那么单位质量力的三个分量分别为

$$f_x = 0, f_y = 0, f_z = -g \tag{1.18}$$

式中,负号表示重力的方向是垂直向下的,正好与 z 轴方向相反。

用矢量表示,单位质量力

$$\vec{f} = f_x \vec{i} + f_y \vec{j} + f_z \vec{k} \tag{1.19}$$

式中, $\vec{i}, \vec{j}, \vec{k}$ 分别为 x, y, z 轴方向的单位矢量。

本章小结

(1)流体的物理性质是研究流体运动规律的基础。惯性、黏性是流体的基本特性;牛顿内摩擦定律揭示了切应力与流速梯度或剪切变形速度之间的内在关系,是后续内容研究的基础。

(2)根据研究特点,流体力学中将作用在流体上的力归为两类,即表面力和质量力。表面力是指大小与作用面积成比例的力;而质量力是指大小与流体质量成正比的力,对于均质流体,也称为体积力。单位质量力是指单位质量的质量力,具有加速度的量纲,是后续内容受力分析中常用到的基本量。

习　题

1.1　已知 20 ℃时海水的密度 $\rho = 1.03$ g/cm³,试用国际单位制单位(kg/m³)表示其密度值。

1.2　盛满石油的油罐,体积为 5 m³,罐内的绝对压强为 6.7×10^5 Pa。若从油罐中排出 2×10^{-3} m³ 的石油,则油罐内的压强降至 1.2×10^5 Pa,试求石油的弹性模量 E。

1.3　水的体积弹性系数(即弹性模量)为 1.962×10^9 Pa,当体积相对压缩率为 1% 时,求压强增量 Δp。

1.4　如图所示,河水的速度分布式为 $u = u_0 \sin\left(\dfrac{\pi y}{2h}\right)$,$u_0$ 是河面上的水流速度,h 是水深,y

坐标从河床起算。已知水的动力黏度 $\mu = 10^{-3}$ Pa·s,河面的水流速度 $u_0 = 3.5$ m/s,水深 $h = 5$ m,试计算 $y = 0, 0.5h, h$ 等三处的黏性切应力。

1.5　如图所示,两距离为 Δ 平行边界的缝隙内充满动力黏度为 μ 的液体,其中有一面积为 A 的极薄的平行板以速度 u 平行移动,x 为平板距上边界的距离,缝隙内的流速按直线分布。求拖动平板前进所需要的拖力 T。

1.6　倾角 $\theta = 30°$ 的斜面上涂有一层厚度为 $\delta = 15$ mm 的润滑油,一块面积 $A = 0.4$ m^2、质量未知的平板沿油膜表面向下滑动,其速度 $u_1 = 0.2$ m/s,如图所示。如果在此平板上加一块铁块,其所受重力为 $G = 10$ N,则此铁块和平板的下滑速度 $u_2 = 0.26$ m/s。已知由平板所带动的油的速度成直线分布,试求油的动力黏度。

1.7　如图所示,转轴直径 $d = 0.2$ m,轴承长度 $l = 0.8$ m,转轴与轴承的间隙 $\delta = 11$ mm,间隙内充满动力黏度 $\mu = 0.36$ Pa·s 的润滑油。如果使轴以转速 $n = 300$ r/min 旋转,试计算为了克服黏性阻力所需的功率。

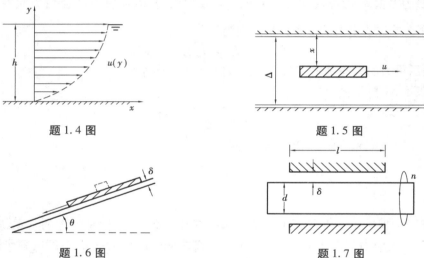

题 1.4 图　　　　　　　　　　　　　题 1.5 图

题 1.6 图　　　　　　　　　　　　　题 1.7 图

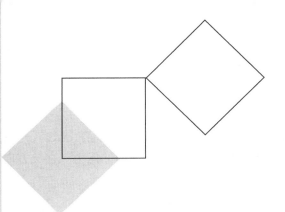

2 流体静力学

本章导读：

● **基本要求** 理解静压强的特性；掌握静力学基本方程、等压面以及静止液体中静压强的计算；掌握压强的测量与表示方法；掌握作用在平面和曲面上液体总压力的计算方法。

● **重点** 静压强的特性；静压强的分布规律；总压力的计算方法。

● **难点** 静压强的特性；曲面上液体总压力的计算方法。

　　流体静力学研究流体在外力作用下处于静止或平衡状态时的力学规律及其在工程实际中的应用。流体静力学是研究流体运动规律的基础。

　　静止流体中的压强称为静压强。本章以静压强为中心，分析静压强的特性、重力作用下静止液体中静压强的基本方程及其分布，以及静止流体作用于固体壁面上的总压力的计算。

2.1　流体静压强及其特性

　　流体具有易流动性，任何微小的剪切力作用下都会发生变形，变形必将引起质点的相对运动。因此，流体处于静止状态时，切向力等于零。又因流体不能承受拉力，所以，作用于流体上的表面力只有垂直指向作用面的压力。静止流体中只存在垂直指向作用面的法向应力，即压强。

　　静压强的方向与受压面垂直并指向受压面。任一点静压强的大小和受压面的方向无关，即在静止流体中的任意给定点，其静压强的大小在各方向都相等。

　　在证明任一点静压强的大小和受压面的方向无关之前，以图2.1为例来形象地描述这一特性的含义。在图2.1(a)中，平板AB上C点的静压强为p_C，其作用方向垂直指向受压面AB。假设C点位置固定不动，平板AB绕C点转动一个方位，变为如图2.1(b)所示的情况，作用在C

点的静压强为 p_c 因 C 点位置不变而保持不变。

在静止流体中任意点 (x,y) 处任取一个微小三棱体(图 2.2),其正交的三个边长分别为 dx,dy 和 dz,斜边长 ds。微小三棱体是从静止流体中分隔出来的,它处于静止状态,作用在其上的力平衡。由于没有切应力,所以作用力只有重力和垂直于各个表面的压力。在 x 方向和 y 方向作用力的平衡方程分别为

$$\sum F_x = p_x dydz - p_s dsdz \sin\theta + \frac{dxdydz}{2}\rho f_x = 0$$

$$\sum F_y = p_y dxdz - p_s dsdz \cos\theta + \frac{dxdydz}{2}\rho f_y = 0 \qquad (2.1)$$

$$ds\sin\theta = dy \qquad ds\cos\theta = dx$$

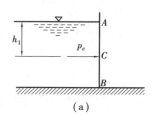

(a)

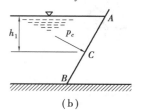

(b)

图 2.1　流体静压强的各向同性

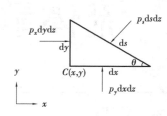

图 2.2　微小三棱体

式中,p_x,p_y 和 p_s 分别是在三个微小面上的平均静压强,角标表示受压面的方向;ρ 是流体的密度;f_x 和 f_y 分别是 x 方向和 y 方向的单位质量力。当微小三棱体体积缩小趋向于点 (x,y) 时,dx,dy,dz 趋近于零,则上式成为

$$p_x = p_s \qquad p_y = p_s$$

即

$$p_x = p_y = p_s \qquad (2.2)$$

当微小三棱体体积缩小趋向于点 (x,y) 时,p_x,p_y 和 p_s 表示点 (x,y) 分别在三个不同的作用面方向上的静压强。由于 θ 是任意选取的,因此斜面的方向是任意的,另外,点 (x,y) 也是任意选取的,这样就证明了任一点静压强的大小和受压面的方向无关的这一特性。

既然静止流体中任一点的流体静压强的大小与其受压面在空间的方向无关,对于某点的静压强,也就没有必要加角标写成 p_x,p_y 和 p_s,可直接写成 p,且

$$p = p(x,y,z) \qquad (2.3)$$

应当指出,流体静压强 p 实际上是一个标量,在对静压强方向的讨论中提到的"静压强方向"应理解为作用面上流体压强产生的压力(矢量)的方向。

2.2　重力作用下液体静压强的分布

自然界或工程实际中经常遇到的是,液体处于静止状态,此时,作用在液体上的质量力只有重力。本节研究质量力只有重力时静止液体中的压强分布规律。

2.2.1　液体静力学基本方程

对于如图 2.3 所示的重力作用下的静止液体,设液体自由液面上的压强为 p_0,选取直角坐标系为 x,y 轴水平,z 轴铅垂向上。在图中任意点 (x,y,z) 取出一微小的正六面体,六面体的底面和顶面为水平面,六面体的长、宽和高分别为 dx,dy 和 dz。设点 (x,y,z) 处的静压强为 p,作用在正六面体垂直向上的力有:底面上的压力为 $pdxdy$,方向垂直向上;顶面的压力 $(p+dp)dxdy$,方向垂直向下;重力 $\rho gdxdydz$,方向垂直向下。z 方向上作用力的平衡方程为

$$dp = -\rho g dz$$

对于均质液体,密度 ρ 为常数,积分上式得

$$p = -\rho gz + C \qquad (2.4)$$

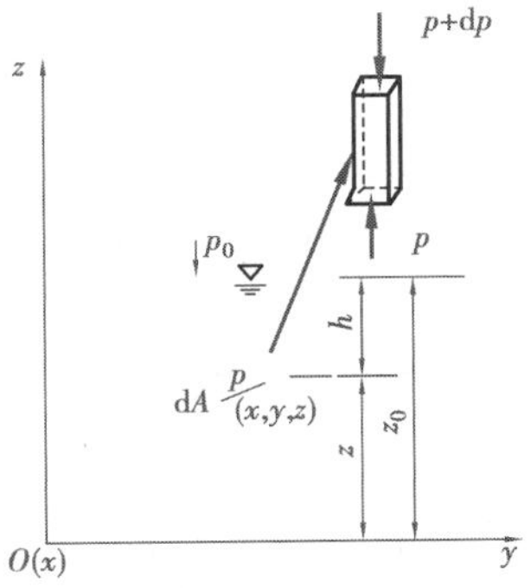

图 2.3　静止液体

式中,C 为积分常数,可由边界条件等决定。利用液面上 $z=z_0$、$p=p_0$ 的边界条件,求得积分常数 $C=p_0+\rho gz_0$,代入式(2.4),得

$$p = p_0 + \rho g(z_0 - z)$$
$$p = p_0 + \rho gh \qquad (2.5)$$

式中,h 为压强为 p 的点到液面的距离,称为淹没深度。

式(2.5)就是重力作用下的液体平衡方程,称为液体静力学基本方程。此式即为重力作用下的静止液体中任意点处的静压强计算公式。分析公式可知:

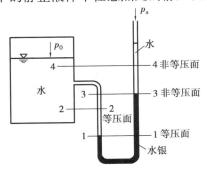

图 2.4　等压面和非等压面

(1)在重力作用下的静止液体中,任一点的静压强 p 由两部分组成:一部分为作用在液面上的压强 p_0,此表面力可以是固体对液体表面施加的作用力,也可以是一种液体对另一种液体表面的作用力,或气体对液体表面的作用力;另一部分为液体自身重力(即质量力)引起的压强,ρgh 表示底面积为单位面积,高为 h 的柱体的液重。

(2)在重力作用下的静止液体中,静压强 p 随淹没深度 h 按线性规律变化。

(3)由压强相等的各点所组成的面称为等压面。可以证明,在静止流体中,两种互不相混的流体的分界面为等压面。由式(2.5)可知,位于同一淹没深度($h=$ 常数)的各点的静压强相等,因此,在重力作用下的静止液体中等压面是水平面。但需指出,这一结论只适用于质量力只为重力、同种且互相连通的静止液体。对于不满足这些条件的水平面都不是等压面,如图 2.4 所示的 1—1 和 2—2 水平面为等压面,3—3 和 4—4 水平面为非等压面。

静力学基本方程式(2.5)是在均质液体的条件下得出的,在不考虑压缩性时,该式也适用于气体。由于气体的密度很小,在高差不很大时,气柱所产生的压强很小,可以忽略。因此,式(2.5)简化为

$$p = p_0 \qquad (2.6)$$

例如,贮气罐内各点的压强相等。

2.2.2　单位势能和测压管水头

将式(2.4)改写为

$$z + \frac{p}{\rho g} = C \qquad (2.7)$$

这是静力学基本方程的另一种形式。结合图 2.5,讨论方程中各项以及整个方程的物理意义与几何意义。

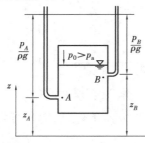

图 2.5　测压管水头

由物理学可知,把质量为 m 的物体从基准面提升高度 z 后,该物体就具有位势能 mgz,则受单位重力作用的物体的位势能为 z,所以,式(2.7)中 z 表示单位重力液体对某一基准面的位势能。它具有长度的量纲,z 也是液体质点(例如 A 点)离基准面的高度,所以 z 又称为位置高度或位置水头。

式(2.7)中的 $\frac{p}{\rho g}$ 表示单位重力液体的压强势能。说明如下:在离基准面 z 处开一个小孔,接一个开口的玻璃管(称为测压管),在开孔处液体静压强 p 的作用下,液体进入测压管,上升的高度为 h_p,并且 $h_p = \frac{p}{\rho g}$,因此称 $\frac{p}{\rho g}$ 为压强势能。因它也具有长度的量纲,故又称为压强高度或压强水头。

单位重力液体的位势能与压强势能之和 $z + \frac{p}{\rho g}$ 称为单位重力液体的总势能;位置水头与压强水头之和称为测压管水头。

流体静力学基本方程的物理意义可以概括为:在重力作用下处于静止状态的连续、均质的液体中各点单位重力液体的总势能处处相等。几何意义为:静止液体中各点的测压管水头都相等,即各点测压管水头线为水平线。在图 2.5 中,尽管 A,B 两点的位置坐标和压强均不相同,但它们的总势能却是一样的,它们的测压管水头线为同一水平线。

2.3　压强的度量和计量单位

2.3.1　绝对压强、相对压强和真空值

对流体压强的测量和标定有两种不同的基准:一种是以完全真空时的绝对零压强为基准来计量的压强值称为绝对压强,用符号 p_{abs} 表示;另一种以当地大气压强 p_a 为基准来计量的压强值称为相对压强,用符号 p 表示。相对压强与绝对压强的关系是

$$p = p_{abs} - p_a \qquad (2.8)$$

物理学中一般采用绝对压强。工程技术中大量使用相对压强,这是因为测量压强的各种仪表,因测量元件处于大气压的作用下,因而实际测量的就是绝对压强与当地大气压强之差,即相对压强,故也把相对压强称为表压强。

以后对压强的讨论或具体计算,一般都是指相对压强。在上述重力作用下的液体平衡方程

式(2.5)中,如 p 代表相对压强,当自由液面上的压强等于当地大气压强时,即 $p_0 = p_a$,静止液体中任一点的相对压强为

$$p = (p_a + \rho g h) - p_a = \rho g h \qquad (2.9)$$

在实际情况中,绝对压强 $p_{abs} \geq 0$,而相对压强可正可负。当流体的绝对压强低于当地大气压强时,相对压强为负,称流体处于负压状态或真空状态。当流体的绝对压强低于当地大气压强时,相对压强的绝对值称为真空值,用 p_v 表示,即

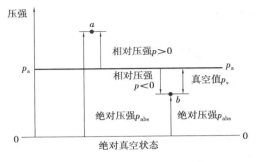

图 2.6　压强值的不同表示方法

$$p_v = p_a - p_{abs} \qquad (2.10)$$

绝对压强、相对压强和真空值的相互关系如图 2.6 所示。

2.3.2　压强的计量单位

(1)从压强的基本定义出发,用单位面积上力的单位,即应力的单位表示。国际单位制单位为 N/m^2(Pa)。

(2)用大气压的倍数来表示。国际上规定的标准大气压,单位为 atm;工程界常用工程大气压,单位为 at(kgf/cm^2)。

(3)用液柱高度来表示。常用水柱高度或水银柱高度来表示压强,单位为 mH_2O,mmH_2O,mmHg 等。将真空值用液柱高度表示时,即 $h_v = \dfrac{p_v}{\rho g}$,称 h_v 为真空高度。

在上述三种压强的计量单位中,大气压单位和液柱高度单位都不是国际单位制单位,它们正逐渐被国际单位制单位所取代。

以上三种压强计量单位换算关系见表 2.1。

表 2.1　压强单位换算表

压强单位	Pa(N/m^2)	mmH_2O	mmHg	at	atm
换算关系	9.8	1	0.736	10^{-4}	9.67×10^{-5}
	98 000	10^4	736	1	0.967
	101 325	1 033	760	1.033	1
	133.33	13.6	1	1.36×10^{-3}	13.16×10^{-3}

2.4　液柱式测压计

在工业生产和科学研究中,经常需要测量压强的大小。用于测量压强的仪表较多,其中最常用的有液柱式测压计和金属测压表。

液柱式测压计是用液柱高度或液柱高度差来测量流体的静压强或压强差。它结构简单,使用方便可靠,一般用于测量 1 000 mmHg 以下低压强、真空高度和压强差。下面结合流体静力学

基本方程的应用,介绍液柱式测压计。

2.4.1 测压管

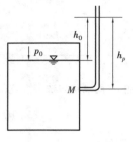

图 2.7 测压管

测压管是接于测点竖直向上的开口玻璃管,如图 2.7 所示。在静压强 p 的作用下,液体在测压管中上升高度 h_p,设被测液体的密度为 ρ,由式(2.5)可得 M 点的相对压强为

$$p = \rho g h_p$$

自由液面上的相对压强为

$$p_0 = \rho g h_0$$

用测压管测压,测压管高度不宜超过 2 m。测压管太长,不便测读,且易损坏。此外,为避免毛细管作用,测压管不能太细,一般直径 $d \geqslant 5$ mm。

2.4.2 U 形管测压计

如图 2.8 所示,U 形管测压计内装入密度为 ρ_p 的水银或其他界面清晰的工作液体。在测点压强 $p(p>0)$ 的作用下,U 形管左管的液面下降,右管的液面上升,直到平衡为止。设被测液体的密度为 ρ,U 形管中通过两种液体交界面的 $N—N$ 水平面为等压面,有

$$p_A + \rho g h = \rho_p g h_p$$

则

$$p_A = \rho_p g h_p - \rho g h$$

当测点 A 为真空状态,在大气压强的作用下,U 形管右管的液面下降,左管的液面上升(图 2.9),其计算方法与上面相似,由 $N—N$ 等压面,有

$$p_A + \rho g h + \rho_p g h_p = 0$$

A 点的真空值

$$p_v = -p_A = \rho g h + \rho_p g h_p$$

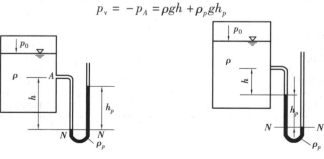

图 2.8 U 形管测压计　　　　　图 2.9 U 形管真空计

2.4.3 倾斜微压计

当测量的流体压强很微小时,为了提高测量精度,往往采用倾斜微压计。如图 2.10 所示,截面积为 A_1,可调倾斜角为 α 的玻璃管与一容器相连接,该容器的截面积为 A_2,内盛工作液体,

密度为 ρ。

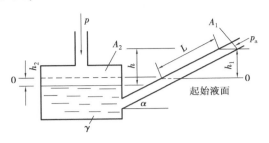

图 2.10　倾斜微压计

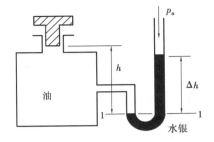

图 2.11　静压强计算

在未测压时,倾斜微压计的两端通大气,容器与斜管中的液面在同一水平面 0—0 上,当测压时,容器上部测压口与被测点相连接,在被测压强 $p(p>0)$ 的作用下,容器内液面下降 h_2,斜管内液面上升长度 L,其上升高度 $h_1 = L \sin \alpha$。根据容器内液体下降的体积等于倾斜管中液体上升的体积,有 $h_2 = L \dfrac{A_1}{A_2}$,于是

$$p = \rho g(h_1 + h_2) = \rho g L \left(\frac{A_1}{A_2} + \sin \alpha \right) = KL$$

$$K = \rho g \left(\frac{A_1}{A_2} + \sin \alpha \right)$$

式中,K 为倾斜微压计常数,当 A_1,A_2 和 ρ 不变时,它仅是倾斜角 α 的函数。改变 α,可以得到不同的 K 值,得到不同的放大倍数。微压计常数 K 一般有 0.2,0.3,0.4,0.6 和 0.8 五档,都刻在微压计支架上供测微压时选用。

【例 2.1】　如图 2.11 所示的测量装置,活塞直径 $d = 35$ mm,油的密度 $\rho_{油} = 920$ kg/m³,水银的密度 $\rho_{水银} = 13\ 600$ kg/m³,活塞与气缸无泄漏与摩擦。当活塞施加的压力 $P = 15$ N 时,$h = 700$ mm,试计算 U 形管测压计的液面高差 Δh。

【解】　活塞施加的液面压强为

$$p = \frac{P}{\dfrac{\pi}{4} d^2} = \frac{15}{\dfrac{\pi}{4} \times 0.035^2} = 15\ 590 (\text{Pa})$$

列等压面 1—1 的平衡方程

$$p + \rho_{油} g h = \rho_{水银} g \Delta h$$

解得

$$\Delta h = \frac{p}{\rho_{水银} g} + \frac{\rho_{油}}{\rho_{水银}} h = \frac{15\ 590}{13\ 600 \times 9.806} + \frac{920}{13\ 600} \times 0.70 = 16.4 (\text{cm})$$

【例 2.2】　用双 U 形管测压计测量两点的压强差,如图 2.12 所示。已知 $h_1 = 600$ mm,$h_2 = 250$ mm,$h_3 = 200$ mm,$h_4 = 300$ mm,$h_5 = 500$ mm,$\rho_1 = 1\ 000$ kg/m³,$\rho_2 = 800$ kg/m³,$\rho_3 = 13\ 600$ kg/m³,试求 A 和 B 两点的压强差。

【解】　根据等压面条件,图中 1—1,2—2,3—3 均为等压面,应用式(2.5)得

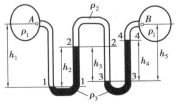

图 2.12　双 U 形管测压计

$$p_1 = p_A + \rho_1 g h_1$$

$$p_2 = p_1 - \rho_3 g h_2$$

$$p_3 = p_2 + \rho_2 g h_3$$

$$p_4 = p_3 - \rho_3 g h_4$$

$$p_B = p_4 - \rho_1 g (h_5 - h_4)$$

逐个将式子代入,则

$$p_B = p_A + \rho_1 g h_1 - \rho_3 g h_2 + \rho_2 g h_3 - \rho_3 g h_4 - \rho_1 g (h_5 - h_4)$$

所以
$$
\begin{aligned}
p_A - p_B &= \rho_1 g (h_5 - h_4 - h_1) + \rho_3 g (h_2 + h_4) - \rho_2 g h_3 \\
&= 1\,000 \times 9.806 \times (0.5 - 0.3 - 0.6) + 13\,600 \times 9.806 \times (0.25 + 0.3) - \\
&\quad\ 800 \times 9.806 \times 0.2 \\
&= 67\,858 (\text{Pa})
\end{aligned}
$$

2.5 静止液体作用在平面上的总压力

前面研究了重力作用下液体中某点压强的计算,在工程实际中除了需要计算某点的压强外,通常还需要确定液体作用在所压面上的总压力。力对物体的作用效果是由力的大小、方向和作用点三个要素决定的。因此,总压力的计算就是根据静压强的分布规律,确定合力的大小、方向和作用点。

液体作用在平面上的总压力的计算方法有图解法和解析法。在解决实际问题时,对于矩形平面可采用图解法,而其他平面采用解析法。

2.5.1 图解法

工程中的平板闸门、池壁、堤坝等多为上、下边与水平面平行的矩形平面,应用图解法确定作用在这类矩形平面上的液体总压力时比较方便。应用图解法求解时需要先绘出静压强分布图,以此为基础来计算总压力。

静压强分布图是根据静力学基本方程和静压强的特性,以一定比例尺的矢量线段表示压强大小和方向的图形,是液体静压强分布规律的几何图示。通常,构筑物上大气压强所产生的合力为零,工程设计中只需绘制相对压强的分布图。由于液体中的压强沿水深线性分布,只要把上、下两点的压强用线段绘出,中间以直线相连,就得到压强分布图。如图 2.13 所示的是几种有代表性的静压强分布图。

如图 2.14 所示,设矩形平面 AB 与水平面夹角为 α,平面的宽度为 b,上、下底边的淹没深度为 h_1, h_2,在平面 AB 上绘出压强分布图。

根据平面上总压力的大小等于受压面上全部微元面积所受压力的总和,即

$$P = \int_A \mathrm{d}P = \int_A p \mathrm{d}A = A_p b \tag{2.11}$$

式中,A_p 为压强分布图的面积。

上式表明:总压力的大小等于压强分布图的面积 A_p 乘以受压面的宽度 b。

总压力 P 的方向与静压强的方向相同,沿受压面的法线方向并指向该面。

总压力的作用线通过压强分布图的形心,作用线与受压面的交点就是总压力的压力中心或作用点。常见压强分布图有三角形、矩形和梯形等,它们的形心见表 2.2。

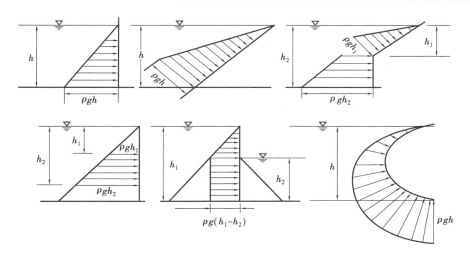

图 2.13　压强分布图

【例 2.3】　铅直放置的矩形闸门如图 2.15 所示。已知闸门高度 $h = 2$ m,宽度 $b = 3$ m,闸门上缘到自由液面的距离 $h_1 = 1$ m,试用图解法求作用在闸门上的静水总压力的大小及其作用点的位置。

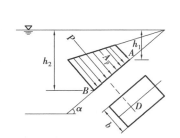 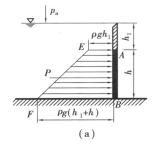 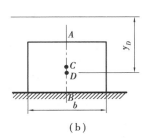

图 2.14　图解法求平面上的总压力　　　图 2.15　矩形平板闸门上的静水总压力

【解】　绘制闸门 AB 上的静压强分布图如图 2.15(a)所示。根据式(2.11)得静水总压力的大小

$$P = A_p b = \frac{1}{2} \left[\rho g h_1 + \rho g (h_1 + h) \right] h b$$

$$= \frac{1}{2} \times \left[9.806 \times 10^3 \times 1 + 9.806 \times 10^3 \times (1 + 2) \right] \times 2 \times 3 = 117.6 (\text{kN})$$

压力中心 D 通过梯形压强分布图的形心,距自由液面的位置 y_D 可直接由梯形的形心位置(表 2.2)得出,也可将梯形压强分布图分为三角形和矩形,然后通过求合力矩得出,在这里,选用后一种方法。

对液面过 O 点垂直于纸面的轴取矩,得

$$y_D \times \frac{1}{2} \left[\rho g h_1 + \rho g (h_1 + h) \right] h$$

$$= \rho g h_1 \times h \times \left(\frac{h}{2} + h_1 \right) + \frac{1}{2} \rho g h_1 \times h \times \left(\frac{3}{2} h + h_1 \right)$$

即　$y_D \times \frac{1}{2} \left[9.806 \times 10^3 \times 1 + 9.806 \times 10^3 (1 + 2) \times 2 \right]$

$$= 9.806 \times 10^3 \times 1 \times 2 \left(\frac{2}{2} + 1 \right) + \frac{1}{2} \times 9.806 \times 10^3 \times 2 \times 2 \left(\frac{2}{3} \times 2 + 1 \right)$$

可求得 $y_D = \dfrac{39.2 + 45.73}{39.2} = 2.17 (\text{m})$

表 2.2   常见对称平面的 A, y_C, I_{xC} 值

名　称	图形形状及有关尺寸	面积 A	形心坐标 y_C	惯性矩 I_{xC}
矩形	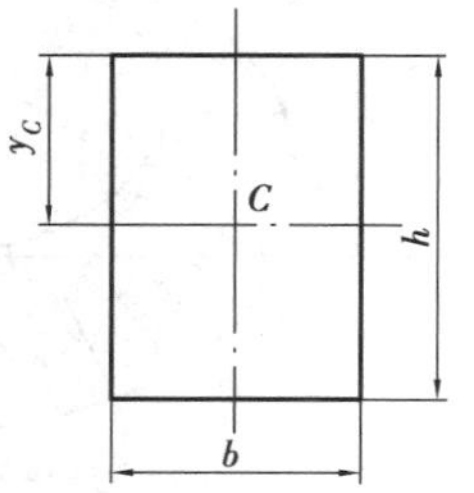	bh	$\dfrac{1}{2}h$	$\dfrac{1}{12}bh^3$
三角形	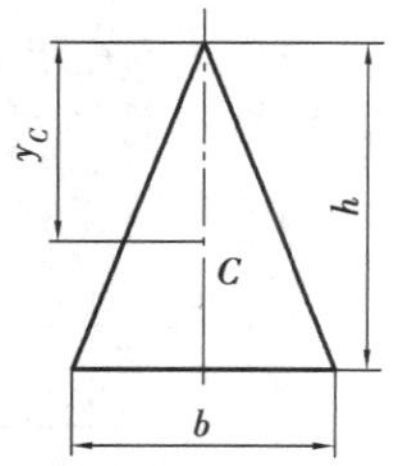	$\dfrac{1}{2}bh$	$\dfrac{2}{3}h$	$\dfrac{1}{36}bh^3$
梯形	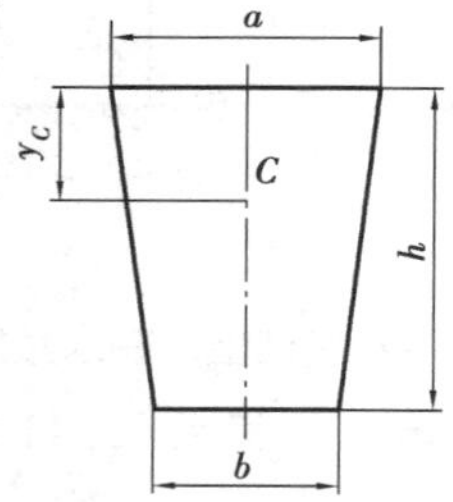	$\dfrac{1}{2}h(a+b)$	$\dfrac{h}{3}\left(\dfrac{a+2b}{a+b}\right)$	$\dfrac{h^3}{36}\left(\dfrac{a^2+4ab+b^2}{a+b}\right)$
圆形	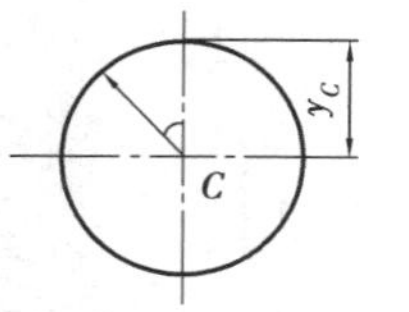	πr^2	r	$\dfrac{\pi}{4}r^4$
半圆形	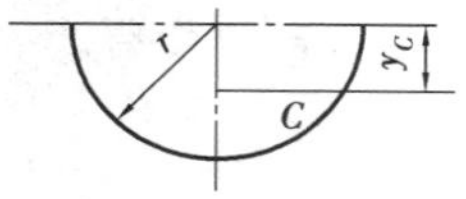	$\dfrac{\pi}{2}r^2$	$\dfrac{4r}{3\pi}$	$\dfrac{(9\pi^2-64)}{72\pi}r^4$

2.5.2　解析法

如图 2.16 所示,有一任意形状的平面壁 ab,倾斜放置在液面压强为大气压强的静止液体

中,它与水平液面的夹角为 α、面积为 A,平面的右侧为大气。由于平面壁左右两侧均受大气压强的作用,相互抵消,只需计算液体作用在平面上的总压力。取平面的延长面与水平液面的交线为 x 轴,Oxy 坐标面与平面壁在同一平面上。为便于看图分析,将平板绕 y 轴旋转 $90°$ 置于纸面上,由于平面壁上各点的淹没深度各不相同,各点的静压强亦不相同,但各点的静压强方向相同,皆垂直于平面,组成一个平行力系。

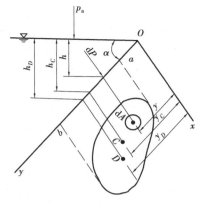

图 2.16　平面上的液体总压力

在平面壁上任取一微元面积 dA,其中心点的淹没深度为 h,在 Oy 轴上的坐标为 y,压强为 p,则液体作用在 dA 上的总压力为

$$dP = pdA = \rho gh dA = \rho gy \sin \alpha dA$$

作用在整个平面壁上的总压力可通过积分求得

$$p = \int_A dP = \rho g \sin \alpha \int_A y dA$$

式中,$\int_A y dA = Ay_C$ 为整个平面 ab 对 Ox 轴的面积矩,其大小等于面积 A 与形心 C 的坐标 y_C 的乘积。因此,总压力的大小为

$$P = \rho g \sin \alpha \cdot y_C A = \rho g h_C A \tag{2.12a}$$

或

$$P = p_C A \tag{2.12b}$$

式中,h_C 为形心 C 的淹没深度;p_C 为形心 C 上的压强。

上式表明,静止液体作用于任意形状平面上的总压力等于该平面的面积与其形心点静压强的乘积。而形心点的静压强就是整个作用面上的平均压强。

总压力 P 的方向与 dP 方向相同,即沿受压面的法线方向并指向该面。

根据理论力学中的合力矩定理(合力对任一轴的力矩等于各分力对该轴的力矩之和),可求得总压力 P 的作用点 D(即压力中心)的坐标 x_D,y_D。对 Ox 轴取力矩,有

$$Py_D = \int_A y dP = \int_A y\rho gh dA = \int_A y\rho gy \sin \alpha dA = \rho g \sin \alpha \int_A y^2 dA$$

式中,$\int_A y^2 dA$ 是平面 ab 对 Ox 轴的惯性矩,用符号 I_{xO} 表示。整理上式得

$$y_D = \frac{\rho g I_{xO} \sin \alpha}{\rho g y_C A \sin \alpha} = \frac{I_{xO}}{y_C A} \tag{2.13}$$

根据惯性矩的平行移轴定理 $I_{xO} = I_{xC} + y_C^2 A$,可将平面对 Ox 轴的惯性矩 I_{xO} 换算成惯性矩 I_{xC},它是平面 ab 对通过受压面形心 C 且平行于 Ox 轴的轴线的惯性矩,代入上式得

$$y_D = y_C + \frac{I_{xC}}{y_C A} \tag{2.14}$$

因为 $\frac{I_{xC}}{y_C A} > 0$,所以 $y_D > y_C$,即压力中心 D 位于在平面形心点 C 的下方,其距离为 $\frac{I_{xC}}{y_C A}$。

同理,对 Oy 轴取力矩,可求得压力中心 D 与 Oy 轴的距离 x_D。在工程实际中遇到的许多受压平面大多都是轴对称的,对称轴平行于 y 轴,总压力 P 的作用点必位于对称轴上。因此,只需计算 y_D,就可得到压力中心 D 的位置。

为了便于计算,将几种常见对称平面的面积 A,形心坐标 y_C 及惯性矩 I_{xC},列于表 2.2 中。

式(2.12)和式(2.14)是在液面压强为大气压强的情况下导出的,当液面压强 p_0 不等于大气压强时,式(2.12b)仍可用于求解总压力,但应用式(2.12a)和式(2.14)求解总压力和压力中心时,则应以相对压强为零的虚设液面(或称液面的延长面)为 y 坐标的起算点(即将坐标原点取在相对压强为零的虚设液面上)。这个虚设液面和实际液面的距离为 $\dfrac{|p_0 - p_a|}{\rho g}$。当 $p_0 > p_a$ 时,虚设液面在实际液面的上方;反之,则在下方。

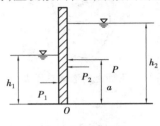

图 2.17 矩形闸门

【例2.4】 两边都承受水压的矩形水闸如图 2.17 所示,已知闸门两边的水深分别为 $h_1 = 2$ m,$h_2 = 4$ m,试求单位宽度闸门上所承受的总压力及其作用点。

【解】 单位宽度水闸左边的总压力为

$$P_1 = \rho g h_c A = \rho g \frac{h_1}{2} h_1 \times 1 = \frac{1}{2}\rho g h^2$$

$$= \frac{1}{2} \times 1\,000 \times 9.806 \times 2^2 = 19\,612(\mathrm{N})$$

由式(2.14)确定 P_1 的压力中心坐标

$$y_D = y_C + \frac{I_{xC}}{y_C A} = \frac{1}{2}h_1 + \frac{\frac{1}{12}b h_1^3}{\frac{1}{2}h_1^2 b} = \frac{2}{3}h_1$$

即 P_1 的作用点位置在离底 $\dfrac{1}{3}h_1 = \dfrac{2}{3}$ m 处。

同理,单位宽度水闸右边的总压力为

$$P_2 = \frac{1}{2}\rho g h_2^2 = \frac{1}{2} \times 1\,000 \times 9.806 \times 4^2 = 78\,448(\mathrm{N})$$

即 P_2 作用点的位置在离底 $\dfrac{1}{3}h_2 = \dfrac{4}{3}$ m 处。

单位宽水闸上所承受的总压力为

$$P = P_2 - P_1 = 78\,448 \text{ N} - 19\,612 \text{ N} = 58\,836 \text{ N}$$

假设总压力的作用点离底的距离为 a,对通过闸底的 O 点并垂直于纸面的轴取矩,得

$$Pa = P_2 \frac{h_2}{3} - P_1 \frac{h_1}{3}$$

则

$$a = \frac{P_2 \dfrac{h_2}{3} - P_1 \dfrac{h_1}{3}}{P}$$

$$= \frac{78\,448 \times 4 - 19\,612 \times 2}{3 \times 58\,836}$$

$$= 1.56(\mathrm{m})$$

【例2.5】 倾斜矩形闸门 AB,宽度 $b = 1$ m,A 处为铰轴,整个闸门可绕此轴转动,如图 2.18 所示。已知 $H = 3$ m,$h = 1$ m,闸门与水平面的倾角 $\alpha = 60°$,闸门自重及铰链的摩擦力可略去不计。求升起此闸门时所需垂直向上的拉力。

【解】 闸门所受总压力为

$$P = \rho g h_C A$$
$$= 1\,000 \times 9.806 \times 1.5 \times \left(\frac{3}{\sin 60°} \times 1 \right)$$
$$= 50\,953(\text{N}) = 50.953(\text{kN})$$

由式(2.14)可得压力中心 C 点到铰链轴 A 的距离为

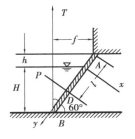

图 2.18 倾斜放置的闸门

$$l = \frac{h}{\sin 60°} + \left(y_C + \frac{I_{xC}}{y_C A} \right)$$

$$= \frac{h}{\sin 60°} + \left[\frac{1}{2} \times \frac{H}{\sin 60°} + \frac{\frac{1}{12} b \left(\frac{H}{\sin 60°} \right)^3}{\frac{1}{2} \times \frac{H}{\sin 60°} \left(b \frac{H}{\sin 60°} \right)} \right]$$

$$= \frac{1}{\sin 60°} + \left[\frac{1}{2} \times \frac{3}{\sin 60°} + \frac{\frac{1}{12} \times 1 \times \left(\frac{3}{\sin 60°} \right)^3}{\frac{1}{2} \times \frac{3}{\sin 60°} \times \left(1 \times \frac{3}{\sin 60°} \right)} \right]$$

$$= 3.45(\text{m})$$

由图可得

$$f = \frac{H + h}{\tan 60°} = 2.31(\text{m})$$

由力矩平衡,对通过 A 点垂直于纸面的轴取矩,得

$$Pl - Tf = 0$$

$$T = \frac{Pl}{f} = \frac{50.963 \times 3.455}{2.31} = 76.21(\text{kN})$$

2.6　静止液体作用在曲面上的总压力

实际工程中经常遇到受压面为曲面的情况,如圆柱形水池壁面、圆管壁面、弧形闸门等需要确定作用在曲面上的总压力。由于静止液体作用在曲面上各点的静压强都垂直于曲面,其各点的方向各不相同,彼此互不平行,因此,它们所形成的力系与平面上所形成的平行力系不同,不能像平面那样直接由各微元面上的总压力求其代数和。为求曲面上的总压力,通常将曲面上的总压力分解成水平分力和垂向分力,按平行力系求合力的方法求出作用在曲面上的水平分力和垂向分力,然后再合成总压力。下面先讨论静止液体作用于二向曲面柱面上的总压力问题,然后再将所得结论推广到一般曲面。

2.6.1　曲面上的总压力

如图 2.19 所示,$A'B'$ 为左侧承受液体压力的二向曲面,其面积为 A,取坐标系的 Oy 轴与二向曲面的母线平行,曲面在 Oxz 坐标平面上的投影为曲线 $A'B'$。在曲面上取一微元面积 dA,设该微元面形心的淹没深度为 h,则液体作用在它上面的总压力的大小为

$$dP = \rho g h dA$$

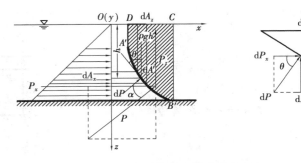

图 2.19 柱面上的液体总压力

此力方向垂直于微元面积 $\mathrm{d}A$,与 x 轴成 θ 角。可将其分解为水平分力 $\mathrm{d}P_x$ 和垂直分力 $\mathrm{d}P_z$,即

$$\mathrm{d}P_x = \mathrm{d}P\cos\theta = \rho g h \mathrm{d}A\cos\theta = \rho g h \mathrm{d}A_x$$

$$\mathrm{d}P_z = \mathrm{d}P\sin\theta = \rho g h \mathrm{d}A\sin\theta = \rho g h \mathrm{d}A_z$$

式中,$\mathrm{d}A_x$ 为微元面积 $\mathrm{d}A$ 在铅垂面 Oyz 上的投影;$\mathrm{d}A_z$ 为微元面积 $\mathrm{d}A$ 在水平面 Oxy 上的投影。将此二微元分力在整个面积 A 上进行积分,便可求得作用在曲面上的总压力的水平分力与垂直分力。

总压力的水平分力为

$$P_x = \int_{A_x} \rho g h \mathrm{d}A_x = \rho g \int_{A_x} h \mathrm{d}A_x \tag{2.15}$$

与求作用在平面上的液体总压力类似,$\int_{A_x} h \mathrm{d}A_x$ 表示曲面 $A'B'$ 在铅垂平面上的投影面积 A_x 对 y 轴的面积矩,若 h_C 表示 A_x 的形心的淹没深度,则式(2.15)为

$$P_x = \rho g h_C A_x \tag{2.16}$$

这就是作用在曲面上总压力的水平分力的计算公式。该式表明:液体作用在曲面上的总压力的水平分力等于液体作用在该曲面在铅垂投影面上的投影面积 A_x 上的总压力。同液体作用在平面上的总压力一样,水平分力 P_x 的作用线通过 A_x 的压力中心,可按上节的方法确定。

总压力的垂直分力

$$P_z = \int_{A_z} \rho g h \mathrm{d}A_z = \rho g \int_{A_z} h \mathrm{d}A_z \tag{2.17}$$

从图 2.19 可以看出,式中 $h\mathrm{d}A_z$ 表示微元面积 $\mathrm{d}A$ 与它在液面或液面的延长面上的投影面积 $\mathrm{d}A_z$ 之间所围成的柱体体积;而积分 $\int_{A_z} h \mathrm{d}A_z$ 表示整个曲面 $A'B'$ 与其在液面或液面延长面上的投影面 A_z 之间所围成的柱体体积,该体积 $A'B'CD$ 称为曲面 $A'B'$ 的压力体,它的体积以 V_p 表示,即

$$\int_{A_z} h \mathrm{d}A_z = V_p$$

因而式(2.17)可以改写成

$$P_z = \rho g V_p \tag{2.18}$$

式(2.18)说明液体作用在曲面上总压力的垂直分力等于压力体中的液体所受的重力,它的作用线通过压力体的重心。

总压力的大小为

$$P = \sqrt{P_x^2 + P_z^2} \tag{2.19}$$

总压力的作用线与水平线的夹角

$$\alpha = \arctan\frac{P_z}{P_x} \tag{2.20}$$

水平分力 P_x 的作用线通过曲面的投影平面 A_x 的压力中心,垂直分力 P_z 的作用线通过压力体 V_p 的重心,总压力 P 的压力中心为 P_x 与 P_z 作用线的交点,该压力中心不一定在曲面上。

P_z 的方向(向上或向下)取决于液体、压力体与受压曲面的相对位置,可根据实际作用在曲面上的受压方向来判断垂直分力向上还是向下。在图 2.20 中有两个形状、尺寸和淹没深度都完全相同的曲面 ab 与 $a'b'$,两者压力体完全相同(图中影线部分),所以两者垂直分力的大小相同。但是,这两个垂直分力的方向却正好相反。当与受压面相接触的液体和压力体位于受压曲面的同侧(如图中曲面 ab 压力体 $abcd$),对应的垂直分力 P_z 的方向向下,习惯上称为实压力体;当与受压面相接触的液体和压力体位于受压曲面的异侧(如图中 $a'b'$ 压力体 $a'b'c'd'$),所对应的垂直分力 P_z 的方向向上,习惯上称为虚压力体。由此可见,对于压力体的理解应当是,液体作用在曲面上总压力的垂直分力的大小恰好与压力体内的液体重力相等。但是,并非作用在曲面上的垂直分力就是压力体内的液体所受的重力。

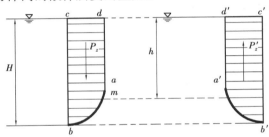

图 2.20 实压力体和虚压力体

对于水平投影重叠的曲面,可在曲面与铅垂面相切处将曲面分开,分别绘出各部分的压力体,然后相叠加,虚、实压力体重叠部分相抵消。例如图 2.21(a)的曲面 $ABCD$,分别按曲面 AC,CD 界定压力体,前者得虚压力体 $ABCEA$,如图 2.21(b)所示;后者得实压力体 $DCFED$,如图 2.21(c)所示;叠加后得到虚压力体 $ABFA$ 和实压力体 $BCDB$,如图 2.21(d)所示。

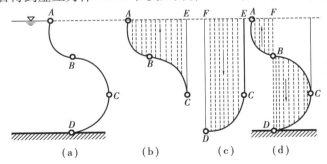

图 2.21 压力体叠加

以上的讨论虽是针对二向曲面,但所得结论完全可以应用于任意的三维曲面。所不同的是对于三维曲面除了水平分力 P_x 外,还有另一水平分力 P_y,其求法与求 P_x 完全相同。

【例 2.6】 弧形闸门如图 2.22 所示。已知 $H = 5$ m,$\theta = 60°$,闸门宽度 $B = 10$ m,求作用于曲面 ab 上的总压力。

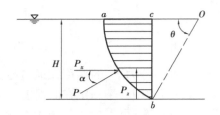

图 2.22　弧形闸门

【解】　闸门所受的水平分力

$$P_x = \rho g h_c A_x = \frac{1}{2}\rho g B H^2$$

$$= \frac{1}{2} \times 1\,000 \times 9.806 \times 10 \times 5^2 = 1\,225\,750\,(\text{N})$$

曲面 ab 上的压力体 $V_p = BA_{abc}$，面积 A_{abc} 为扇形面积 aOb 与三角形面积 cOb 之差。闸门所受的垂向分力

$$P_z = \rho g V_p = \rho g B A_{abc} = \rho g B \left(\frac{\pi \theta R^2}{360} - \frac{H^2}{2\tan\theta} \right)$$

总压力的大小、方向

$$P = \sqrt{P_x^2 + P_z^2} = \sqrt{1\,225\,750^2 + 1\,000\,212^2} = 1\,580\,727\,(\text{N})$$

$$\tan\alpha = \frac{P_z}{P_x} = \frac{1\,000\,212}{1\,225\,750} = 0.816$$

$$\alpha = 39°15'$$

由于弧形闸门上每点的静压强的方向线都通过闸门的转轴 O，因此总压力的作用线必通过闸门的转轴 O，并与水平线的夹角为 $\alpha = 39°15'$。

【例2.7】　如图2.23所示的贮水容器，容器壁上有三个半球形的盖，已知 $d = 0.5$ m，$h = 2.0$ m，$H = 2.5$ m。试求作用在各球盖上的液体总压力。

【解】　(1)底盖：因为底盖的左、右两半部分水平压力大小相等方向相反，故底盖的水平分力为零。其液体总压力就是曲面总压力的垂直分力，即

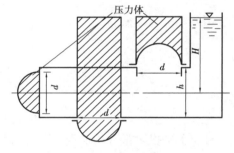

图 2.23　半球盖容器

$$P_{z1} = \rho g V_{p1} = \rho g \left[\frac{\pi d^2}{4}\left(H + \frac{h}{2} \right) + \frac{1}{2} \times \frac{4\pi}{3}\left(\frac{d}{2} \right)^3 \right]$$

$$= \rho g \frac{\pi}{4} d^2 \left[H + \frac{h}{2} + \frac{d}{3} \right]$$

$$= 1\,000 \times 9.806 \times \frac{3.14 \times 0.5^2}{12} \times 0.5^2 \times \left(2.5 + \frac{2.0}{2} + \frac{0.5}{3} \right)$$

$$= 7\,056.2\,(\text{N}) \quad (\text{方向向下})$$

(2)顶盖：与底盖一样，水平分力亦为零，其液体总压力等于曲面总压力的垂直分力，即

$$P_{z2} = \rho g V_{p2} = \rho g \left[\frac{\pi d^2}{4}\left(H - \frac{h}{2} \right) - \frac{d^3}{12} \right]$$

$$= 1\,000 \times 9.806 \times \left[0.785 \times 0.5^2 \times (2.5 - 1.0) - \frac{3.14 \times 0.5^3}{12} \right]$$

$$= 2\,565.9\,(\text{N}) \quad (\text{方向向上})$$

(3)侧盖：其液体总压力由垂直分力与 x 方向水平分力合成。其垂直分力应等于盖下半部与上半部的压力体之差的液体重力，亦即为半球体体积的水的重力，即

$$P_{z3} = \rho g V_{p3} = \rho g \times \frac{\pi d^3}{12} = 1\,000 \times 9.806 \times \frac{3.14 \times 0.5^3}{12} = 320.7\,(\text{N}) \quad (\text{方向向下})$$

水平分力：

$$P_{x3} = \rho gh_{Cx}A_x = \rho gH \frac{\pi d^2}{4} = 1\ 000 \times 9.806 \times 2.5 \times 0.785 \times 0.5^2 = 4\ 811(\text{N}) \qquad (方向向左)$$

故侧盖所受液体总压力

$$P_3 = \sqrt{P_{x3}^2 + P_{z3}^2} = \sqrt{4\ 811^2 + 320.7^2} = 5\ 821.7(\text{N})$$

侧盖液体总压力的方向

$$\tan \alpha = \frac{P_{z3}}{P_{x3}} = \frac{320.7}{4\ 811} = 0.067$$

$$\alpha = 3°51'$$

总压力 P 垂直于侧盖曲面并通过球心。

2.6.2　潜体和浮体上的液体总压力

完全淹没在液面以下且任何淹没深度处都能维持平衡的物体称为潜体。设质量力为重力,按照压力体的虚、实,潜体表面可分成上表面 A_U 和下表面 A_L,如图 2.24 所示。因为物体表面是封闭曲面,对于上表面的任意微元面积 dA_U,总能在下表面上找到相应的微元面积 dA_L,两者有完全相同的水平投影。叠加两微元面的压力体,上表面实压力体与下表面虚压力体相互抵消后,剩余的体积是虚压力体(见图 2.24 的阴影部分),它恰好与潜体表面上的微元面积 dA_U 与 dA_L 围成的体积重叠,所代表的作用力方向向上,称为浮力。潜体上所有微元面积的压力体叠

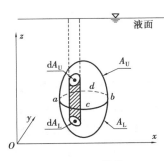

图 2.24　潜体

加就是潜体的体积。这就导出了阿基米德原理——潜体受到的浮力 P_B 等于潜体所排开液体的重力,即

$$P_B = \rho gV_B$$

式中,V_B 为潜体的体积。浮力的作用点称为浮心,它位于物体被淹没部分的几何中心上。

一部分淹没于液面下、一部分暴露于液面上的物体,称为浮体。可以证明,阿基米德原理对部分淹没于液体中的物体也完全适用。

本章小结

(1)静止的流体中,只存在压应力——压强、静压强的大小与作用面的方位无关,是空间坐标的连续函数,$p = p(x,y,z)$。

(2)重力作用下静压强的分布规律有两种表达形式,即 $p = p_0 + \rho gh$ 或 $z + \dfrac{p}{\rho g} = C$,两式均为液体静力学基本方程式。

(3)压强根据起算基准的不同,分为绝对压强、相对压强和真空值。三者的换算关系为:

$$p = p_{abs} - p_a$$

$$p_v = p_a - p_{abs} = -p$$

(4)作用在平面上的静水总压力,可按图解法或解析法计算,前者只适用于矩形平面。

(5)作用在曲面上的静水总压力,根据合力投影定理,分别求出水平分力和垂直分力,然后求合力。x 方向上的水平分力的大小等于作用在 x 轴方向的投影面上的总压力;垂直分力的大小等于压力体内液体所受的重力。

习　题

2.1　试求图(a)、(b)中,A,B,C 各点的绝对压强和相对压强。已知当地大气压强 $p_a = 98\ 070$ Pa。

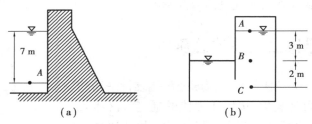

题 2.1 图

2.2　在封闭水箱中水深 $h = 1.5$ m 的 A 点上安装一压力表,表中心到 A 点距离 $Z = 0.5$ m,压力表读数为 4 900 Pa,求水面相对压强及其真空值。

2.3　封闭容器水面的绝对压强 $p_0 = 107\ 700$ Pa,当地大气压强 $p_a = 98\ 070$ Pa。试求:(1)水深 $h_1 = 0.8$ m 时,A 点的绝对压强和相对压强;(2)压力表 M 的读数和酒精($\rho = 810$ kg/m^3)测压计的读数 h。

2.4　已知图中 $z = 1$ m,$h = 2$ m,求 A 点的相对压强及测压管中空气的真空值。

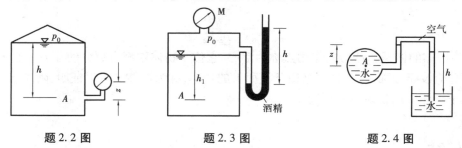

题 2.2 图　　　　　　题 2.3 图　　　　　　题 2.4 图

2.5　如图所示,在盛有油和水的圆柱形容器盖上施加的力 $F = 5\ 788$ N,已知:$h_1 = 30$ cm,$h_2 = 50$ cm,$d = 0.4$ m,$\rho_{油} = 800$ kg/m^3,试求 U 形测压管中水银柱的高度 H。

2.6　如图所示,两根水银测压管与盛有水的封闭容器连接,若上面的测压管的水银液面距自由液面的高度 $h_1 = 60$ cm,水银柱高 $h_2 = 25$ cm,下面的测压管水银柱高 $h_3 = 30$ cm,试求下面测压管水银面距自由液面的高度 h_4。

2.7　如图所示,差压计水银面的高差 $h = 15$ cm,求充满水的两圆筒内 A,B 的压强差。(1)A,B 两点同高;(2)A,B 两点不同高,高差为 $\Delta z = z_A - z_B = 1$ m。

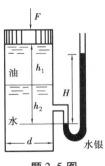
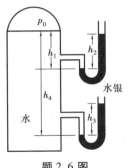
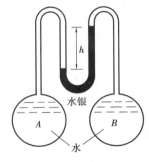

题 2.5 图　　　　　　　题 2.6 图　　　　　　　题 2.7 图

2.8　测定压差的装置如图所示,测得 $\Delta z = 200$ mm, $h = 120$ mm。试求:(1)$\rho_1 = 919$ kg/m^3 为油时,A,B 两点的压强差;(2)$\rho_1 = 1.2$ kg/m^3 为空气时,A,B 两点的压强差。

2.9　如图所示,锅炉顶部 A 处装有 U 形测压计,底部 B 处装有测压管。测压计顶端封闭,绝对压强 $p_0 = 0$,管中水银柱液面高差 $h_2 = 80$ cm,当地大气压强 $p_a = 750$ mmHg,测压管中水的密度 $\rho = 997.2$ kg/m^3,试求锅炉内蒸汽压强 p 及测压管内的液柱高度 h_1。

2.10　如图所示,试按复式水银测压计的读数算出容器中水面上蒸汽的压强。已知:$\nabla_1 = 2.3$ m,$\nabla_2 = 1.2$ m,$\nabla_3 = 2.5$ m,$\nabla_4 = 1.4$ m,$\nabla_5 = 3.0$ m。

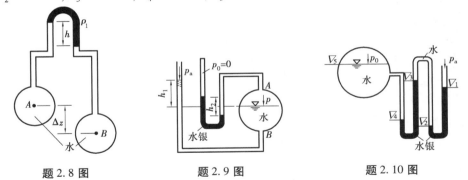

题 2.8 图　　　　　　　　题 2.9 图　　　　　　　　题 2.10 图

2.11　绕铰链轴 O 转动的自动开启式水闸如图所示,当水位超过 $H = 2$ m 时,闸门自动开启。若闸门另一侧的水位 $h = 0.4$ m,角 $\alpha = 60°$,试求铰链至闸门下端的距离 x。

2.12　如图所示,倾角 $\alpha = 60°$ 的矩形闸门 AB,上部油深 $h = 1$ m,下部水深 $h_1 = 2$ m,$\rho_油 = 800$ kg/m^3,求作用在闸门上每米宽度的总压力及其作用点。

2.13　如图所示,密封容器中盛水,底部侧面开 0.5 m $\times 0.6$ m 的矩形孔,水面绝对压强 $p_0 = 17.7 \times 10^3$ Pa,当地大气压 $p_a = 98.07 \times 10^3$ Pa,试求作用于孔盖板上的总压力及其作用点至孔盖板上沿的距离。

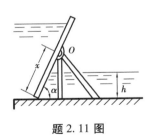
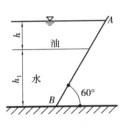
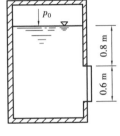

题 2.11 图　　　　　　　题 2.12 图　　　　　　　题 2.13 图

2.14 如图所示的水坝的圆形泄水孔,装一直径 $d=1$ m 的平板闸门,闸门中心水深 $h=3$ m,闸门所在斜面与水平面的夹角 $\alpha=60°$,闸门 A 端设有铰链,B 端钢索可将闸门拉开。当开启闸门时,闸门可绕 A 向上转动,在不计摩擦力及钢索和闸门质量时,求开启闸门所需之力 F。

2.15 如图所示的一圆柱形堤,长度 $l=10$ m,直径 $D=4$ m,上游水深 $H_1=4$ m,下游水深 $H_2=2$ m,求水作用于圆柱形堤上的总压力及其与垂直方向之夹角 θ。

2.16 如图所示,水库溢流坝顶弧形闸门宽 $B=12$ m,半径 $R=11$ m,闸门转动中心高程以及上游水位和下游水位高程标于图中,试计算闸门所受的水压力。

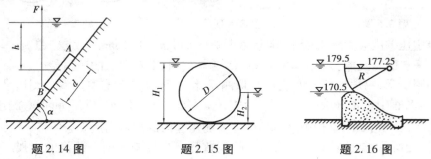

题 2.14 图　　　　　　　　题 2.15 图　　　　　　　　题 2.16 图

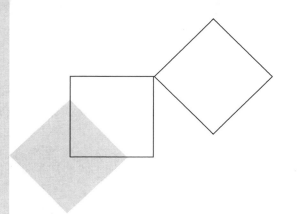

3 流体动力学基础

本章导读：
- **基本要求**　理解描述流体运动的两种方法；理解流动类型和流束与总流等相关概念；掌握总流连续性方程、能量方程和动量方程及其应用。
- **重点**　总流连续性方程、能量方程和动量方程及其应用。
- **难点**　综合应用总流三大方程。

3.1　流体运动的描述

　　流体运动时,表征运动特性的物理量或运动参数一般都随时间和空间位置而变化。流体是由无穷多流体质点组成的连续介质,流体的运动便是这无穷多流体质点运动的总和,怎样用数学方法来描述流体的运动呢? 常用的方法有两种:拉格朗日法和欧拉法。

3.1.1　拉格朗日法

　　拉格朗日法以研究个别流体质点的运动为基础,通过对每个流体质点运动的研究来获得整个流体运动。拉格朗日法是固体力学中质点系方法在流体力学中的应用。三维空间中质点的位置坐标 $[x_i(t),y_i(t),z_i(t)]$ 是时间 t 的函数,下标 $i=1,2,\cdots$ 用于识别不同的质点;位置坐标 $[x_i(t),y_i(t),z_i(t)]$ 在某时段内的变化就是质点运动的轨迹。由于流体是由无穷多流体质点组成的,质点数目无限多,用下标 i 来表述不太方便。设质点 i 的初始时刻 $t=t_0$ 时的位置坐标为

$$a = x_i(t_0),b = y_i(t_0),c = z_i(t_0)$$

显然,(a,b,c) 可用作不同质点的标识,只要连续地改变 (a,b,c) 的值,就能方便地综合所有质点。流体是连续介质,初始位置不相重合的两个质点永远都不会重合,故该标识方法是可行的。于是,质点在任一时刻 t 的位置坐标可写为

$$\left.\begin{array}{l} x = x(a,b,c,t) \\ y = y(a,b,c,t) \\ z = z(a,b,c,t) \end{array}\right\} \tag{3.1}$$

给定参数 (a,b,c) 的任一组值之后,上式给出该质点的空间轨迹,其中,t 是自变量,标识参数 (a,b,c) 与 t 之间没有函数关系。(a,b,c,t) 称为拉格朗日变数。上式中,如果固定 a,b,c 而令 t 改变,则得某一流体质点的空间轨迹;如果固定时间 t 而令 a,b,c 改变,则得同一时刻不同流体质点的位置分布。

根据定义,对于某确定的流体质点,在运动过程中 a,b,c 不变,仅是 t 变化。其速度为

$$\left.\begin{array}{l} u_x = \dfrac{\partial x}{\partial t} = u_x(a,b,c,t) \\[2mm] u_y = \dfrac{\partial y}{\partial t} = u_y(a,b,c,t) \\[2mm] u_z = \dfrac{\partial z}{\partial t} = u_z(a,b,c,t) \end{array}\right\} \tag{3.2}$$

同理,加速度为

$$\left.\begin{array}{l} a_x = \dfrac{\partial u_x}{\partial t} = \dfrac{\partial^2 x}{\partial t^2} = a_x(a,b,c,t) \\[2mm] a_y = \dfrac{\partial u_y}{\partial t} = \dfrac{\partial^2 y}{\partial t^2} = a_y(a,b,c,t) \\[2mm] a_z = \dfrac{\partial u_z}{\partial t} = \dfrac{\partial^2 z}{\partial t^2} = a_z(a,b,c,t) \end{array}\right\} \tag{3.3}$$

其他物理量,如压力、密度等,均可用 a,b,c,t 的函数来表示,即

$$p = p(a,b,c,t) \tag{3.4}$$

$$\rho = \rho(a,b,c,t) \tag{3.5}$$

拉格朗日法物理概念清晰,理论上能直接得出各质点的运动轨迹以及运动参数在运动过程中的变化,但在数学上常常遇到很大的困难。在实际工程中,大多数工程问题并不需要知道每个质点的轨迹和运动情况的细节,如工程中的管流问题,一般只要求知道若干个控制断面上的流速、流量及压强等的变化即可,因此,采用下面介绍的欧拉法更方便。本书后面各章节主要用欧拉法。

3.1.2 欧拉法

欧拉法着眼于占据各空间点上的流体质点的运动要素或物理量的变化规律。流体占据的空间称为流场。拉格朗日法"跟踪盯梢"各质点,而欧拉法却"布哨观察"流场空间各点。在各固定点上"布哨"后,任一哨位上都能观察到不同质点通过时引起的当地运动要素的变化。综合各哨位信息后,便可全面了解到任一瞬时全流场的空间分布特性。在欧拉法中,空间点是任意选定的,它的位置坐标 x,y,z 不是时间 t 的函数,而是独立变量。要注意区别空间点位置 x,

y,z 和质点位置 x,y,z 含意的不同,前者为独立变量,而后者是独立变量 t 的函数。

用欧拉法描述流体的运动,各物理量可表示为空间坐标和时间变量的连续函数,如

$$
\left.
\begin{aligned}
\vec{u} &= \vec{u}(x,y,z,t) \\
u_x &= u_x(x,y,z,t) \\
u_y &= u_y(x,y,z,t) \\
u_z &= u_z(x,y,z,t)
\end{aligned}
\right\} \tag{3.6}
$$

速度

压强 $\qquad\qquad p = p(x,y,z,t) \tag{3.7}$

密度 $\qquad\qquad \rho = \rho(x,y,z,t) \tag{3.8}$

式中,x,y,z,t 称为欧拉变数。在式(3.6)~式(3.8)中,时间 t 变化而 x,y,z 不变时,表示在固定的空间点上,质点的各运动参数随时间的变化情况;x,y,z 变化而 t 不变时,表示在同一瞬时不同空间点上运动参数的分布情况。

在数学上,将每一个空间点都对应着某个物理量的一个确定值的空间区域,定义为该物理量的场。因此,以欧拉法的观点来研究流体运动问题,就归结为研究含有时间 t 为参变量的流场中各物理量的变化规律,包括矢量场(速度场等)和标量场(压强场、密度场和温度场等)。

3.1.3　流体质点的加速度

在欧拉法中各运动参数是空间坐标和时间的函数。对运动质点而言,其位置坐标也随时间变化,即描述质点运动的坐标变量 x,y,z 对质点而言也是 t 的函数。在欧拉法中,流体质点的某运动参数对时间的变化率必须按复合函数的微分法则进行推导。如根据质点加速度的定义,可写出加速度在 x 方向上的分量为

$$
a_x = \frac{\mathrm{d}u_x}{\mathrm{d}t} = \frac{\partial u_x}{\partial t} + \frac{\partial u_x}{\partial x}\frac{\mathrm{d}x}{\mathrm{d}t} + \frac{\partial u_x}{\partial y}\frac{\mathrm{d}y}{\mathrm{d}t} + \frac{\partial u_x}{\partial z}\frac{\mathrm{d}z}{\mathrm{d}t}
$$

由于运动质点的坐标对时间的导数等于该质点的速度分量,即

$$
\frac{\mathrm{d}x}{\mathrm{d}t} = u_x, \frac{\mathrm{d}y}{\mathrm{d}t} = u_y, \frac{\mathrm{d}z}{\mathrm{d}t} = u_z
$$

故

$$
\left.
\begin{aligned}
a_x &= \frac{\partial u_x}{\partial t} + u_x\frac{\partial u_x}{\partial x} + u_y\frac{\partial u_x}{\partial y} + u_z\frac{\partial u_x}{\partial z} \\
a_y &= \frac{\partial u_y}{\partial t} + u_x\frac{\partial u_y}{\partial x} + u_y\frac{\partial u_y}{\partial y} + u_z\frac{\partial u_y}{\partial z} \\
a_z &= \frac{\partial u_z}{\partial t} + u_x\frac{\partial u_z}{\partial x} + u_y\frac{\partial u_z}{\partial y} + u_z\frac{\partial u_z}{\partial z}
\end{aligned}
\right\} \tag{3.9}
$$

由上式可以看出,用欧拉法描述的流体质点的加速度由两部分组成:第一部分 $\frac{\partial u_x}{\partial t}, \frac{\partial u_y}{\partial t}$ 和 $\frac{\partial u_z}{\partial t}$ 是速度场随时间变化而引起的加速度,称为时变加速度或当地加速度;第二部分 $u_x\frac{\partial u_x}{\partial x} + u_y\frac{\partial u_x}{\partial y} + u_z\frac{\partial u_x}{\partial z}, u_x\frac{\partial u_y}{\partial x} + u_y\frac{\partial u_y}{\partial y} + u_z\frac{\partial u_y}{\partial z}$ 和 $u_x\frac{\partial u_z}{\partial x} + u_y\frac{\partial u_z}{\partial y} + u_z\frac{\partial u_z}{\partial z}$ 是速度场随空间位置变化而引起的加速度,称为位变加速度或迁移加速度。举例说明如下:

一水箱的出水管中的 A,B 两点,如图 3.1 所示。在出水过程中,某水流质点占据 A 点,另

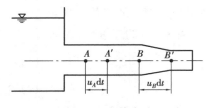

图 3.1 水箱出流

一水流质点占据 B 点,经 dt 时间后,两质点分别从 A 点移到 A' 点,从 B 点移到 B' 点。如果水箱水面保持不变,管内流动不随时间变化,则 A 点和 B 点的流速都不随时间变化,因此时变加速度都为 0。在管径不变处,A 点和 A' 点的流速相同,位变加速度也为 0,所以 A 点没有加速度;而在管径改变处,B' 点的流速大于 B 点的流速,B 点的位变加速度不等于 0。如果水箱水面随着出水过程不断下降,则管内各处流速都会随时间逐渐减小。这时,即使在管径不变的 A 处,其位变加速度虽仍为 0,但也还有负的加速度存在,这个加速度就是时变加速度;而在管径改变的 B 处,除了有时变加速度以外,还有位变加速度,B 点的加速度是两部分加速度的总和。

用欧拉法描述流体的运动时,流体质点的某运动参数对时间的变化率称为该运动参数的质点导数,式(3.9)表示的质点加速度就是速度的质点导数,式(3.9)的微分法则及其意义对于其他运动参数也同样适用,如压强和密度的质点导数分别为

$$\frac{dp}{dt} = \frac{\partial p}{\partial t} + u_x \frac{\partial p}{\partial x} + u_y \frac{\partial p}{\partial y} + u_z \frac{\partial p}{\partial z} \tag{3.10}$$

$$\frac{d\rho}{dt} = \frac{\partial \rho}{\partial t} + u_x \frac{\partial \rho}{\partial x} + u_y \frac{\partial \rho}{\partial y} + u_z \frac{\partial \rho}{\partial z} \tag{3.11}$$

3.2　流体流动的若干基本概念

运动流体所占据的空间称为流场。按欧拉法的观点,不同时刻流场中每个流体质点都有一定的空间位置、流速、加速度、压强等。研究流体运动就是求解流场中运动参数的变化规律。为深入研究流体运动的规律,需要继续引入有关流体运动的一些基本概念。

3.2.1　恒定流和非恒定流

在欧拉法中,流场中各空间点上的任何运动参数均不随时间变化,这种流动称为恒定流动;否则,为非恒定流。恒定流动时,流体的所有运动参数只是空间坐标的函数而与时间无关,即

$$\left.\begin{array}{l} u_x = u_x(x,y,z) \\ u_y = u_y(x,y,z) \\ u_z = u_z(x,y,z) \\ p = p(x,y,z) \\ \rho = \rho(x,y,z) \end{array}\right\} \tag{3.12}$$

它们的时变加速度为 0,即

$$\left.\begin{array}{l} \dfrac{\partial u_x}{\partial t} = \dfrac{\partial u_y}{\partial t} = \dfrac{\partial u_z}{\partial t} = 0 \\[2ex] \dfrac{\partial p}{\partial t} = 0 \\[2ex] \dfrac{\partial \rho}{\partial t} = 0 \end{array}\right\} \tag{3.13}$$

如图 3.2(a)所示,在水库的岸边有一泄水隧洞,当水库水位保持不变时,隧洞中任一空间点上流体的物理量都不随时间变化,因此,通过隧洞的水流为恒定流。如果水库水位随时间上升或下降,如图 3.2(b)所示,隧洞中任一空间点上流体的物理量将随时间变化,隧洞的水流为非恒定流。

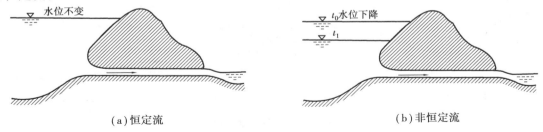

(a)恒定流　　　　　　　　　　　　　　　(b)非恒定流

图 3.2　隧道水流

对于恒定流,由于无时间变量 t,流动问题的求解将得到大大简化。在实际工程中,多数系统在正常运行时,其中的流动参数不随时间发生变化,或随时间变化缓慢,可近似作为恒定流处理。

确定流动是恒定流还是非恒定流与坐标的选择有关。例如,船在静止的水中等速直线行驶,确定船的两侧的水流流动是恒定流或非恒定流,这将因坐标系选取的不同而不同。如果将坐标系固定在岸上,则船两侧的水流流动是非恒定流,但是如果将坐标系固定在行驶中的船上(即对于坐在船上的人看到的情况),船两侧水流的流动则是恒定流。它相当于船不动,水流从远处以船行驶速度流向船。

由于恒定流问题比非恒定流简单,所以只要有可能,总是通过选择合适的坐标系将非恒定流动转化为恒定流来研究。

3.2.2　迹线和流线

用拉格朗日法研究流体中各质点在不同时刻(自始至终的连续时间内)运动的变化情况,引入了迹线的概念。

用欧拉法研究流场中同一时刻不同质点的运动情况,建立了流线的概念。

某一流体质点在运动过程中,不同时刻所流经的空间点所连成的线称为迹线,即迹线就是流体质点运动所形成的轨迹线。

流线与迹线不同。流线是指某一瞬时在速度场中的一空间曲线,在该曲线上的每一个流体质点的速度方向都与该曲线相切,如图 3.3(a)所示。

流线可采用几何的方法绘出,考虑某时刻 t 的流场,速度场表示为 $\vec{u} = \vec{u}(x,y,z,t)$,在场内取点 1,绘出该瞬时点 1 的速度矢量 $\vec{u}_1$,在 $\vec{u}_1$ 矢量线上取与点 1 相距极近的点 2,绘出同一瞬时点 2 的速度矢量 $\vec{u}_2$,再在 $\vec{u}_2$ 的矢量线上取与点 2 相距极近的点 3,绘出同一瞬间点 3 的速度矢量 $\vec{u}_3$,如此继续绘下去,就可得到折线 123……。如果所取各点间的距离无限缩短,使其趋近于零,这条折线就成了一条光滑的曲线,即为该时刻的一条流线。流线也可用流动显示的方法显示出来,如在水槽中水流的表面注入示踪粒子(细木屑、铝粉等),配合闪频摄影,照片上由示踪粒子组成的曲线,便是拍摄时刻水流表面的流线图。

由于通过流场中的每一点都可以绘一条流线,因此流线将布满整个流场。同时绘出多条流线可直观表示流场全貌,这种流线图称为流谱。图 3.3(b)、(c)分别表示的是喉管流动与圆柱体绕流的流谱。有了流线,流场的空间分布情况就得到了形象化的描述。

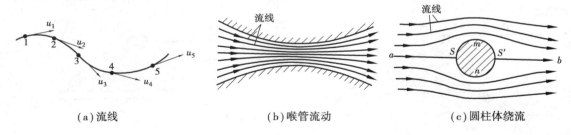

(a)流线   (b)喉管流动   (c)圆柱体绕流

图 3.3　流线和流谱示例

根据流线上任一点的速度方向与流线相切的性质,可以建立起流线的微分方程。

设流线上某点 $M(x,y,z)$ 处的速度为 $\vec{u}$,其分量为 u_x,u_y,u_z,若在流线上 M 点处取微元矢量 $\overrightarrow{ds}$,其分量为 dx,dy,dz。由流线定义可知,速度矢量 $\vec{u}$ 应与 $\overrightarrow{ds}$ 方向相同,根据矢量分析,应有

$$\frac{dx}{u_x(x,y,z,t)} = \frac{dy}{u_y(x,y,z,t)} = \frac{dz}{u_z(x,y,z,t)} \tag{3.14}$$

这就是流线的微分方程。因流线是某一固定时刻的曲线,所以这里的时间 t 不是自变量,是参变量。欲求某一给定时刻的流线时,只需将 t 作为常数,对方程进行积分即可。

流线不能相交(流速为零的驻点或流速为无限大的奇点除外),也不能是折线。因为在流场中,某一时刻占据某空间点的流体质点只能有唯一的速度方向。流线只能是一条光滑的曲线或直线。

恒定流因各空间点上的流体质点的速度不随时间变化,所以流线的形状与位置不随时间变化;非恒定流一般来说流线随时间变化。恒定流的流线和迹线重合。均匀流因速度的方向和大小都不随位置而变化,所以均匀流的流线是相互平行的直线,同一流线上各点的速度相等。

【例 3.1】　已知某二维恒定流动的速度分布为

$$u_x = kx, u_y = -ky$$

试求流场中流体质点的加速度及流线方程。

【解】　质点加速度

$$a_x = \frac{du_x}{dt} = u_x\frac{\partial u_x}{\partial x} + u_y\frac{\partial u_y}{\partial y} = k^2x$$

$$a_y = \frac{du_y}{dt} = u_x\frac{\partial u_y}{\partial x} + u_y\frac{\partial u_y}{\partial y} = k^2y$$

$$a = \sqrt{a_x^2 + a_y^2} = k^2\sqrt{x^2 + y^2} = k^2r$$

将已知速度分量 u_x,u_y 代入流线方程式(3.14),有

$$\frac{dx}{kx} = \frac{dy}{-ky}$$

$$kydx + kxdy = d(kxy) = 0$$

积分得
$$xy = C$$

可见,流线是一簇双曲线。

3.2.3 流管、流束和总流

在流场中,任取一条非流线的封闭曲线 C,在同一时刻,通过该封闭曲线上的每个点作流线,由这些流线围成的管状的曲面称为流管,如图 3.4(a)所示。流管内所有流体质点所形成的流动称为流束,如图 3.4(b)所示。因为流线不能相交,所以,流体不能由流管出入。在恒定流中流线的形状不随时间变化,因此,

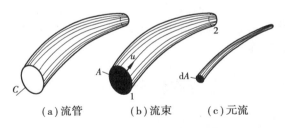

(a)流管　　(b)流束　　(c)元流

图 3.4　流管、流束和元流

恒定流的流管和流束的形状也不随时间变化。若流管的壁面就是流场区域的界面,流管内所有流体质点所形成的流动称为总流,它代表全流场上所有质点的流动。如图 3.5 所示为固壁周界内的两种总流。

被流体充满的管道流动称为有压流。有压管道内的总流简称管流。过流断面的任何一部分周界与大气接触的总流流动称为无流或明渠流。

3.2.4 过流断面、元流和流量

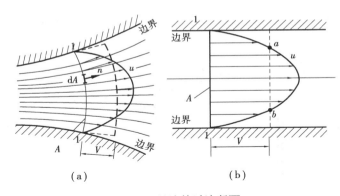

(a)　　　　　　(b)

图 3.5　总流的过流断面

与流动方向正交的流束横断面称过流断面。过流断面一般为曲面,如图 3.5(a)中断面 1—1 所示。当流线平行时过流断面是平面,如图 3.5(b)中断面 1—1 所示。过流断面面积是对流束尺度大小的度量。过流断面面积无限小的流束称为元流,用 dA 表示其面积,如图 3.4(c)所示。元流的过流断面上各点的运动要素可认为是相等的。当元流过

流断面的面积 dA 趋向于零,元流就成为流线。总流的过流断面面积为有限大小(图 3.5),用 A 表示其面积,总流是尺度最大的流束,它可认为是无数元流的叠加。总流过流断面上的运动要素一般是不相等的,为非均匀分布。

单位时间通过流场中某曲面的流体量称为通过该曲面的流量。其流体量可以用体积来计量,也可用质量来计量,分别称为体积流量 Q 和质量流量 Q_m。若曲面为元流或总流的过流断面,由于速度方向与过流断面垂直(图 3.6),其体积流量为:

元流　　　　　　　　$dQ = u dA$　　　　　　(3.15)

总流　　　　　　　　$Q = \int_A u dA$　　　　　(3.16)

定义体积流量与过流断面面积的比

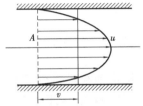

图 3.6　流速分布与平均流速

$$v = \frac{Q}{A} = \frac{\int_A u\mathrm{d}A}{A} \tag{3.17}$$

为断面平均流速,它是过流断面上不均匀流速 u 的平均值。假设过流断面上各点的流速大小均等于 v,方向与实际流动方向相同,则通过的体积流量与不均匀流速 u 流过此断面的实际体积流量相等。

3.2.5　均匀流和渐变流

按流线的形状不同,流动分为均匀流与非均匀流,非均匀流又分为渐变流与急变流。均匀流是指流线为直线且相互平行的流动,否则称为非均匀流。在实际流动中,有些流动可近似为均匀流,如等截面的长直管内的流动,以及断面形状不变且水深不变的长直渠道内的流动等。如图 3.7(a)所示有压管流,管段 3—4 属于均匀流,其他部分是非均匀流;如图 3.7(b)中闸孔出流,各处都是非均匀流。在均匀流中,同一流线上各点的流速大小和方向都相同,质点作均速直线运动,没有离心力的作用。

流线之间夹角较小、流线虽然弯曲但曲率较小而接近直线的流动,称为渐变流;反之,无论流速大小还是方向,凡是变化较剧烈的,都称为急变流。急变流的流线夹角较大或流线曲率较大。图 3.7(a)中管段 1—2 可视为渐变流,管段 2—3 和管段 4—5 均可视为急变流。必须指出,渐变流与急变流其实是两个不严格的但却具有工程意义的概念,两者之间没有明显的、确定的界限。流线弯曲到多大程度才能认为是急变流,既取决于具体流动条件,又取决于实际设计目标。

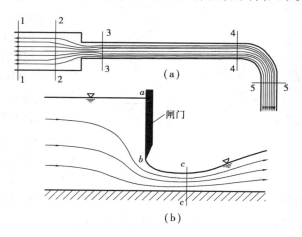

图 3.7　均匀流、渐变流和急变流

3.2.6　一维流动、二维流动和三维流动

按运动要素的空间变化,流动分为一维流动、二维流动和三维流动。若运动要素是三个空间坐标的函数,该流动为三维流动,它是流体运动的一般形式。

任何实际流动从本质上讲都是在三维空间中发生的,二维流动和一维流动是在一些特定情况下对实际流动的简化与抽象。

二维流动是指运动要素与某一空间坐标无关,且沿该坐标方向无速度分量的流动。如水流绕过很长的圆柱体(图3.8),忽略两端的影响,令 z 轴与圆柱体的轴线重合,该流动各空间点上的速度都平行于 Oxy 平面,有 $u_z = 0$, $\dfrac{\partial u_x}{\partial z} = \dfrac{\partial u_y}{\partial z} = 0$,且其他运动参数也与 z 坐标无关,该流动为二维流动。

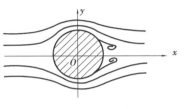

图3.8　二维圆柱绕流

若运动参数只是一个空间坐标的函数,且流动只有沿该坐标方向的速度分量,这样的流动为一维流动。实际工程中经常遇到细长状流道,如河道、渠道、各种水管、煤气管道、通风管道等。细长流道断面平均流速的方向称主方向,它接近流道轴线方向。沿着轴线的坐标 s 称为流程坐标(图3.9)。沿程是指沿着轴线,流程长度或流程距离表示沿流道轴线的曲线长度。尽管运动要素有可能随各坐标而变,但细长流道的断面均值,如平均速度,仅沿程变化,是流程坐标的函数,故这类总流流动常常近似成一维流动。而对于沿流线和微元流束的流动,其所有的运动要素都只是流程坐标的函数,为一维流动。

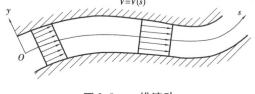

图3.9　一维流动

3.3　连续性方程

连续性方程是流体力学的基本方程之一,是质量守恒原理在流体力学中的表达。

在恒定总流中取上游过流断面 A_1 和下游过流断面 A_2 之间的流束段,研究该流束段中流体的质量平衡(图3.10)。

在恒定条件下,流管的形状、位置不随时间变化,该流束段中流体的质量也不随时间变化,由于没有流体通过流管流入或流出,流体只能通过两个过流断面流入或流出该流束段。根据质量守恒原理可以得出,单位时间通过 A_1 流入的流体质量应等于通过 A_2 流出的流体质量,即

$$Q_{m1} = Q_{m2}$$

$$\int_{A_1} \rho u_1 \mathrm{d}A_1 = \int_{A_2} \rho u_2 \mathrm{d}A_2 \tag{3.18}$$

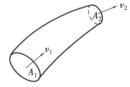

图3.10　恒定总流

这就是恒定条件下总流的连续性方程。

当流体不可压缩时,密度为常数,因此,不可压缩恒定总流的连续性方程为

$$Q_1 = Q_2 \tag{3.19}$$

$$v_1 A_1 = v_2 A_2 \tag{3.20}$$

也就是说,通过两个过流断面的体积流量相等。式(3.20)表明:对于不可压缩恒定总流,平均流速与断面面积成反比关系。断面大的地方流速小,断面小的地方流速大。

由于断面1和2的选取是任意的,式(3.19)和式(3.20)可以推广至总流的各断面。即

$$\left. \begin{array}{l} Q_1 = Q_2 = \cdots = Q \\ v_1 A_1 = v_2 A_2 = \cdots = vA \end{array} \right\} \tag{3.21}$$

而流速之比和断面面积之比为

$$v_1 : v_2 : \cdots : v = \frac{1}{A_1} : \frac{1}{A_2} : \cdots : \frac{1}{A} \tag{3.22}$$

从式(3.22)可以看出,不可压缩恒定总流的连续性方程确立了总流各断面平均流速沿流向的变化规律。

同理,可以证明,对任意恒定元流,当流体可压缩时,有

$$\left.\begin{aligned} \mathrm{d}Q_{m1} &= \mathrm{d}Q_{m2} \\ \rho_1 u_1 \mathrm{d}A_1 &= \rho_2 u_2 \mathrm{d}A_2 \end{aligned}\right\} \tag{3.23}$$

当流体不可压缩时,有

$$\left.\begin{aligned} \mathrm{d}Q_1 &= \mathrm{d}Q_2 \\ u_1 \mathrm{d}A_1 &= u_2 \mathrm{d}A_2 \end{aligned}\right\} \tag{3.24}$$

【例3.2】 某段变直径水管(图3.11)。已知管径 $d_1 = 2.5$ cm, $d_2 = 5$ cm, $d_3 = 10$ cm。试求当流量为 4 L/s 时,各段的平均流速。

【解】 根据不可压缩恒定总流的连续性方程

$$Q = v_1 A_1 = v_2 A_2 = v_3 A_3$$

得

$$v_1 = \frac{Q}{A_1} = \frac{4 \times 10^{-3}}{\frac{\pi}{4} \times (2.5 \times 10^{-2})^2} = 8.16 (\mathrm{m/s})$$

$$v_2 = v_1 \frac{A_1}{A_2} = v_1 \left(\frac{d_1}{d_2}\right)^2 = 8.16 \times \left(\frac{2.5 \times 10^{-2}}{5 \times 10^{-2}}\right)^2 = 2.04 (\mathrm{m/s})$$

$$v_3 = v_1 \left(\frac{d_1}{d_3}\right)^2 = 8.16 \times \left(\frac{2.5 \times 10^{-2}}{10 \times 10^{-2}}\right)^2 = 0.51 (\mathrm{m/s})$$

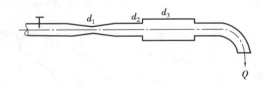

图 3.11　变直径管　　　　　　　　　　图 3.12　三通分流管

【例3.3】 输水管道经三通管分流(图3.12)。已知管径 $d_1 = d_2 = 200$ mm, $d_3 = 100$ mm,断面平均流速 $v_1 = 2$ m/s, $v_2 = 1.5$ m/s。试求断面平均流速 v_3。

【解】 根据不可压缩流体恒定总流的连续性方程,有

$$Q_1 = Q_2 + Q_3$$
$$v_1 A_1 = v_2 A_2 + v_3 A_3$$

则

$$v_3 = (v_1 - v_2) \left(\frac{d_1}{d_2}\right)^2 = (2 - 1.5) \left(\frac{200}{100}\right)^2 = 2 (\mathrm{m/s})$$

3.4　元流和总流的能量方程

3.4.1　恒定元流的能量方程

在恒定流场中选取元流如图3.13所示。在 t 时刻选取断面 1 和 2 间的元流段,以该元流段为研究对象,应用功能原理,导出恒定元流的能量方程。

设断面 1,2 的位置高度、面积、压强和流速分别为 z_1,dA_1,p_1,u_1 和 z_2,dA_2,p_2,u_2，经过 dt 时段后，元流段从断面 1,2 间运动到断面 1′,2′ 间，断面 1,2 分别移动 u_1dt 和 u_2dt 的距离。对于理想流体，元流段所受的表面力仅为压力。断面 1 所受压力为 p_1dA_1，所做功为 $p_1dA_1u_1dt$；断面 2 所受压力为 p_2dA_2，所做功为 $-p_2dA_2u_2dt$；元流侧表面无位移，压力不做功。表面上压力做功为

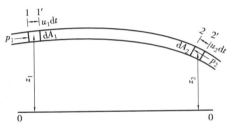

图 3.13　元流的能量方程的推证

$$p_1dA_1u_1dt - p_2dA_2u_2dt = (p_1 - p_2)dQdt$$

对比一下流段在 dt 时段前后所占据的空间，可以发现，尽管流段在 dt 时段前后所占据的空间有变化，但 1′,2′ 两断面间的空间则是流段 dt 时段前后所共有。在这段空间内的流体，不但位能不变，动能也由于流动的恒定性，各点流速不变而保持不变。所以，流段 dt 时段前后能量的变化，也就是位置 2—2′ 中流体的能量和位置 1—1′ 中流体的能量的差值。

对于不可压缩流体，位置 2—2′ 和 1—1′ 中流体的体积为 $dQdt$，质量等于 $\rho dQdt$，所以动能的增量为 $\rho dQdt\left(\dfrac{u_2^2}{2} - \dfrac{u_1^2}{2}\right)$，位能的增量为 $\rho gdQdt(z_2 - z_1)$。

按照外力对物体所做的功等于位能和动能的变化的功能原理，可得

$$(p_1 - p_2)dQdt = \rho gdQdt(z_2 - z_1) + \rho dQdt\left(\dfrac{u_2^2}{2} - \dfrac{u_1^2}{2}\right)$$

上式各项除以 $\rho gdQdt_1$ 得

$$z_1 + \frac{p_1}{\rho g} + \frac{u_1^2}{2g} = z_2 + \frac{p_2}{\rho g} + \frac{u_2^2}{2g} \tag{3.25}$$

这就是理想不可压缩流体恒定元流的能量方程，或称为伯努利方程。它反映了恒定流中沿流各点位置高度 z、压强 p 和流速 u 之间的变化规律。当元流的过流断面面积为零时，元流变为一条流线，因此，式(3.25)也是沿流线的能量方程。

1)理想流体伯努利方程的物理意义和几何意义

能量方程中 z 是元流断面距选定基准面的高度，表示受单位重力作用的流体所具有的位能，工程技术中称为位置水头；$\dfrac{p}{\rho g}$ 表示受单位重力作用的流体所具有的压能，工程技术中称为压强水头；$\dfrac{u^2}{2g}$ 表示受单位重力作用的流体所具有的动能，工程技术中称为流速水头。$z + \dfrac{p}{\rho g}$ 表示受单位重力作用的流体所具有的势能，工程技术中称为测压管水头；$z + \dfrac{p}{\rho g} + \dfrac{u^2}{2g}$ 表示受单位重力作用的流体所具有的总的机械能，工程技术中称为总水头。能量方程(3.25)表明元流从一个断面流到另一断面的过程中，受单位重力作用的流体所具有的总的机械能守恒，位能、压能和动能在一定的条件下可以互相转化。

伯努利方程的物理意义：在理想不可压缩流体恒定元流的任意过流断面的受单位重力作用的流体的总机械能相等。显然，理想不可压缩流体恒定元流的总水头线是水平的，这也可看成伯努利方程的几何意义。

实际流体的流动中，元流的摩擦阻力做负功，使机械能沿流向不断衰减，能量方程(3.25)

将变为

$$z_1 + \frac{p_1}{\rho g} + \frac{u_1^2}{2g} = z_2 + \frac{p_2}{\rho g} + \frac{u_2^2}{2g} + h'_{w1-2} \tag{3.26}$$

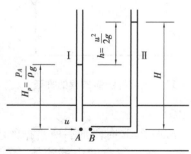

图 3.14　毕托管原理

2)元流能量方程的应用举例

　　毕托管测速是应用元流能量方程的一个典型例子。

　　为了测量水流的流速,可以在同一流线上 A 点和 B 点各放一根如图 3.14 所示的管子。I 管的管口截面平行于流线,II 管的管口截面垂直于原来的流线方向。

　　假设两管的存在对 I 管的管口处原来的流动没有影响,u_A 即为欲测的流速 u,则 I 管测得的 A 点的压强为原来的压强,管内水面高 $H_p = \frac{p_A}{\rho g}$,而 II 管的管口阻止了流体的流动,B 点流速为零,称为驻点或滞止点。II 管测得驻点 B 点的压强,管内水面高 $H = \frac{p_B}{\rho g}$,H 比 H_p 高出 h,对同一流线上的 A,B 两点,应用伯努利方程,有

$$\frac{p_A}{\rho} + \frac{u^2}{2} = \frac{p_B}{\rho}$$

得

$$u = \sqrt{\frac{2}{\rho}(p_B - p_A)} = \sqrt{2gh} \tag{3.27}$$

　　这种根据能量方程的原理,利用两管测得总水头和测压管水头之差——速度水头,由此得出流场中某点流速的仪表称为毕托管。

　　实用的毕托管常将两管结合在一起,有多种构造形式,图 3.15 所示为普遍采用的一种。实际使用中,在测得 h 计算流速 u 时,考虑到实际流体为黏性流体以及毕托管对原流场的干扰等影响,引入毕托管修正系数 c,即

$$u = c\sqrt{2gh} \tag{3.28}$$

　　毕托管修正系数 c 值与毕托管的构造、尺寸、表面光滑程度等有关,应经过专门的率定实验来确定。

3.4.2　恒定总流的能量方程

　　总流运动参数沿程变化规律对于解决实际问题更有意义。采用过流断面上元流积分的方法,可建立总流的能量方程。为了积分方便,先分析均匀流以及渐变流(近似的均匀流)过流断面上的测压管水头的特性。

图 3.15　毕托管

1)渐变流过流断面上的压强分布

　　总流可分为若干渐变流段和若干急变流段。渐变流是均匀流的宽延。

　　在均匀流或渐变流的过流断面上,测压管水头不变,动压强按静压强的规律分布,即面上各点

$$z + \frac{p}{\rho g} = C \qquad (3.29)$$

证明如下:

如图 3.16 所示的恒定均匀流,在过流断面 a—a 上任选相距 dl 的 m,n 两点,取底面积为 dA_1 的微小柱体,轴线通过连线 mn。因为流线是平行直线,过流断面是平面,微小柱体在 mn 方向上的加速度为零,侧面上动压强产生的合力以及两端面切应力产生的合力均垂直于 mn。于是, mn 方向上的受力平衡方程为

$$p dA_1 - (p + dp) dA_1 + g\rho dA_1 dl \cos\theta = 0$$

其中,第一、二项是柱体两端面的压力,第三项是重力, θ 是重力方向与连线 mn 的夹角。将 $dz = dl \cos\theta$ 代入上式,化简后可得

$$dp + g\rho dz = 0$$

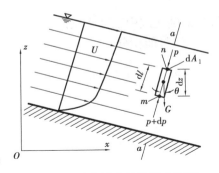

图 3.16　均匀流中柱体受力平衡

将该式积分后,得

$$H_p = z + \frac{p}{\rho g} = C$$

注意:式(3.29)中的常数 C 对于不同的过流断面可以是不同的。沿着流动方向流体的动压强分布不同于流体静压强,导致不同过流断面上测压管水头可能是不同的常数。

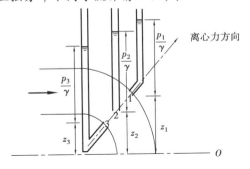

图 3.17　转弯处的测压管水头

急变流中同一过流断面上的测压管水头不是常数,如图 3.17 所示。在管道转弯处同一过流断面上各测压管内的水面不在同一高度上,外侧的测压管水头大于内侧,这是因为急变流中,位变加速度不等于零,沿着过流断面的切向惯性力的分量,造成过流断面上测压管水头不等于常数。

2)恒定总流的能量方程

设恒定总流,过流断面 1—1,2—2 为渐变流过流断面(图 3.18)。在总流内任取一元流,其过流断面的微元面积、位置高度、压强和流速分别为 z_1,dA_1,p_1,u_1 和 z_2,dA_2,p_2,u_2。

由元流的能量方程式(3.26),有

$$z_1 + \frac{p_1}{\rho g} + \frac{u_1^2}{2g} = z_2 + \frac{p_2}{\rho g} + \frac{u_2^2}{2g} + h'_{w1-2}$$

以流量 $\rho g dQ = \rho g u_1 dA_1 = \rho g u_2 dA_2$ 乘上式各项,得到单位时间通过元流两过流断面的能量关系

$$\left(z_1 + \frac{p_1}{\rho g} + \frac{u_1^2}{2g}\right)\rho g dQ = \left(z_2 + \frac{p_2}{\rho g} + \frac{u_2^2}{2g}\right)\rho g dQ + h'_{w1-2}\rho g dQ$$

由于总流是由无数元流叠加所构成,因此,上式对总流过流断面积分,便得到单位时间通过总流两过流断面的总能量关系

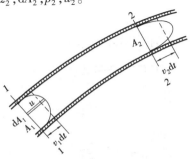

图 3.18　总流的能量方程的推证

$$\int_{A_1}\left(z_1 + \frac{p_1}{\rho g}\right)\rho g u_1 \mathrm{d}A_1 + \int_{A_1}\frac{u_1^2}{2g}\rho g u_1 \mathrm{d}A_1 = \int_{A_2}\left(z_2 + \frac{p_2}{\rho g}\right)\rho g u_2 \mathrm{d}A_2 + \int_{A_2}\frac{u_2^2}{2g}\rho g u_2 \mathrm{d}A_2 + \int_Q h'_{\mathrm{w}1-2}\rho g \mathrm{d}Q$$

(a)

可分别确定式中三种类型的积分:

(1)势能积分

因所取过流断面是渐变流过流断面,有 $z + \dfrac{p}{\rho g} = C$,所以

$$\int_A\left(z + \frac{p}{\rho g}\right)\rho g u \mathrm{d}A = \left(z + \frac{p}{\rho g}\right)\rho g \int_A u \mathrm{d}A = \left(z + \frac{p}{\rho g}\right)\rho g Q$$

(b)

(2)动能积分

$$\int_A\frac{u^2}{2g}\rho g u \mathrm{d}A = \int_A\frac{u^3}{2g}\rho g \mathrm{d}A$$

过流断面上各点的速度 u 不同。对此,引入修正系数,积分按断面平均速度 v 计算

$$\int_A\frac{u^3}{2g}\rho g \mathrm{d}A = \frac{\alpha v^2}{2g}\rho g v A = \frac{\alpha v^2}{2g}\rho g Q$$

(c)

式中,α 是为修正断面用平均速度计算动能与实际速度计算动能的差异而引入的修正系数,称为动能修正系数。

$$\alpha = \frac{\int_A\frac{u^3}{2g}\rho g \mathrm{d}A}{\int_A\frac{v^3}{2g}\rho g \mathrm{d}A} = \frac{\int_A u^3 \mathrm{d}A}{v^3 A}$$

(3.30)

α 的值取决于过流断面上速度的分布情况,分布较均匀的流动 $\alpha = 1.05 \sim 1.10$,通常取 $\alpha = 1$。

(3)水头损失积分

积分式 $\int_Q h'_{\mathrm{w}1-2}\rho g \mathrm{d}Q$ 是单位时间总流由 1—1 断面流至 2—2 断面的机械能损失。定义 $h_{\mathrm{w}1-2}$ 为总流受单位重力作用的流体由 1—1 流至 2—2 断面的平均机械能损失,称为总流的水头损失,则

$$\int_Q h'_{\mathrm{w}1-2}\rho g \mathrm{d}Q = h_{\mathrm{w}1-2}\rho g Q$$

(d)

将式(b)、(c)和(d)代入式(a)中,各项除以 $\rho g Q$,得

$$z_1 + \frac{p_1}{\rho g} + \frac{\alpha_1 v_1^2}{2g} = z_2 + \frac{p_2}{\rho g} + \frac{\alpha_2 v_2^2}{2g} + h_{\mathrm{w}1-2}$$

(3.31)

该方程称为实际流体恒定总流的能量方程或恒定总流的伯努利方程。

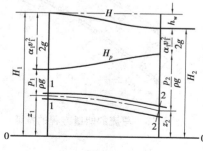

图 3.19　水头线

黏性流体的总水头线如图 3.19 所示,总水头线(即 H 线)沿程单调下降,因为任意两断面都满足 $h_{\mathrm{w}1-2} > 0$。单位流程上发生的水头损失称为水力坡度,简称能坡,以 J 表示。设 l 表示流程坐标,有

$$J = \frac{\mathrm{d}h_{\mathrm{w}1-2}}{\mathrm{d}l} = -\frac{\mathrm{d}H}{\mathrm{d}l}$$

(3.32)

H 总是沿程减小的,即 $\dfrac{\mathrm{d}H}{\mathrm{d}l} < 0$,因此,$J > 0$。类似地,单位

流程上测压管水头 H_p 的减小值称为测管坡度,以 J_p 表示

$$J_p = -\frac{\mathrm{d}H_p}{\mathrm{d}l} = -\frac{\mathrm{d}}{\mathrm{d}l}\left(z + \frac{p}{\rho g}\right) \tag{3.33}$$

约定 H_p 减小时 J_p 为正、H_p 增加时 J_p 为负,故上式中添加"$-$"号。H 总是沿程减少,但 H_p 沿程可以减少也可以增加。对于均匀流,有 $J_p = J = \frac{\mathrm{d}h_{w1-2}}{\mathrm{d}l}$。

实际流体恒定总流的能量方程(3.31)的应用条件:

① 不可压缩流体恒定流动,质量力只有重力;

② 两个过流断面符合均匀流或渐变流的条件(断面之间可以有急变流);

③ 两断面间没有质量和能量的输入和输出。

当两断面间有能量的输出(例如中间有水轮机或汽轮机)或输入(例如中间有水泵或风机)时,上述条件③不能满足,应将能量方程改写成

$$z_1 + \frac{p_1}{\rho g} + \frac{\alpha_1 v_1^2}{2g} + \Delta H = z_2 + \frac{p_2}{\rho g} + \frac{\alpha_2 v_2^2}{2g} + h_{w1-2} \tag{3.34}$$

式中,ΔH 称为输入水头,它表示输入给单位质量流体的机械能。机械能输出时 ΔH 取负值。

当两个过流断面之间的总流段存在质量的输入或输出时,上述条件③不能满足,但可采用流道分割法转化成简单流道。如图 3.20 所示的分岔管,图中 ABC 为两股流体的分界面。把这两股流体看成两总流,当过流断面 1—1、2—2 和 3—3 为渐变流的过流断面时,有

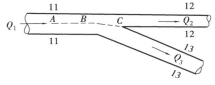

图 3.20   分岔管

$$z_1 + \frac{p_1}{\rho g} + \frac{\alpha_1 v_1^2}{2g} = z_2 + \frac{p_2}{\rho g} + \frac{\alpha_2 v_2^2}{2g} + h_{w1-2} \tag{3.35}$$

$$z_1 + \frac{p_1}{\rho g} + \frac{\alpha_1 v_1^2}{2g} = z_3 + \frac{p_3}{\rho g} + \frac{\alpha_3 v_3^2}{2g} + h_{w1-3} \tag{3.36}$$

由于两总流的流动情况不同,一般有 $h_{w1-2} \neq h_{w1-3}$。

【例3.4】   用直径 $d = 100\text{ mm}$ 的水管从水箱引水(图 3.21)。水箱水面与管道出口断面中心的高差 $H = 4\text{ m}$ 且保持恒定。水头损失 $h_{w1-2} = 3\text{ m}$,试求管道通过的流量。

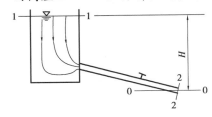

图 3.21   管道出流

【解】   通过这道简单的总流问题,说明应用总流伯努利方程求解问题的思路和方法。对于总流的伯努利方程

$$z_1 + \frac{p_1}{\rho g} + \frac{\alpha_1 v_1^2}{2g} = z_2 + \frac{p_2}{\rho g} + \frac{\alpha_2 v_2^2}{2g} + h_{w1-2}$$

求解的关键是"三选":选基准面、计算的过流断面和计算压强和位置高度的点。基准面必须是水平面,其位置可以任意选取,习惯上将基准面选在通过位置较低断面的计算点,这样位置较低的断面的位置高度为零,而另一个为正值。计算的过流断面应选在渐变流的过流断面,其中一个断面应为已知量最多的断面,另一个断面应含待求量。方程中的压强 p_1 和 p_2 既可采用相对压强,也可采用绝对压强,但两者必须一致。按以上原则,本题选通过管道出口中心的水平面为基准面 0—0(图3.21)。选水箱水面为 1—1 断面,计算点在自由液面上,运动参数 $z_1 = H$,$p_1 = 0$,$v_1 \approx 0$。选管道

出口断面为2—2断面,以出口断面中心为计算点,运动参数 $z_2 = 0$, $p_2 = 0$, v_2 待求。将各参数代入总流伯努利方程,得

$$H = \frac{\alpha_2 v_2^2}{2g} + h_{w1-2}$$

取 $\alpha_2 = 1.0$。由上式得管道出口断面的平均流速为

$$v = \sqrt{2g(H - h_{w1-2})} = 4.43 (\text{m/s})$$

$$流量\ Q = v_2 A_2 = 4.43 \times \frac{\pi(0.1)^2}{4} = 0.035 (\text{m}^3/\text{s})$$

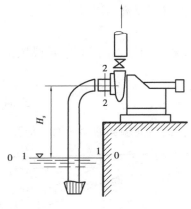

图 3.22 水泵吸水管

【例 3.5】 离心泵由吸水池抽水(图 3.22)。已知抽水量 $Q = 5.56$ L/s,泵的安装高度 $H_s = 5$ m,吸水管直径 $d = 100$ mm,吸水管的水头损失 $h_w = 0.25$ m,试求水泵进口断面 2—2 的真空度。

【解】 本题应用总流的伯努利方程求解,选基准面 0—0 与吸水池水面重合。选吸水池水面为 1—1 断面,与所选基准面重合;水泵进口断面为 2—2 断面。以吸水池水面上的点和水泵进口断面的轴心点为计算点,其运动参数为 $z_1 = 0$, $p_1 = 0$, $v_1 \approx 0$; $z_2 = H_s$, $v_2 = \frac{4Q}{\pi d^2} = 0.708$ m/s。将各参数代入总流伯努利方程,有

$$0 = H_s + \frac{p_2}{\rho g} + \frac{\alpha_2 v_2^2}{2g} + h_{w1-2}$$

$$\frac{p_v}{\rho g} = -\frac{p_2}{\rho g} = H_s + \frac{p_2}{\rho g} + h_{w1-2} = 5.28 (\text{m})$$

【例 3.6】 文丘里流量计(图 3.23)进口直径 $d_1 = 100$ mm,喉管直径 $d_2 = 50$ mm,实测水银差压计的水银面高差 $h_p = 4.76$ cm,流量计的流量系数 $\mu = 0.98$。试求管道通过的流量。

【解】 文丘里流量计是常用的测量管道流量的仪表,最初根据意大利物理学家文丘里对渐扩管的实验,运用伯努利方程原理制成。流量计由收缩段、喉管和扩大管三部分组成。管道过流时,因喉管断面缩小,流速增大,压强降低。据此,在收缩段进口前断面 1—1 和喉管断面 2—2 装测压管或压差计,只需测出两断面的测压管水头差,由总流的伯努利方程便可算出管道的流量。

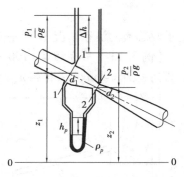

图 3.23 文丘里流量计

选水平基准面 0—0,选收缩段进口前断面和喉管断面为 1—1 和 2—2 断面,两者均为渐变流过流断面,计算点取在管轴线上。由于收缩段的水头损失很小,可忽略不计。取动能修正系数 $\alpha_1 = \alpha_2 = 1.0$。列总流的伯努利方程,有

$$z_1 + \frac{p_1}{\rho g} + \frac{\alpha_1 v_1^2}{2g} = z_2 + \frac{p_2}{\rho g} + \frac{\alpha_2 v_2^2}{2g}$$

$$\frac{v_2^2}{2g} - \frac{v_1^2}{2g} = \left(z_1 + \frac{p_1}{\rho g}\right) - \left(z_2 + \frac{p_2}{\rho g}\right)$$

上式含 v_1 和 v_2 两个未知量,补充连续性方程

$$v_1 A_1 = v_2 A_2$$

则

$$v_2 = \frac{A_1}{A_2} v_1$$

代入前式,整理得

$$v_1 = \frac{1}{\sqrt{\left(\frac{d_1}{d_2}\right)^4}} = \sqrt{2g} \sqrt{\left(z_1 + \frac{p_1}{\rho g}\right) - \left(z_2 + \frac{p_2}{\rho g}\right)} = \frac{1}{\sqrt{\left(\frac{d_1}{d_2}\right)^4 - 1}} \sqrt{2g h_p \left(\frac{\rho_p}{\rho} - 1\right)}$$

流量

$$Q = v_1 A_1 = \frac{\frac{1}{4}\pi d_1^2}{\sqrt{\left(\frac{d_1}{d_2}\right)^4 - 1}} \sqrt{2g h_p \left(\frac{\rho_p}{\rho} - 1\right)} = k \sqrt{h_p \left(\frac{\rho_p}{\rho} - 1\right)}$$

其中

$$k = \frac{\frac{1}{4}\pi d_1^2}{\sqrt{\left(\frac{d_1}{d_2}\right)^4 - 1}} \sqrt{2g}$$

k 取决于流量计的结构尺寸 d_1 和 d_2,称为仪器常数。考虑到流量计有水头损失,上式乘以流量系数 μ 便是流量计的实测流量,即

$$Q = \mu k \sqrt{h_p \left(\frac{\rho_p}{\rho} - 1\right)} = 6.83 (\text{L/s})$$

利用收缩断面流速增大的原理,通过实测收缩段前后的测压管水头差来测量流量的流量计,称为节流式流量计。除文丘里流量计外,常用的节流式流量计还有喷嘴流量计和孔板流量计,如图 3.24 所示。这两种流量计的工作原理与文丘里流量计相同,流量公式也相同,但流量系数不同。

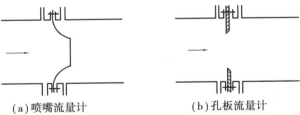

(a)喷嘴流量计　　　　　　　　(b)孔板流量计

图 3.24　节流式流量计

3.5　恒定总流的动量方程

前述的总流能量方程和连续性方程的主要作用是求解总流的流速和压强。本节将动量定理应用于恒定总流,得出恒定总流的动量方程。动量方程、能量方程和连续性方程一起称为恒定总流的三大方程。

动量方程的主要作用是解决流体运动对边界的作用力,特别是流体与固体之间的总作用力。

动量定理:作用于物体上的冲量,等于动量的变化,即

$$\sum \vec{F} dt = d\vec{K} = d(m\vec{v})$$

下面将动量定理应用于恒定总流,推导恒定总流的动量方程。

在恒定总流中,选取在时刻 t 位于 1 和 2 两过流断面间的流段为研究对象(图 3.18)。该流段在运动 dt 时间后移动至 $1'—2'$,它的动量发生了变化。由于是恒定流,流段 dt 时段前后的动量变化,应为流段新占有的 $2—2'$ 体积内的流体所具有的动量减流段退出的 $1—1'$ 体积内流体所具有的动量,而 dt 前后流段共有的空间 $1'—2$ 内的流体,尽管不是同一部分流体,但它们在相同点的流速大小和方向相同,密度也未改变,因此动量也相同。dt 时段前后流段的动量变化为

$$d\vec{K} = \vec{K}_{2-2'} - \vec{K}_{1-1'}$$

断面 1—1 的面积为 A_1,平均流速为 v_1,$1—1'$ 的体积为 $v_1 A_1 dt$,质量为 $\rho v_1 A_1 dt$(或 $\rho Q dt$),引入动量修正系数 β 来修正以断面平均速度计算的动量与实际动量的差异,则动量 $\vec{K}_{1-1'} = \beta_1 \rho Q dt \, \vec{v}_1$,同理 $\vec{K}_{2-2'} = \beta_2 \rho Q dt \, \vec{v}_2$。应用动量定理,得

$$\sum \vec{F} = \rho Q (\beta_2 \vec{v}_2 - \beta_1 \vec{v}_1) \tag{3.37}$$

动量修正系数 β 的表达式为

$$\beta = \frac{\int_A u^2 dA}{v^2 A} \tag{3.38}$$

β 值取决于过流断面上速度分布的情况,分布较均匀的流动,$\beta = 1.02 \sim 1.05$,通常取 $\beta = 1$。

如果选 1—1 和 2—2 过流断面间所占据的空间体积为控制体。对于该控制体,动量方程式(3.37)表明:作用在控制体内流体上的外力等于单位时间控制体流出的动量与流入的动量之差,即净流出的动量流量。动量方程为矢量方程,实际使用时一般都要写成分量的形式,在笛卡儿坐标系中,分量表达式为

$$\left. \begin{array}{l} \sum F_x = \rho Q (\beta_2 u_{2x} - \beta_1 u_{1x}) \\ \sum F_y = \rho Q (\beta_2 u_{2y} - \beta_1 u_{1y}) \\ \sum F_z = \rho Q (\beta_2 u_{2z} - \beta_1 u_{1z}) \end{array} \right\} \tag{3.39}$$

应用时应适当选择控制体(面),完整地表达出作用于控制体和控制面上的所有外力,并注意流动方向和投影的正负号。

必须注意,这里提到的外力包括质量力(如重力)及该区域与外界所有接触面(控制面)上的表面力(含过流断面上流体与流体间作用的压力、摩擦剪切力、流体与固体壁面间的相互作用力)。

【例 3.7】 如图 3.25 所示,水平设置的输水弯管,转角 $\theta = 60°$,直径由 $d_1 = 200$ mm 变为 $d_2 = 150$ mm。已知转向前断面的压强 $p_1 = 18$ kN/m^2(相对压强),输水流量 $Q = 0.1$ m^3/s,不计水头损失。试求水流对弯管作用力的大小。

【解】 在转弯段取过流断面 1—1,2—2 及管壁所围成的空间为控制体。选直角坐标系

xOy,令 Ox 轴与 v_1 方向一致。

经过分析,作用在控制体内水流上的力包括:过流断面上的动水压力 P_1,P_2;重力 G 与坐标平面正交;弯管对水流的作用力 R',此力在要列的方程中是待求量,假定分量 R'_x,R'_y 的方向如图所示,若计算得正值表示假定的方向正确,若得负值则表示力的实际方向与假定方向相反。

列总流动量方程的投影式,有

$$\begin{cases} P_1 - P_2\cos 60° - R'_x = \rho Q(\beta_2 v_2\cos 60° - \beta_1 v_1) \\ P_2\sin 60° - R'_y = \rho Q(-\beta_2 v_2\sin 60°) \end{cases}$$

式中,$P_1 = p_1 A_1 = 18\dfrac{\pi(0.2)^2}{4} = 0.565(\text{kN})$

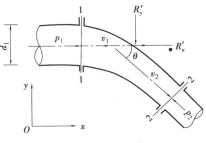

图 3.25　输水弯管

列 1—1 与 2—2 断面的伯努利方程,忽略水头损失,有

$$\frac{p_1}{\rho g} + \frac{v_1^2}{2g} = \frac{p_2}{\rho g} + \frac{v_2^2}{2g}$$

这里,$p_1 = 18$ kN/m²,$v_1 = \dfrac{4Q}{\pi d_1^2} = 3.185$ m/s,$v_2 = \dfrac{4Q}{\pi d_2^2} = 5.66$ m/s,代入前式,得

$$p_2 = p_1 + \rho\frac{v_1^2 - v_2^2}{2} = 7.043(\text{kN/m}^2)$$

则
$$P_2 = p_2 A_2 = 7.043 \times \frac{\pi(0.15)^2}{4} = 0.124(\text{kN})$$

将各量代入总流动量方程的投影式,解得

$$R'_x = 0.538\text{ kN},\quad R'_y = 0.597\text{ kN}$$

水流对弯管的作用力与弯管对水流的作用力大小相等、方向相反,即

$$R_x = 0.538\text{ kN},\text{方向沿 } Ox \text{ 方向}$$
$$R_y = 0.597\text{ kN},\text{方向沿 } Oy \text{ 方向}$$

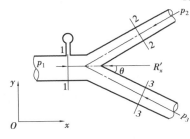

图 3.26　水平分岔管道

【例 3.8】　如图 3.26 所示的水平分岔管道,干管直径 $d_1 = 600$ mm,支管直径 $d_2 = 400$ mm,分岔角 $\theta = 30°$。已知分岔前断面的压力表读值 $p_M = 70$ kN/m²,干管流量 $Q = 0.6$ m³/s,不计水头损失。试求水流对分岔管的作用力。

【解】　在分岔段取过流断面 1—1,2—2,3—3 及管壁所围成的空间为控制体。选直角坐标系 xOy,令 Ox 轴与干管轴线方向一致。

经过分析,作用在控制体内水流上的力包括:过流断面上的动水压力 P_1,P_2,P_3;分岔管对水流的作用力,因为对称分流,只有沿干管轴向(Ox 方向)的分力,设 R'_x 的方向如图所示,与 Ox 方向相反。

根据作用在控制体内流体上的外力等于控制体净流出的动量,列 Ox 方向总流的动量方程

$$P_1 - P_2\cos 30° - P_3\cos 30° - R'_x = \rho\frac{Q}{2}v_2\cos 30° + \rho\frac{Q}{2}v_3\cos 30° - \rho Q v_1$$

则
$$R'_x = P_1 - 2P_2\cos 30° - \rho Q(v_2\cos 30° - v_1)$$

式中
$$P_1 = p_1 A_1 = p_1\frac{\pi d^2}{4} = 19.78(\text{kN})$$

列 1—1 与 2—2(或 3—3)断面的伯努利方程,不计水头损失,有

$$\frac{p_1}{\rho g} + \frac{v_1^2}{2g} = \frac{p_2}{\rho g} + \frac{v_2^2}{2g}$$

式中,$p_1 = 70 \text{ kN/m}^2$,$v_1 = \frac{4Q}{\pi d_1^2} = 2.12 \text{ m/s}$;$v_2 = v_3 = \frac{4Q}{\pi d_2^2} = 2.39 \text{ m/s}$。代入前式,得

$$p_2 = p_1 + \rho \frac{v_1^2 - v_2^2}{2} = 69.4 \text{ kN/m}^2$$

则

$$P_2 = p_2 A_2 = 69.4 \times \frac{\pi (0.4)^2}{4} = 8.717 (\text{kN})$$

将各量代入总流动量方程的投影式,解得

$$R_x' = 4.72 \text{ kN}$$

水流对分岔管的作用力与分岔管对水流的作用力大小相等、方向相反,即 $R_x = 4.72$ kN,方向与 Ox 方向相同。

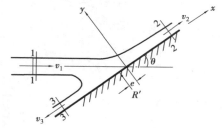

图 3.27 射流

【例 3.9】 如图 3.27 所示的水平的水射流,流量 Q_1,出口流速 v_1,在大气中冲击在前后斜置的光滑平板上,射流轴线与平板成 θ 角,不计射流在平板上的阻力。试求:(1)沿平板的流量 Q_2,Q_3;(2)射流对平板的作用力。

【解】 取过流断面 1—1,2—2,3—3 及射流侧表面与平板内表面所围成的空间为控制体。选直角坐标系 xOy,O 点置于射流轴线与平板的交点,Ox 轴沿平板,Oy 轴垂直于平板。

水在大气中射流,控制体表面上与大气相接触的各点的压强皆可认为等于大气压(相对压强为零)。因不计射流在平板上的阻力,可知平板对射流的作用 R' 与板面垂直,设 R' 的方向与 Oy 轴方向相同。

列 1—1,2—2 断面的伯努利方程,不计水头损失,有

$$z_1 + \frac{p_1}{\rho g} + \frac{v_1^2}{2g} = z_2 + \frac{p_2}{\rho g} + \frac{v_2^2}{2g}$$

因为 $z_1 = z_2$(水平射流),$p_1 = p_2 = p_a$,由上式得 $v_1 = v_2$。同理,列 1—1,3—3 断面的伯努利方程,得 $v_1 = v_3$。故过流断面的流速 $v_1 = v_2 = v_3$。

(1)求流量 Q_2 和 Q_3

列 Ox 方向的动量方程,Ox 方向的作用力为零,得出

$$\rho Q_2 v_2 + (-\rho Q_3 v_3) - \rho Q_1 v_1 \cos \theta = 0$$

化简可得

$$Q_2 - Q_3 = Q_1 \cos \theta$$

由连续性方程 $Q_2 + Q_3 = Q_1$,联立两式,解得

$$Q_2 = \frac{Q_1}{2}(1 + \cos \theta)$$

$$Q_3 = \frac{Q_1}{2}(1 - \cos \theta)$$

（2）求射流对平板的作用力

列 Oy 方向的动量方程

$$R' = 0 - (-\rho Q_1 v_1 \sin\theta) = \rho Q_1 v_1 \sin\theta$$

射流对平板的作用力 R 与 R' 大小相等，方向相反，即指向平板。

本章小结

（1）描述流体运动的两种方法——拉格朗日法和欧拉法。在工程实际中，流体力学研究广泛采用欧拉法。欧拉法以流动空间点为对象，将每一时刻各空间点上质点运动情况汇总起来，以此描述整个流动。

（2）在欧拉法的范畴内，按不同的时空标准将流动分为：恒定流动和非恒定流动；一维、二维和三维流动；均匀流和非均匀流，非均匀流分为渐变流和急变流，渐变流是近似的均匀流。用欧拉法描述流体运动，流线是速度场的矢量线。在流线的基础上，定义流管与流束。过流断面是有限值的流束为总流，过流断面为无限小的流束为元流。

（3）在均匀流的过流断面上，测压管水头不变，压强分布与静压强相同。

（4）恒定不可压缩总流运动的三个基本方程，即

连续性方程

$$v_1 A_1 = v_2 A_2$$

伯努利方程

$$z_1 + \frac{p_1}{\rho g} + \frac{\alpha_1 v_1^2}{2g} = z_2 + \frac{p_2}{\rho g} + \frac{\alpha_2 v_2^2}{2g} + h_w$$

动量方程

$$\sum F_x = \rho Q(\beta_2 u_{2x} - \beta_1 u_{1x})$$
$$\sum F_y = \rho Q(\beta_2 u_{2y} - \beta_1 u_{1y})$$
$$\sum F_z = \rho Q(\beta_2 u_{2z} - \beta_1 u_{1z})$$

习　题

3.1　已知速度场 $u_x = 2t + 2x + 2y$，$u_y = t - y + z$，$u_z = t + x - z$。试求点 $(2,2,1)$ 处在 $t=3$ 时的加速度。

3.2　平面非恒定流动的速度分布为 $u_x = x + t$，$u_y = -y + 2t$。试求 $t=1$ 时经过坐标原点的流线方程。

3.3　已知速度场 $u_x = xy^2$，$u_y = -\frac{1}{3}y^3$，$u_z = xy$。试求：（1）点 $(1,2,3)$ 处的加速度。（2）该流动属于几维流动？（3）该流动是均匀流还是非均匀流？

3.4　不可压缩流体在分支管道中流动，总管 $d = 20$ mm，一支管 $d_1 = 10$ mm，$v_1 = 0.3$ m/s，另一支管 $d_2 = 15$ mm，$v_2 = 0.6$ m/s。试计算总管的平均流速和体积流量。

3.5　水从水箱流经直径分别为 $d_1 = 10$ cm，$d_2 = 5$ cm，$d_3 = 2.5$ cm 的串联管道流入大气中。

当出口流速为 $v_3 = 10$ m/s 时,求:(1)管道通过的体积流量和质量流量;(2)d_1 及 d_2 管段的流速。

3.6 如图所示,水管直径 50 mm,末端的阀门关闭时,压力表读值为 21 kN/m²,阀门打开后读值降至 5.5 kN/m²。如不计水头损失,求通过的体积流量。

3.7 如图所示,水在变直径竖管中流动,已知粗管直径 $d_1 = 300$ mm,流速 $v_1 = 6$ m/s。为使两断面的压力表读值相同,试求细管直径(水头损失不计)。

3.8 如图所示,一变直径的管段 AB,$d_A = 0.2$ m,$d_B = 0.4$ m,高差 $\Delta h = 1.5$ m,今测得 $p_A = 30$ kN/m²,$p_B = 30$ kN/m²,B 点断面平均流速 $v_B = 6$ m/s。试判断水在管中的流动方向。

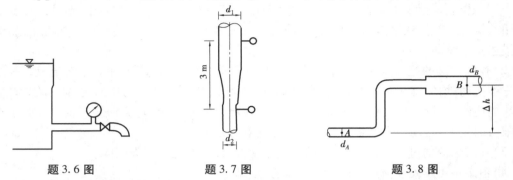

题 3.6 图　　　　　题 3.7 图　　　　　题 3.8 图

3.9 如图所示,用毕托管原理测量水管中的某点流速 u,如读值 $\Delta h = 60$ mm,求该点流速。

3.10 如图所示,为了测量石油管道的流量,安装文丘里流量计,管道直径 $d_1 = 200$ mm,流量计喉管直径 $d_2 = 100$ mm,石油密度 $\rho = 850$ kg/m³,流量计流量系数 $\mu = 0.95$。现测得水银压差计读数 $h_p = 150$ mm,此时管中流量 Q 多大?

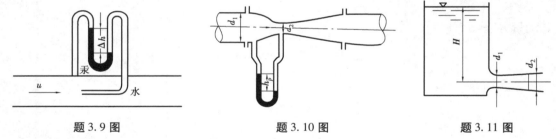

题 3.9 图　　　　　题 3.10 图　　　　　题 3.11 图

3.11 如图所示,水箱中的水从一扩散短管流到大气中,直径 $d_1 = 100$ mm,该处绝对压强 $p_1 = 0.5$ at,直径 $d_2 = 150$ mm。求水头 H(水头损失不计)。

3.12 如图所示,离心式通风机用集流器 A 从大气中吸入空气,在直径 $d = 200$ mm 处,接一根细玻璃管,管的下端插入水槽中。已知管中的水上升 $H = 150$ mm,求每秒钟吸入的空气量 Q(空气的密度 ρ 为 1.29 kg/m³)。

3.13 如图所示,一吹风装置,进、排风口都直通大气,管径 $d_1 = d_2 = 1$ m,$d_3 = 0.5$ m。已知排风口风速 $v_3 = 40$ m/s,空气的密度 $\rho = 1.29$ kg/m³,不计压强损失。试求风扇前、后的压强 p_1 和 p_2。

3.14 如图所示,水由喷嘴射出,已知流量 $Q = 0.4$ m³/s,主管直径 $D = 0.4$ m,喷口直径 $d = 0.1$ m,水头损失不计,试求作用在喷嘴上的力。

3.15 如图所示,水平方向射流,流量 $Q = 36$ L/s,流速 $v = 30$ m/s,受垂直于射流轴线方向的平板的阻挡,截去流量 $Q_1 = 12$ L/s,并引起射流其余部分偏转,不计射流在平板上的阻力,试求射流的偏转角及对平板的作用力。

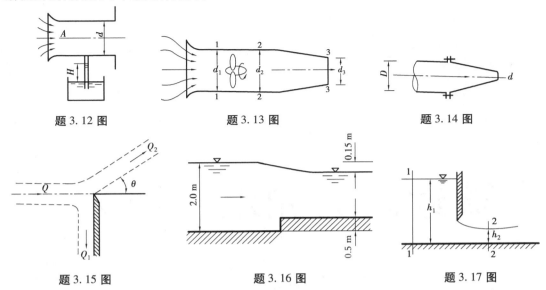

题 3.12 图   题 3.13 图   题 3.14 图

题 3.15 图   题 3.16 图   题 3.17 图

3.16　如图所示,矩形断面的平底渠道,其宽度 $B = 2.7$ m,渠底在某断面处抬高 0.5 m,抬高前的水深为 2 m,抬高后的水面降低 0.15 m。如忽略边壁和底部阻力,试求:

(1)渠道的流量;

(2)水流对底坎的推力 R。

3.17　如图所示的闸下出流,平板闸门宽 $b = 2$ m,闸前水深 $h_1 = 4$ m,闸后水深 $h_2 = 0.5$ m,出流量 $Q = 8$ m³/s。若不计摩擦阻力,试求水流对闸门的作用力,并与按静水压强分布计算的结果相比较。

4 流动阻力和水头损失

本章导读：

●基本要求 理解流动阻力和水头损失的成因与分类；了解雷诺实验的过程，熟练掌握两种液流形态的特征及其判别方法；掌握体现沿程水头损失与剪应力关系的均匀流基本方程；了解圆管层流的运动特征与流速分布规律；掌握紊流特征及对瞬时运动要素的处理方法，理解紊动附加切应力，了解紊流的近壁特征和流速分布规律；掌握沿程阻力系数 λ 的变化规律，能熟练运用达西公式计算管流沿程水头损失；理解谢才公式与达西公式的关系，能熟练运用谢才公式计算明渠流的沿程水头损失；掌握局部水头损失的计算方法；了解边界层的概念和绕流阻力的产生原因。

●重点 液流形态的分类及其判别方法；不同水力分区的沿程阻力系数 λ 的变化规律；沿程水头损失与局部水头损失的计算。

●难点 黏性底层与边界粗糙度对紊流分区的影响；边界层和绕流阻力。

4.1 流动阻力和水头损失分类

与理想液体不同，实际液体是具有黏滞性的，黏滞性的存在使得流动液体不同质点或流层之间产生相对运动，断面流速分布不均匀。流动阻力就是处于相对运动的液体质点或流层之间的内摩擦力，常以切应力来表示。液流克服流动阻力就要消耗一部分机械能，转化为热能，产生水头损失。为便于分析研究与计算，根据液流的边界条件，可将流动阻力和水头损失分为以下两种形式：

（1）沿程阻力与沿程水头损失

当固体边界的形状和尺寸沿流程不变、液流受边界限制作恒定均匀流动时，流动阻力中只有沿流程不变的切应力，称为沿程阻力。液流克服沿程阻力做功所产生的水头损失称为沿程水头损失，以符号 h_f 表示。在均匀流和渐变流中，流线相互平行，主流不脱离边壁，也无旋涡产生,因此水头损失只有沿程水头损失,且该沿程水头损失是沿程都有并随沿程长度而增加的。

（2）局部阻力与局部水头损失

当固体边界的形状和尺寸或两者之一沿流程突然改变时,将引起液流断面流速分布的急剧变化与调整,主流与固体边壁往往分离并产生旋涡,液体质点在局部的相对运动增强,质点间的摩擦碰撞加剧,从而引起集中发生在较小范围内的流动阻力,称为局部阻力。液流由于克服局部阻力做功而产生的水头损失称为局部水头损失,以符号 h_j 表示。局部水头损失一般发生在液流过水断面突变、液流轴线急剧弯曲或液流前进方向上有明显的局部障碍等部位(图4.1)。

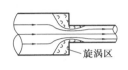 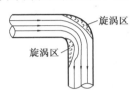 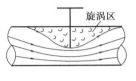

图 4.1　局部水头损失

需要指出的是,我们将水头损失分为沿程水头损失和局部水头损失,仅仅因为引起水头损失的外部原因有所不同而已,两种水头损失在内因上即在液流内部的物理作用机制方面,并没有本质区别。液流产生水头损失必须具备两个条件,一是液体具有黏滞性,二是液体内部质点受固体边界的影响产生了相对运动,其中前者是决定性因素。两种水头损失都是依靠液流内部质点的相对运动和摩擦碰撞,由黏性作用将液流机械能转化为热能而耗散掉的,其耗能方式完全相同。

某一流程沿程水头损失和局部水头损失的总和称为该流程的总水头损失。对于任何实际液流,如在全流程中有若干长直流段和若干突变边界,且各个局部损失又互不影响,则该流程的总水头损失 h_w 可写成各沿程损失 h_f 和各局部损失 h_j 的代数和,即

$$h_w = \sum h_f + \sum h_j \tag{4.1}$$

4.2　黏性流体的两种流态

在长期的工程实践中,人们发现液流的水头损失与其流动速度有关。1883年,英国科学家雷诺(Reynolds)通过实验揭示了实际液体在流动过程中存在两种内部结构完全不同的形态,即层流和紊流,并建立了水头损失与流动速度之间的内在关系。

4.2.1　雷诺实验

雷诺实验装置如图4.2所示,容器A为可保持水流恒定的溢流设备,从容器A中引出一水平固定的长玻璃管B,玻璃管进口为喇叭形以使水流平顺,出口设有阀门C以控制管内液体流速。容器D内装有容重与水相近的颜色液体,通过调节阀门C可使颜色液体经细管E流入玻璃管B中,细管上端设阀门F以控制颜色液体的注入量。

实验时,容器A中装满水并保持水面稳定,使流动处于恒定流状态。微微开启阀门C,水流以较小的流速在管中流动,此时打开颜色液体的阀门F,即可看到在玻璃管中有一条细直而鲜明的带色流束,这一流束并不与周围的水流相混,如图4.3(a)所示。玻璃管B中的液体质点以

平行而不相混杂的方式流动,这种流动形态称为层流。

再将阀门 C 逐渐开大,玻璃管 B 中的水流流速也相应增大,此时会发现,当流速增加到某一数值时,颜色液体形成的带色流束开始颤动并弯曲,具有波形轮廓,如图 4.3(b)所示。

继续增大玻璃管 B 中的水流流速至某一数值后,带色流束将完全破裂,并且很快扩散成布满全管的旋涡,使全部水流着色,如图 4.3(c)所示。此时玻璃管 B 中的液体质点将相互掺混、杂乱无章地向前运动,这种流动形态称为紊流,又称为湍流。

当玻璃管 B 中流动处于紊流状态后,逐渐关闭阀门 C,上述实验以相反的顺序进行时,则观察到的现象将以相反的程序呈现,不同的是紊流转变为层流时的流速值要比层流转变为紊流时小。这两个流速都是水流流动形态转变时的断面平均流速。前者称为下临界流速,以 v_c 表示;后者称为上临界流速,以 v_c' 表示。

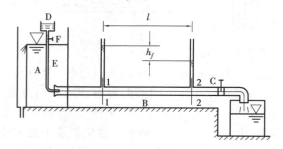

图 4.2 雷诺实验装置   图 4.3 不同流动形态的实验结果

由雷诺实验可知,液体质点在不同流动形态下具有不同的运动规律,其流动阻力与水头损失也就不同。下面根据雷诺实验结果来进一步分析不同流动形态下的水头损失变化规律。

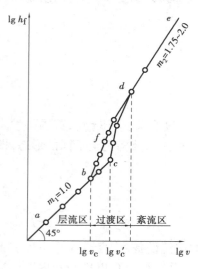

图 4.4 $\lg v$-$\lg h_f$ 关系曲线

在玻璃管 B 中相距为 l 的断面 1 与断面 2 上各安设一根测压管,实验时可测出两断面间的水头损失。由能量方程式得

$$z_1 + \frac{p_1}{\rho g} + \frac{\alpha_1 v_1^2}{2g} = z_2 + \frac{p_2}{\rho g} + \frac{\alpha_2 v_2^2}{2g} + h_f$$

因玻璃管 B 水平放置且管径不变,故 $z_1 = z_2$,$\dfrac{\alpha_1 v_1^2}{2g} = \dfrac{\alpha_2 v_2^2}{2g}$,从而 $h_f = \dfrac{p_1}{\rho g} - \dfrac{p_2}{\rho g}$,也就是说,两断面间的沿程水头损失即为两根测压管中的水柱差。

实验时将阀门 C 由小逐渐开大,再由大逐渐关小,可测得不同阀门开度下的一系列沿程水头损失 h_f 与相应的断面平均流速 v,在双对数坐标系中点绘 $\lg v$-$\lg h_f$ 关系曲线如图 4.4 所示。

图中曲线 abcde 是流速 v 由小到大的实测结果,曲线 edfba 是流速 v 由大到小的实测结果。两条曲线在 bd 间不重合,使整个曲线划分为 ab,bd 和 de 三段区间。ab 段和 de 段为直线,可统一用直线方程表示为

$$\lg h_f = m \lg v + \lg k$$

或表示成指数形式

$$h_f = kv^m \tag{4.2}$$

式中，m 为直线的斜率，$\lg k$ 为截距。相应于 ab 和 de 直线段，k,m 取值是不同的。

图 4.4 中的 $\lg v$-$\lg h_f$ 关系曲线在三段区间的变化规律如下：

①ab 段，$v \leq v_c$，流动为稳定的层流，$\theta_1 = 45°$，直线的斜率 $m_1 = 1.0$，说明层流区内沿程水头损失 h_f 与流速 v 的 1 次方成比例，即 $h_f = k_1 v$。

②de 段，$v > v'_c$，流动为完全的紊流，$\theta_2 = 60.3° \sim 63.4°$，直线的斜率明显增大，$m_2 = 1.75 \sim 2.0$，说明紊流区内沿程水头损失 h_f 与流速 v 的 $1.75 \sim 2.0$ 次方成比例，即 $h_f = k_2 v^{1.75 \sim 2.0}$；在充分发展的紊流中，$h_f$ 与流速 v 的平方成比例。

③bd 段，$v_c \leq b < v'_c$，流动为不稳定的过渡区，水流既可能是层流也可能是紊流，流动形态极易受实验程序和外界环境的影响。当流速 v 由小到大变化时，实验点沿曲线 bcd 变化，开始的 bc 段是层流区，变化到上临界流速 v'_c 的 c 点后，将向紊流过渡，到 d 点后完全进入紊流区；当流速 v 由大到小变化时，实验点沿曲线 dfb 变化，在这一变化过程中，开始是紊流，然后出现由紊流向层流的过渡，变化到下临界流速 v_c 的 b 点后将完全变为层流。

实验表明，随着流动起始条件和外界干扰程度的不同，上临界流速 v'_c 是个不稳定数值，而下临界流速 v_c 却较为稳定，几乎不受外界扰动情况影响。这说明图 4.4 曲线中 c 点的位置是可能变化的，而曲线中 b 点的位置则基本固定。在工程实际中，扰动是普遍存在的，因此上临界流速 v'_c 没有实际意义，而下临界流速 v_c 则更具实用性。

雷诺实验为我们揭示了水头损失 h_f 与流动速度 v 之间的内在关系，即层流中 $h_f = k_1 v$，紊流中 $h_f = k_2 v^{1.75 \sim 2.0}$。由于不同流动形态对应的沿程水头损失变化规律不同，所以要确定沿程水头损失，首先就必须判别水流的流动形态。

4.2.2　液流形态的判别

前文指出，层流与紊流沿程水头损失所遵循的规律不同，因此判别流动形态是很重要的。显然想通过目测颜色液体的稳定程度来判别流动形态并不具有广泛的实用性，那么是否可通过比较断面平均流速 v 和临界流速 v_c（或 v'_c）的相对大小来区分层流和紊流呢？实验证明，如果管径 d、液体的种类和温度不同（即运动黏度 ν 不同），临界流速 v_c（或 v'_c）是不同的。因此，用临界流速 v_c（或 v'_c）来判别液流形态也是不切实际的。雷诺等人的进一步实验表明，液流形态不仅与流速 v 有关，还与管径 d 及液体的运动黏度 ν 有关，可采用上述三个参数组成的无量纲数 Re 来判别，Re 称为雷诺数。

对于任意流速 v，雷诺数 Re 可表示为

$$Re = \frac{vd}{\nu} \tag{4.3}$$

同样，对应于 v_c 和 v'_c 的雷诺数可写成

下临界雷诺数
$$Re_c = \frac{v_c d}{\nu}$$

上临界雷诺数
$$Re'_c = \frac{v'_c d}{\nu}$$

这样，通过比较 Re 与 Re_c 或 Re'_c 就可判别液流形态了，但因层流向紊流过渡时极易受到

外界条件的干扰影响,导致上临界雷诺数 Re'_c 的数值变动范围很大,$Re'_c = 12\ 000 \sim 20\ 000$,个别情况下也有高达 $40\ 000 \sim 50\ 000$ 的,所以一般不采用上临界雷诺数 Re'_c 来作为液流形态的判别指标。

从紊流向层流转化过程不易受到外界条件干扰,大量实验都表明下临界雷诺数 Re_c 是一个比较稳定的数值,如对于圆管流动 $Re_c \approx 2\ 000$,对于明槽流动 $Re_c \approx 500$(此时的 $Re_c = vR/\nu$,R 为水力半径)。因此,判别液流形态常以下临界雷诺数 Re_c 为标准,当实际雷诺数 Re 大于下临界雷诺数 Re_c 时就是紊流,而小于下临界雷诺数 Re_c 时一定是层流。

【例4.1】 有一底宽 $b = 1.2$ m 的矩形明渠,通过流量 $Q = 0.3$ m³/s,水深 $h = 0.5$ m,水温为 20 ℃,试判别水流形态。

【解】 水流流速 $v = \dfrac{Q}{bh} = \dfrac{0.3}{1.2 \times 0.5} = 0.50\,(\text{m/s})$

水力半径 $R = \dfrac{bh}{b+2h} = \dfrac{1.2 \times 0.5}{1.2 + 2 \times 0.5} = 0.27\,(\text{m})$

水温为 20 ℃,查得水的运动黏度 $\nu = 1.01 \times 10^{-6}$ m²/s,因此雷诺数 $Re = \dfrac{vR}{\nu} = \dfrac{0.50 \times 0.27}{1.01 \times 10^{-6}} = 133\ 663 > 500$,水流为紊流。

【例4.2】 某有压输水管道的管径 $d = 0.3$ m,管内水流速度 $v = 0.2$ m/s,水温 $t = 10$ ℃。试确定:(1)管内水流的形态;(2)水流形态转变的临界流速 v_c。

【解】 (1)确定管内水流的形态

水温为 10 ℃,查得水的运动黏度 $\nu = 1.31 \times 10^{-6}$ m²/s,雷诺数 $Re = \dfrac{vd}{\nu} = \dfrac{0.2 \times 0.3}{1.31 \times 10^{-6}} = 45\ 802 > 2\ 000$,水流为紊流。

(2)水流形态转变的临界流速 v_c

圆管水流形态转变的下临界雷诺数 $Re_c \approx 2\ 000$,水温保持不变时,对应的临界流速 $v_c = \dfrac{Re_c \nu}{d} = \dfrac{2\ 000 \times 1.31 \times 10^{-6}}{0.3} = 0.008\ 7$ m/s,即当管内水流速度 $v \leqslant 0.008\ 7$ m/s 时,水流形态将由紊流过渡到层流。

4.3　沿程水头损失与切应力的关系

前已述及,沿程水头损失是液体克服内摩擦力(切应力)做功所耗散的能量,恒定均匀流中沿程不变的切应力是产生沿程水头损失的根源。下面讨论沿程水头损失与切应力的关系。

以圆管内的恒定均匀流(图4.5)为例进行分析,任取长度为 l 的总流流段,建立断面 1—1 与断面 2—2 之间的能量方程,同时结合均匀流条件 $v_1 = v_2 = v$,$h_w = h_f$,可得

$$h_w = h_f = \left(z_1 + \frac{p_1}{\rho g}\right) - \left(z_2 + \frac{p_2}{\rho g}\right) \tag{4.4}$$

设该均匀流段轴线与铅直线的夹角为 α,过水断面面积为 A,湿周为 χ,液流边界上的平均切应力为 τ_0,则作用于该流段的外力有:

①两端断面上的动水压力 $p_1 A$ 和 $p_2 A$;

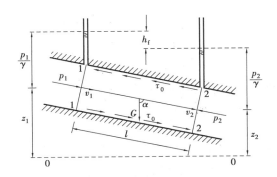

图 4.5 圆管恒定均匀流

②侧面上的动水压力,垂直于均匀流段;

③侧面上的切力 $T = \tau_0 \chi l$,式中 χl 为均匀流段侧的表面积;

④重力 $G = \rho g A l$,式中 ρ 为液体的密度。

对于研究的均匀流段,加速度为零,液流沿流向受到的合外力应等于零,即

$$p_1 A - p_2 A + \rho g A l \cos \alpha - \tau_0 \chi l = 0$$

根据几何关系,有 $l \cos \alpha = z_1 - z_2$,代入上式得

$$p_1 A - p_2 A + \rho g A (z_1 - z_2) - \tau_0 \chi l = 0$$

将上式两端除以 $\rho g A$,整理得

$$\left(z_1 + \frac{p_1}{\rho g} \right) - \left(z_2 + \frac{p_2}{\rho g} \right) = \frac{\tau_0 \chi l}{\rho g A} = \frac{\tau_0 l}{\rho g R} \tag{4.5}$$

式中,ρ 为密度,R 为水力半径,J 为水力坡度。

联立式(4.4)和式(4.5),可得

$$h_f = \frac{\tau_0 l}{\rho g R} \tag{4.6}$$

考虑到 $\dfrac{h_f}{l} = J$,从而有

$$\tau_0 = \rho g R J \tag{4.7}$$

式(4.6)或式(4.7)就是均匀流基本方程。该方程对管流和明渠流、层流和紊流均适用。

应当指出,虽然均匀流基本方程反映了沿程水头损失与边界切应力的关系,但我们并不能认为沿程水头损失只是边界切应力形成的。实际上,虽然液体内部切应力成对出现,但由于液体是变形体,不同流层液体的切向位移不相等,它们所做的功并不能互相抵消,因而液体内部同样要产生沿程水头损失。

这里,定义与切应力 τ_0 有关的一个常用参数

$$u_* = \sqrt{\frac{\tau_0}{\rho}} = \sqrt{\frac{\rho g R J}{\rho}} = \sqrt{g R J} \tag{4.8}$$

式中,u_* 具有流速的量纲,称为摩阻流速(或剪切流速),因反映壁面处的阻力 τ_0 而得名。摩阻流速在垂线流速分布及沿程水头损失计算等问题研究中应用广泛。

液流各流层之间均存在切应力 τ,对于均匀流中的任一流束,按上述同样方法可求得

$$\tau = \rho g R' J \tag{4.9}$$

式中,R' 为流束的水力半径,J 为均匀总流的水力坡度。

对照式(4.7)及式(4.9),可得

$$\frac{\tau}{\tau_0} = \frac{R'}{R}$$

对圆管均匀流来说,设圆管的半径为 r_0,有 $R = \frac{d}{4} = \frac{r_0}{2}$,则距管轴为 r 处的切应力为

$$\tau = \frac{r}{r_0}\tau_0 \tag{4.10}$$

由此可知,圆管均匀流过水断面上切应力是呈线性变化的,圆管中心的切应力为零,沿半径方向逐渐增大,到管壁处为 τ_0,如图 4.6 所示。

采用同样方法可求得水深为 h 的宽浅明渠均匀流切应力的分布规律为

$$\tau = \left(1 - \frac{y}{h}\right)\tau_0 \tag{4.11}$$

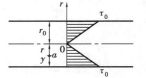

图 4.6 切应力分布

因此,在宽浅的明渠均匀流中,过水断面上的切应力也是呈线性变化的,水面上的切应力为零,离渠底为 y 处的切应力为 τ,至渠底为 τ_0。

然而,要想应用上述公式求切应力 τ 或沿程水头损失 h_f,必须先知道 τ_0。大量实验研究表明,τ_0 与下列各因素有关:断面平均流速 v、水力半径 R、液体密度 ρ、液体的动力黏度 η 及粗糙表面的凸出高度 Δ,即 $\tau_0 = f(R, v, \rho, \eta, \Delta)$。通过量纲分析,可进一步导得

$$\tau_0 = \frac{\lambda}{8}\rho v^2 \tag{4.12}$$

式中,λ 称为沿程阻力系数,它是表征沿程阻力大小的无量纲系数。其函数关系可表示为

$$\lambda = f\left(Re, \frac{\Delta}{R}\right) \tag{4.13}$$

将式(4.12)代入式(4.6),得

$$h_f = \lambda \frac{l}{4R} \frac{v^2}{2g} \tag{4.14}$$

此式就是计算均匀流沿程水头损失的一个基本公式,称为达西(Darcy)公式。

对圆管来说,水力半径 $R = \frac{d}{4}$,即 $d = 4R$,达西公式也可写成

$$h_f = \lambda \frac{l}{d} \frac{v^2}{2g} \tag{4.15}$$

【例 4.3】 已知某输水直管的管长 $l = 150$ m,管径 $d = 0.5$ m,管内水流为恒定流,测得管壁处的切应力 $\tau_0 = 60$ Pa,试求管道的沿程水头损失 h_f,并确定半径 $r = 0.15$ m 处的切应力 τ。

【解】 管道的沿程水头损失 h_f

$$h_f = \frac{\tau_0 l}{\rho g R} = \frac{4\tau_0 l}{\gamma d} = \frac{4 \times 60 \times 150}{9\,800 \times 0.5} = 7.35\,(\text{m})$$

半径 $r = 0.15$ m 处的切应力

$$\tau = \frac{r}{r_0}\tau_0 = \frac{0.15}{0.25} \times 60 = 36\,(\text{Pa})$$

4.4　圆管中的层流运动

工程中某些很细管道内的液体流动,或低速、高黏度液体在管道中的流动,如阻尼管、润滑油管、原油输送管内的流动多属层流。层流是一种规则的流动,与紊流运动相比要简单得多,可直接对其进行理论分析,本节将重点介绍圆管层流的运动规律。

如图 4.7 所示,圆管中的层流运动,可以看作是由许多无限薄的同心圆筒层一个套一个轴对称地运动着,每一流层表面的切应力都服从牛顿内摩擦定律。对于圆管中的任一点,有 $y = r_0 - r$。因此,距管轴 r 处任意流层表面的切应力为

$$\tau = \mu \frac{\mathrm{d}u}{\mathrm{d}y} = -\mu \frac{\mathrm{d}u}{\mathrm{d}r} \qquad (4.16)$$

式中,$\dfrac{\mathrm{d}u}{\mathrm{d}r}$ 为流速梯度。当 $r = r_0$ 时,由于水流黏附于管壁,$u = 0$;而管轴处 $r = 0$,$u = u_{\max}$。u 随 r 的增大而减小,$\dfrac{\mathrm{d}u}{\mathrm{d}r} < 0$。因切应力的大小以正值表示,故上式右端取负号。

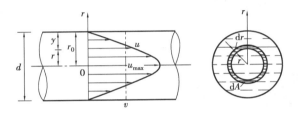

图 4.7　圆管中的层流

将式(4.16)代入均匀流方程式(4.7),可得

$$-\mu \frac{\mathrm{d}u}{\mathrm{d}r} = \rho g \frac{r}{2} J$$

由于式中 μ,ρ 和 g 为常数,在均匀流情况下,水力坡度 J 也为常数,积分上式得

$$u = -\frac{gJ}{4\nu} r^2 + C$$

积分常数 C 由边界条件确定,当 $r = r_0$、$u = 0$ 时,$C = \dfrac{gJ}{4\nu} r_0^2$,将其代入上式得

$$u = \frac{gJ}{4\nu}(r_0^2 - r^2) \qquad (4.17)$$

式(4.17)即为均匀流断面上的层流流速分布表达式,可知圆管层流流速是抛物线形分布的。从表达式及抛物线的性质可得圆管层流运动的以下规律:

(1)最大流速

最大流速发生在管轴上,将 $r = 0$ 代入式(4.17)得

$$u_{\max} = \frac{gJ}{4\nu} r_0^2 = \frac{gJ}{16\nu} d^2 \qquad (4.18)$$

(2)流量

取半径为 r 处的环形面积(见图 4.7 中阴影线部分)为微分面积,$\mathrm{d}A = 2\pi r \mathrm{d}r$,则通过 $\mathrm{d}A$ 的

流量为

$$dQ = udA = \frac{gJ}{4\nu}(r_0^2 - r^2)2\pi rdr$$

总流的流量为

$$Q = \int_0^{r_0} \frac{gJ}{4\nu}(r_0^2 - r^2)2\pi rdr$$

$$= \frac{\pi gJ}{4\nu}\left(r_0^4 - \frac{1}{2}r_0^4\right)$$

$$= \frac{\pi gJ}{8\nu}r_0^4 = \frac{\pi gJ}{128\nu}d^4 \tag{4.19}$$

式(4.19)表明圆管均匀层流的流量 Q 与管径 d 的 4 次方成比例,称为哈根-泊肃叶定律。

（3）断面平均流速

$$v = \frac{Q}{A} = \frac{gJ}{8\nu}r_0^2 = \frac{1}{2}u_{max} \tag{4.20}$$

可见,圆管层流的断面平均流速等于最大流速的一半,说明层流断面流速分布很不均匀。

（4）动能修正系数 α 和动量修正系数 β

$$\alpha = \frac{\int_A u^3 dA}{v^3 A} = 2.0$$

$$\beta = \frac{\int_A u^2 dA}{v^2 A} = 1.33$$

α 和 β 都大于 1.0,这也说明了液体作层流运动时其断面流速分布的不均匀性。

（5）沿程损失 h_f 及沿程阻力系数 λ

由式(4.20)及 $r_0 = d/2$ 得水力坡度 $J = \frac{32\nu}{gd^2}v$,由于 $J = \frac{h_f}{l}$,所以沿程损失

$$h_f = \frac{32\nu l}{gd^2}v \tag{4.21}$$

这也从理论上证明了层流的沿程损失 h_f 与平均流速 v 的一次方成比例,与雷诺实验的结果一致。

将式(4.21)改写为

$$h_f = \frac{64}{\frac{vd}{\nu}}\frac{l}{d}\frac{v^2}{2g} = \frac{64}{Re}\frac{l}{d}\frac{v^2}{2g}$$

结合达西公式(4.15),可得

$$\lambda = \frac{64}{Re} \tag{4.22}$$

由此可知,圆管层流中沿程阻力系数 λ 仅为雷诺数的函数,且与雷诺数成反比。

【例4.4】 水流在直径 $d = 0.20$ m 的圆管中作层流运动,在管长 $l = 50$ m 上测得水头损失 $h_f = 1.8$ m。试求:（1）管壁上的切应力 τ_0;（2）当沿程阻力系数 $\lambda = 0.025$ 时的断面平均流速 v。

【解】 （1）计算切应力 τ_0

$$\tau_0 = \rho g R J = \rho g \, \frac{d}{4} \, \frac{h_f}{l} = 1\,000 \times 9.8 \times \frac{0.2}{4} \times \frac{1.8}{50} = 17.64\,(\text{N/m}^2)$$

（2）计算断面平均流速 v

$$v = \sqrt{\frac{8\,\tau_0}{\lambda \rho}} = \sqrt{\frac{8 \times 17.64}{0.025 \times 1\,000}} = 2.38\,(\text{m/s})$$

4.5 紊流运动

自然界中的液流形态基本都是紊流。紊流研究具有普遍意义,从本节开始我们对紊流进行详细讨论。

4.5.1 紊流的特性与时均化

紊流中的液体质点是相互混杂着向前运动的,它们的位置、形态、速度都在时刻不断地随机变化着,相应地,紊流流场中各空间点处的运动要素(如流速、压强等)也在随时间随机波动,这种现象称为紊流运动要素的脉动。脉动现象的存在将使同一时刻流场中的流线不可能是相互平行的直线。因此,从定义上讲,紊流是非恒定流。

这里以流速为例来讨论紊流运动要素的特性。根据欧拉法,某一空间定点处的液体质点在不同时刻的流速大小和方向都是不同的,某一瞬时通过该定点的流体质点的流速称为该定点的瞬时流速,任一瞬时流速可分解为三个分速 u_x, u_y 和 u_z。应用仪器可将任一流速分量(如 u_x)在空间点上的脉动现象测量出来,图 4.8(a)所示即为在保持作用水头不变的情况下,用热线流速仪测得的紊流中某空间点沿流动方向的瞬时流速 u_x 随时间 t 的变化过程线。可见,这一瞬时流速 u_x 虽然随时间不断随机变化,但它却始终围绕着某一平均值 $\bar{u}_x$ 上下波动,且在足够长时间的过程中,该时间平均值 $\bar{u}_x$ 是基本保持稳定不变的,称为时均流速。其数学表达式为

$$\bar{u}_x = \frac{1}{T} \int_0^T u_x \mathrm{d}t \tag{4.23}$$

式中,T 为计算时均流速 $\bar{u}_x$ 所选取的时段。T 不能取得过短,否则难以消除脉动影响;T 也不能取得过长,否则无法反映 $\bar{u}_x$ 的变化规律;时段 T 的选取应考虑消除脉动影响并能较好地反映 $\bar{u}_x$ 值的变化为宜。

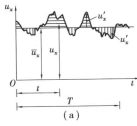
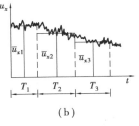

图 4.8 紊流瞬时流速

显然,任一点的瞬时流速 u_x 与时均流速 $\bar{u}_x$ 之间存在以下关系

$$u_x = \bar{u}_x + u'_x \tag{4.24}$$

式中,u'_x 为瞬时流速 u_x 与时均流速 $\bar{u}_x$ 的差值,称为脉动流速。

脉动流速 u'_x 可正可负,在一定范围内随机波动,但其时间平均却是等于零的,证明如下:

$$\bar{u'_x} = \frac{1}{T}\int_0^T u'_x \mathrm{d}t = \frac{1}{T}\int_0^T u_x \mathrm{d}t - \frac{1}{T}\int_0^T \bar{u}_x \mathrm{d}t$$

由式(4.23)可知,$\frac{1}{T}\int_0^T u_x \mathrm{d}t = \bar{u}_x$,又因 $\bar{u}_x$ 为常数,$\frac{1}{T}\int_0^T \bar{u}_x \mathrm{d}t = \frac{1}{T}\bar{u}_x \int_0^T \mathrm{d}t = \bar{u}_x$,故 $\bar{u'_x} = 0$。

其他运动要素如动水压强 p,也可采用同样的方法来表示

$$p = \bar{p} + p' \tag{4.25}$$

并用同样的方法可证 $\bar{p'} = 0$。

紊流的瞬时运动要素(如 u,p 等)随时间不断变化,因此紊流研究中常采用运动要素的时均值来表示。如运动要素的时均值不随时间变化,称为恒定流,如图 4.8(a)所示;反之,则称为非恒定流,如图 4.8(b)所示。

需要指出的是,脉动现象对于水利工程是有重要影响的,它可增加建筑物的瞬时荷载,引起建筑物的震动,使水流挟沙能力增强等。因为脉动值的时均值等于零,无法直观体现脉动的强弱程度,所以工程中常用脉动强度(又称紊动强度)和相对脉动强度来反映脉动的强弱程度。脉动流速的均方根值 σ 与时均特征流速 v 的比值称为紊动强度,以 T_u 表示,即

$$T_u = \frac{\sigma}{v} = \frac{\sqrt{\bar{u'^2}}}{v} \tag{4.26}$$

式中,v 为时均特征流速,对于明渠流或管流,时均特征流速常采用断面平均流速;对于绕流问题则采用远离物体的时均流速。

经引入时均化的概念后,就可以将复杂紊流运动视为一个简单的时均运动和一个脉动运动的叠加,这给紊流运动研究带来了很大的方便。

4.5.2　紊流的附加切应力

前文指出,紊流的瞬时流速可以分解为时均流速和脉动流速。相应地,紊动切应力也由两部分组成:一是对应于时均流速的黏滞切应力,二是对应于脉动流速的附加切应力。下面以图 4.9 所示的平面恒定均匀紊流为例来进行分析。

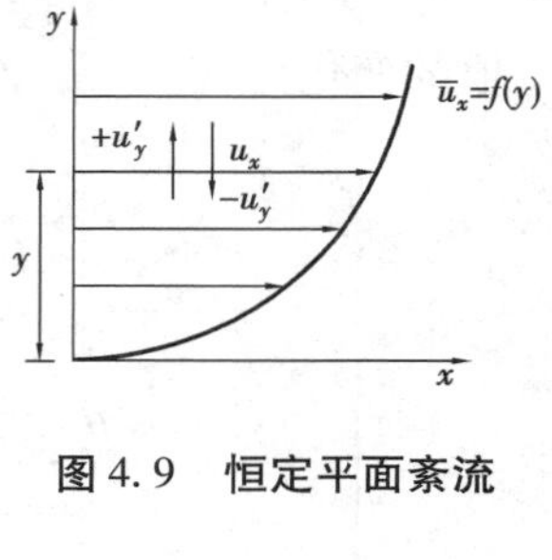

①黏滞切应力是因时均流层间的相对运动而产生的,类似于层流中的切应力,满足牛顿内摩擦定律,即

$$\bar{\tau}_1 = \mu \frac{\mathrm{d}\bar{u}_x}{\mathrm{d}y}$$

图 4.9　恒定平面紊流

②附加切应力通常也称为雷诺应力,是由于不同流层间液体质点的相互掺混、互相碰撞,产

生动量交换而引起的,计算公式为

$$\overline{\tau_2} = -\rho \,\overline{u_x' u_y'} \tag{4.27}$$

式中,$\overline{u_x' u_y'}$ 为脉动流速乘积的时均值。由平面的连续性方程可知,平面相互垂直的两个方向上的脉动流速是异号的,为使附加切应力为正值,故在式(4.27)前加"$-$"号。

从而,紊动切应力可写为

$$\overline{\tau} = \overline{\tau_1} + \overline{\tau_2} = \mu \frac{\mathrm{d}\overline{u}_x}{\mathrm{d}y} - \rho\,\overline{u_x' u_y'} \tag{4.28}$$

不同流动形态时,紊动切应力两组成部分所发挥的作用也将有所不同。当雷诺数较小、脉动流速较弱时,牛顿黏性应力占主导地位,附加切应力的作用很小;反之,当雷诺数较大、脉动流速较强时,紊流脉动加剧,附加切应力的作用大于牛顿黏性切应力。

对于黏滞切应力,目前有较为成熟的理论公式,可直接计算。而对于附加切应力,虽可表示成脉动流速乘积之时均值的形式,但因脉动流速本身也是一个很复杂的物理量,因此难以从理论角度加以确定,在研究中常采用德国水力学家普朗特提出的半经验理论——动量传递理论进行近似计算。动量传递理论认为,液体质点因脉动从某一流层进入另一流层时,要运行一段与时均流速垂直的距离 l 后,才与周围质点产生动量交换,而在中间过程中,液体质点的动量保持不变。应用这一理论,可建立附加切应力的计算表达式

$$\overline{\tau_2} = \rho l^2 \left(\frac{\mathrm{d}\overline{u}_x}{\mathrm{d}y}\right)^2 \tag{4.29}$$

式中,l 为掺混长度,表示液体质点因脉动而从一流层进入另一流层的垂直距离。

故紊流的时均切应力公式为

$$\overline{\tau} = \overline{\tau_1} + \overline{\tau_2} = \mu \frac{\mathrm{d}\overline{u}_x}{\mathrm{d}y} + \rho l^2 \left(\frac{\mathrm{d}\overline{u}_x}{\mathrm{d}y}\right)^2 \tag{4.30}$$

以后讨论紊流运动时,所有要素均采用时均值,为简便起见,时均符号常略去不写,即

$$\tau = \tau_1 + \tau_2 = \mu \frac{\mathrm{d}u_x}{\mathrm{d}y} + \rho l^2 \left(\frac{\mathrm{d}u_x}{\mathrm{d}y}\right)^2 \tag{4.31}$$

4.5.3　紊流的近壁特征

在固体边壁附近,液体质点的紊动受到抑制,附加切应力很小,而流速梯度却很大。切应力主要是黏滞切应力,附加切应力趋于零,其流态基本上属于层流。因此,紊流在紧靠固体边壁附近有一层极薄的黏滞切应力很大的层流层存在,称为黏性底层或层流底层,其厚度以 δ_0 表示。在黏性底层中,流速从零迅速增至有限值,流速近似地按直线变化。在黏性底层之外,存在着一层极薄的过渡层,过渡层以外的液流才是紊流。但由于过渡层的实际意义不大,因此常常不加考虑。

黏性底层的厚度 δ_0 与液体紊动强度密切相关。雷诺数 Re 越大,液体质点紊动越剧烈,边壁层流层厚度越薄,δ_0 就越小;反之,δ_0 就越大。有压圆管紊流的黏性底层厚度 δ_0,可由层流流速分布和牛顿内摩擦定律并结合尼古拉兹实验资料推得,其表达式为

$$\delta_0 = 11.6 \frac{\nu}{\sqrt{\tau_0/\rho}} = 11.6 \frac{\nu}{u_*} \tag{4.32}$$

将 τ_0 的表达式(4.12)代入,得

$$\delta_0 = \frac{32.8\nu}{v\sqrt{\lambda}} = \frac{32.8d}{Re\sqrt{\lambda}} \tag{4.33}$$

式(4.33)就是黏性底层厚度的计算公式。由该公式可知,黏性底层厚度 δ_0 随着雷诺数 Re 的增大而减小。

黏性底层厚度 δ_0 很薄,一般不超过几毫米,但它对流动阻力和水头损失的影响却不可忽视。固体边界的表面总是粗糙不平的,粗糙表面凸起高度的平均值称为绝对粗糙度,常用 Δ 表示。由于 δ_0 随 Re 而变化,所以 δ_0 就可能大于、等于或小于 Δ。

当 Re 较小时,δ_0 可以大于 Δ 若干倍。此时,边壁表面虽然凸凹不平,但凸起的高度完全被淹没在黏性底层之中,即黏性底层将紊流与边壁隔开,如图4.10(a)所示。这时,边壁对紊流运动的影响主要表现为黏性底层的黏滞切应力,壁面的粗糙度对紊流运动不起作用,液流就像在光滑的壁面上流动一样,这种壁面称为水力光滑面。

当 Re 很大时,δ_0 可以远小于 Δ。此时,壁面粗糙凸起高度几乎全部伸入紊流中,壁面的粗糙度对紊流运动将起主要作用,而黏性底层中黏滞切应力的作用则几乎可以忽略不计,这种壁面称为水力粗糙面,如图4.10(b)所示。

介于以上两者之间的情况,黏性底层厚度已不足以完全掩盖住边壁粗糙度对液流的影响,但粗糙度对紊流运动还没有起到决定性作用,这种壁面称为过渡粗糙面,如图4.10(c)所示。

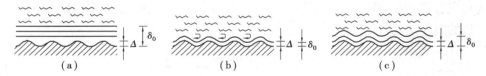

图4.10 黏性底层的变化

必须指出,水力光滑或水力粗糙并非只取决于边壁的光滑或粗糙程度,而必须根据黏性底层厚度 δ_0 和壁面绝对粗糙度 Δ 的相对大小来决定。对于同一固体壁面,随着雷诺数 Re 的不同,可以是水力光滑的,也可以是水力粗糙的。根据尼古拉兹实验资料,可将水力光滑面、过渡粗糙面和水力粗糙面的划分规定如下:

水力光滑面 $\Delta < 0.4\delta_0$ 或 $Re_* < 5$

过渡粗糙面 $0.4\delta_0 \leqslant \Delta \leqslant 6\delta_0$ 或 $5 \leqslant Re_* \leqslant 70$

水力粗糙面 $\Delta > 6\delta_0$ 或 $Re_* > 70$

式中,粗糙雷诺数 $Re_* = v_*\Delta/\nu$。

4.5.4　紊流的流速分布

图4.11是管道中紊流时均流速分布图。对于紊流流速分布的表达式,目前最常用的有指数公式和对数公式两种。

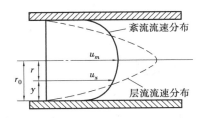

图 4.11　紊流时均流速分布图

（1）指数公式

普朗特建议的紊流流速分布指数公式为

$$\frac{u_x}{u_m} = \left(\frac{y}{r_0}\right)^n \tag{4.34}$$

式中，n 为指数，其值与雷诺数 Re 有关；其他符号见图 4.11 上的标注。

当 $Re < 10^5$ 时，$n = 1/7$，这已被实验所证实，称之为流速分布的七分之一次方定律。当 $Re > 10^5$ 时，n 采用 8，9，10 等可获得更准确的结果。

（2）对数公式

当雷诺数 Re 很大时，紊动得以充分发展，紊流附加切应力将占主导地位，黏性切应力的影响可忽略不计，此时

$$\tau = \rho l^2 \left(\frac{\mathrm{d}u_x}{\mathrm{d}y}\right)^2 \tag{4.35}$$

对圆管流来说，有

$$\tau = \left(1 - \frac{y}{r_0}\right)\tau_0$$

根据萨特克维奇的研究结果

$$l = \kappa y \sqrt{1 - \frac{y}{r_0}} \tag{4.36}$$

式中，κ 为一常数，称为卡门通用常数，实验结果 $\kappa \approx 0.4$。

将上述两式代入式（4.35），得

$$\tau_0 = \rho \kappa^2 y^2 \left(\frac{\mathrm{d}u_x}{\mathrm{d}y}\right)^2$$

从而有

$$\frac{\mathrm{d}u_x}{\mathrm{d}y} = \frac{1}{\kappa y}\sqrt{\frac{\tau_0}{\rho}} = \frac{u_*}{\kappa y} \tag{4.37}$$

将上式积分，得

$$u_x = \frac{u_*}{\kappa}\ln y + C \tag{4.38}$$

将 $\kappa \approx 0.4$ 代入上式，得

$$u_x = 5.75 u_* \lg y + C \tag{4.39}$$

式中，C 为积分常数，一般通过实验确定。

由式（4.39）可知，紊流流速是按对数规律分布的，比层流流速的抛物线分布要均匀得多

（图 4.11），这主要是由于紊流质点的混掺作用与动量交换造成的。

4.6　紊流的沿程水头损失

由达西公式(4.15)可知，计算沿程水头损失 h_f 的关键在于沿程阻力系数 λ 的确定。对于圆管层流，前文已从理论上分析得到了其沿程阻力系数 $\lambda = 64/Re$；而对于紊流，由于其运动的复杂性，目前还不能像层流那样严格地通过理论推导来确定 λ 的计算公式。在实际计算中，紊流 λ 的变化规律和计算公式往往是根据半经验理论并结合典型实验研究成果获得的。

下面介绍揭示液流沿程阻力系数 λ 变化规律的典型实验——尼古拉兹实验，并讨论有压圆管紊流的 λ 计算方法。

4.6.1　尼古拉兹实验

流体沿程阻力系数 λ 与介质类型、流态及管道特性关系密切，而管道特性主要反映在管壁的粗糙度上。为了探寻 λ 的变化规律，1933 年德国水力学家尼古拉兹将粒径相同的砂粒均匀地粘贴在光滑管壁上，制成了一种人工粗糙管道。对于人工粗糙管，可用砂粒的直径大小来表示管壁的粗糙度，通常用 Δ 表示绝对粗糙度，而用 Δ 与管道半径 r_0 的比值 Δ/r_0 表示相对粗糙度，用 r_0/Δ 表示相对光滑度。

尼古拉兹用相对光滑度 $r_0/\Delta = 15, 30.6, 60, 126, 252, 507$ 的 6 组人工粗糙管道进行系统实验，获得了各 r_0/Δ 管道在不同流量下的断面平均流速 v 与沿程水头损失 h_f，计算了相应的 λ 和 Re 值，最后在双对数坐标系中点绘了每一组 r_0/Δ 的 $\lg Re$-$\lg(100\lambda)$ 关系，得到了如图 4.12 所示的尼古拉兹实验曲线。

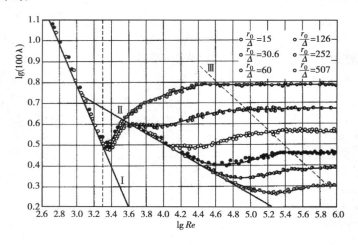

图 4.12　尼古拉兹实验曲线

根据图 4.12 中沿程阻力系数 λ 的变化特性，可将尼古拉兹实验曲线的阻力区进行如下划分：

1)层流区

直线Ⅰ及其以左区域为层流区。当雷诺数 $Re < 2\ 300$ 时,流动处于层流状态。不同粗糙度的实验点均落在同一直线上,这表明层流区的 λ 仅是雷诺数 Re 的函数,而与相对粗糙度 Δ/r_0 无关,这与均匀层流理论分析结果一致,即 $\lambda = 64/Re$,反映在对数坐标上是一直线。

2)层流向紊流的过渡区

直线Ⅰ与直线Ⅱ之间的区域为层流向紊流的过渡区。当雷诺数 $Re = 2\ 300 \sim 4\ 000$ 时,流态为层流向紊流的过渡区。该区实验点据也落在同一曲线上,但其流动性是最不稳定的,造成实验数据规律性较差。由于该区域的范围很窄,实用意义不大,一般不作详细讨论。

3)紊流区

当雷诺数 $Re > 4\ 000$ 时,流态已进入紊流区。沿程阻力系数 λ 取决于黏性底层厚度 δ_0 与绝对粗糙度 Δ 的相对关系。紊流区具体又可分为3个区,即紊流水力光滑区、紊流过渡粗糙区和紊流粗糙区。

①紊流水力光滑区:直线Ⅱ为紊流水力光滑区。当 Re 较小时,黏性底层厚度 δ_0 较大,可以淹没 Δ,流动处于水力光滑区。在水力光滑区内,不同相对粗糙度的实验点也落在同一曲线上,表明该区的 λ 只是雷诺数 Re 的函数,而与相对粗糙度 Δ/r_0 无关,即 $\lambda = f(Re)$。

②紊流过渡粗糙区:直线Ⅱ与直线Ⅲ之间的区域为紊流过渡粗糙。当 Re 增大时,黏性底层厚度 δ_0 减小至不能完全淹没 Δ,管壁粗糙将对流动产生影响,流动处于过渡粗糙区。过渡粗糙区的 λ 与雷诺数 Re 及相对粗糙度 Δ/r_0 均有关,即 $\lambda = f(Re, \Delta/r_0)$。

③紊流粗糙区:直线Ⅲ以右区域为紊流粗糙区。当 Re 继续增大时,黏性底层厚度 δ_0 继续减小,紊流绕过凸出高度时已形成小旋涡,沿程阻力主要由这些小旋涡组成,黏性底层的黏滞阻力几乎可以忽略,流动处于紊流粗糙。紊流粗糙区的 λ 只是相对粗糙度 Δ/r_0 的函数,而与雷诺数 Re 无关,即 $\lambda = f(\Delta/r_0)$。在紊流粗糙区内,给定管道的 λ 是常数,由 $h_f = \lambda(l/d)(v^2/2g)$ 可知,沿程水头损失 h_f 与流速 v 的平方成正比,故紊流粗糙区又称为阻力平方区。

综上所述,随着雷诺数 Re 的由小到大,尼古拉兹实验所揭示的有压圆管流沿程阻力系数 λ 在各个阻力区内的变化规律可归纳为以下5个区域。

①层流区:$\lambda = f(Re) = 64/Re$,$h_f \propto v'$;

②层流向紊流的过渡区:$\lambda = f(Re)$,范围窄,实用意义不大,一般不讨论;

③紊流水力光滑区:$\lambda = f(Re)$;

④紊流过渡粗糙区:$\lambda = f(Re, \Delta/r_0)$;

⑤紊流粗糙区(阻力平方区):$\lambda = f(\Delta/r_0)$,$h_f \propto v^2$。

1938年,苏联水力学家蔡克士达采用人工粗糙明渠进行了沿程阻力系数 λ 的实验,得到了与尼古拉兹实验类似的结果。这说明尼古拉兹实验所揭示的沿程阻力系数 λ 的变化规律对明渠流也同样适用。

尼古拉兹实验是在人工粗糙管道内进行的,其实验结果具有特殊性。由于一般实用管道(钢管、铁管、混凝土管、木管、玻璃管等)的粗糙度、粗糙形态和分布状态都是不规则的,因此,利用图4.12在求沿程阻力系数 λ 时具有局限性。1944年,莫迪(L. F. Moody)绘制了实用管道沿程阻力系数 λ 与雷诺数 Re 的关系曲线,称为莫迪图,如图4.13所示。

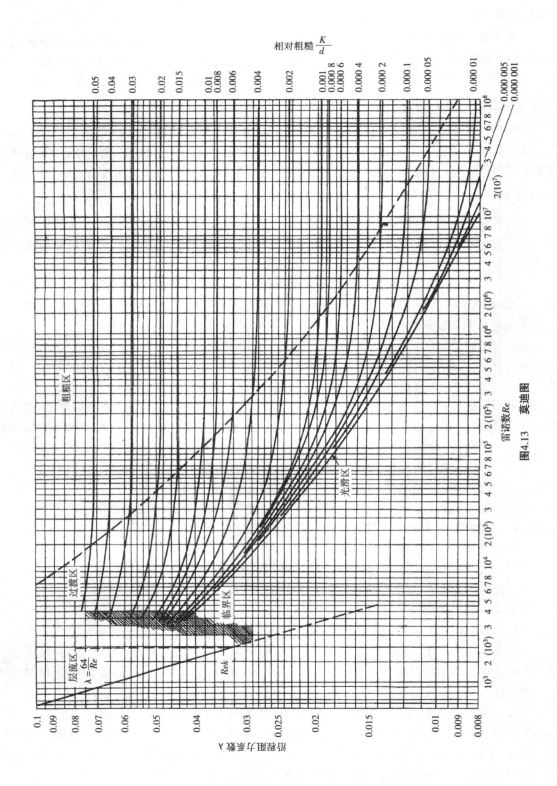

图4.13　莫迪图

莫迪图和尼古拉兹图中 λ 的变化规律基本相似,只是在紊流过渡粗糙区中 λ 的变化规律不相同,即尼古拉兹图中 λ 随 Re 的增大而连续增大,而莫迪图中 λ 随 Re 的增大而连续减小。

4.6.2　摩阻系数的实用计算公式

在层流中,沿程阻力系数 λ 采用式(4.22)计算。在紊流中,不同阻力区 λ 有不同的计算公式,根据尼古拉兹的实验结果,可得计算紊流沿程阻力系数 λ 的尼古拉兹公式,即

水力光滑区

$$\frac{1}{\sqrt{\lambda}} = 2 \lg(Re\sqrt{\lambda}) - 0.8 \tag{4.40}$$

适用范围 $Re < 10^6$。

粗糙区

$$\frac{1}{\sqrt{\lambda}} = 2 \lg\left(\frac{r_0}{\Delta}\right) + 1.74 \tag{4.41}$$

适用范围 $Re > \dfrac{382}{\sqrt{\lambda}}\left(\dfrac{r_0}{\Delta}\right)$。

在过渡粗糙区时,沿程阻力系数 λ 可由柯列布鲁克-怀特经验公式计算

$$\frac{1}{\sqrt{\lambda}} = 1.74 - 2 \lg\left(\frac{\Delta}{r_0} + \frac{18.7}{Re\sqrt{\lambda}}\right) \tag{4.42}$$

适用范围 $3\,000 < Re < 10^6$。

实际上,式(4.42)是式(4.40)和式(4.41)的结合。当雷诺数 Re 很小时,式(4.42)右端括号内的第二项很大,第一项相对较小,该式接近式(4.40);当雷诺数 Re 很大时,括号内第二项很小,该式接近式(4.41)。因此,式(4.42)不仅适用于紊流过渡粗糙区,而且还可用于紊流的其他两个区,故又称为紊流的综合公式。

工程中常采用下面形式更为简单的经验公式和莫迪图来计算圆管紊流沿程阻力系数 λ。

水力光滑区,用布拉休斯公式,即

$$\lambda = \frac{0.316}{Re^{1/4}} \tag{4.43}$$

适用范围 $4\,000 < Re < 10^5$。

过渡粗糙区,用阿里特苏里公式,即

$$\lambda = 0.11\left(\frac{68}{Re} + \frac{\Delta}{d}\right)^{1/4} \tag{4.44}$$

对于水力光滑管,可不计括号中的 Δ/d;对于水力粗糙管,可不计括号中的 $68/Re$。

式(4.40)~式(4.44)称为一般公式,它们只适用于新管。此外,在给水管道工程中,舍维列夫提出了下面适用于旧铸铁管和旧钢管的专用公式。

过渡粗糙区,当 $v < 1.2$ m/s 时

$$\lambda = \frac{0.017\,9}{d^{0.3}}\left(1 + \frac{0.867}{v}\right)^{0.3} \tag{4.45}$$

粗糙区,当 $v \geqslant 1.2$ m/s 时

$$\lambda = \frac{0.021}{d^{0.3}} \tag{4.46}$$

【例4.5】 运动黏度 $\nu = 1.2 \times 10^{-6} \, m^2/s$ 的水在长 $l = 200 \, m$、内径 $d = 0.20 \, m$ 的管道中流动，断面平均流速 $v = 2.4 \, m/s$，已知管道的相对粗糙度 $\Delta/d = 0.004$。试求：

(1)按新铸铁管计算的沿程水头损失 h_{f1}；

(2)按旧铸铁管计算的沿程水头损失 h_{f2}。

【解】 对新、旧铸铁管，计算沿程阻力系数 λ 时应选用不同的公式。

(1)计算 h_{f1}

雷诺数
$$Re = \frac{vd}{\nu} = \frac{2.4 \times 0.20}{1.2 \times 10^{-6}} = 4.0 \times 10^5$$

根据 $Re = 4.0 \times 10^5$ 和 $\Delta/d = 0.004$，由莫迪图4.13查得沿程阻力系数 $\lambda = 0.028$，且知此流动在粗糙区。

λ 也可采用粗糙区的尼古拉兹公式计算，即

$$\frac{1}{\sqrt{\lambda}} = 2 \lg\left(\frac{r_0}{\Delta}\right) + 1.74 = 2 \lg\left(\frac{1}{2 \times 0.004}\right) + 1.74 = 5.933$$

故 $\lambda = 0.028 \, 4$。

若根据经验公式(4.44)，则得

$$\lambda \approx 0.11 \left(\frac{\Delta}{d}\right)^{1/4} = 0.11 \times 0.004^{1/4} = 0.027 \, 7$$

可见，上述三种方法求得的沿程阻力系数相差无几，我们取 $\lambda = 0.028$。于是，沿程水头损失为

$$h_{f1} = \lambda \frac{l}{d} \frac{v^2}{2g} = 0.028 \times \frac{200}{0.20} \times \frac{2.4^2}{2 \times 9.8} = 8.23 \, (mH_2O)$$

(2)计算 h_{f2}

对于旧铸铁管，当流速 $v > 1.2 \, m/s$ 时，可应用舍维列夫公式(4.46)计算 λ，即

$$\lambda = \frac{0.021}{d^{0.3}} = \frac{0.021}{0.2^{0.3}} = 0.034$$

沿程水头损失为

$$h_{f2} = \lambda \frac{l}{d} \frac{v^2}{2g} = 0.034 \times \frac{200}{0.20} \times \frac{2.4^2}{2 \times 9.8} = 9.99 \, (mH_2O)$$

4.6.3 明渠流沿程水头损失的计算

上节对沿程阻力系数 λ 变化规律的认识是20世纪前期的研究成果，要应用上节所讲的公式，必须采用自然管道或天然河道表面粗糙均匀化后的当量粗糙度，因目前尚缺乏这方面较完整的资料，所以这些公式并未得到广泛应用。早在200多年前，人们在生产实践中就总结出了一套计算沿程水头损失的经验公式，这些公式建立在大量实测资料的基础上，在一定范围内能满足工程设计的需要。其中最有代表性的是谢才公式，目前它在工程实践中应用广泛。

1769年法国工程师谢才通过总结大量明渠流实测资料，提出了计算恒定均匀流的谢才公

式。谢才公式建立了断面平均流速 v 与水力半径 R 及水力坡度 J 之间的关系,即

$$v = C\sqrt{RJ} \tag{4.47}$$

式中,C 为谢才系数。

将 $J = h_f/l$ 代入上式并整理得

$$h_f = \frac{8g}{C^2}\frac{l}{4R}\frac{v^2}{2g} = \lambda\frac{l}{4R}\frac{v^2}{2g}$$

故有 $\lambda = 8g/C^2$ 或 $C = \sqrt{8g/\lambda}$。由此可知,谢才系数含有阻力的因素,流动阻力越大谢才系数越小,反之亦然。由于 λ 是量纲为 1 的数,故谢才系数 C 是有量纲的,其量纲为 $L^{1/2}T^{-1}$,单位为 $m^{1/2}/s$。

虽然谢才系数 C 与 λ 有关,但无须由 λ 推求,它有自己的经验公式。当初谢才曾认为系数 C 是常数,并取为 $50\ m^{1/2}/s$,但后人的大量实验和实测资料表明 C 值并非常数,而与过水断面形状、壁面粗糙情况以及雷诺数 Re 等因素有关。谢才系数 C 的经验公式大多是在紊流阻力平方区的情况下总结而得,因而与 Re 无关。

计算谢才系数 C 最为常用的经验公式是由爱尔兰工程师曼宁在 1895 年提出来的,即曼宁公式

$$C = \frac{1}{n}R^{1/6} \tag{4.48}$$

式中,n 为反映壁面粗糙情况并与流动性质无关的综合性系数,称为糙率或粗糙系数,一般不写单位。

计算中,n 值选择得正确与否,对计算结果影响较大,必须慎重选取。对于重要的工程,n 值一般应根据实测资料确定。表 4.1 ~ 表 4.3 列出了各种情况下的粗糙系数 n 值,以供参考。常用的粗糙系数见附录Ⅰ。

表 4.1　管道的粗糙系数 n 值

管道种类	壁面状况	n		
		最小值	正常值	最大值
有机玻璃管		0.008	0.009	0.010
玻璃管		0.009	0.010	0.013
黑铁皮管		0.012	0.014	0.015
白铁皮管		0.013	0.016	0.017
铸铁管	1. 有护面层 2. 无护面层	0.010 0.011	0.013 0.014	0.014 0.016
钢管	1. 纵缝和横缝都是焊接的,但都不缩窄过水断面 2. 纵缝焊接,横缝铆接(搭接),一排铆钉 3. 纵缝焊接,横缝铆接(搭接),两排或两排以上铆钉	0.011 0.011 5 0.013	0.012 0.013 0.014	0.012 5 0.014 0.015
水泥管	表面洁净	0.010	0.011	0.013

续表

管道种类	壁面状况	n		
		最小值	正常值	最大值
混凝土管及钢筋混凝土管	1. 无抹灰面层			
	(1)模板好,施工质量良好,接缝平滑	0.012	0.013	0.014
	(2)光滑木模板,施工质量良好,接缝平滑		0.013	
	(3)光滑木模板,施工质量一般	0.012	0.014	0.016
	2. 有抹灰面层,且经过抹光	0.010	0.012	0.015
	3. 有喷浆面层			
	(1)用钢丝刷仔细刷过,并经仔细抹光	0.012	0.013	0.015
	(2)用钢丝刷刷过,且无喷浆脱落体凝结于衬砌面上		0.016	0.018
	(3)仔细喷浆,但未用钢丝刷刷过,也未经抹光		0.019	0.023
陶土管	1. 不涂釉	0.010	0.013	0.017
	2. 涂釉	0.011	0.012	0.014
岩石泄水管道	1. 未衬砌的岩石			
	(1)条件中等的,即壁面有所整修	0.025	0.030	0.033
	(2)条件差的,即壁面很不平整,断面稍有超挖		0.040	0.045
	2. 部分衬砌的岩石(部分有喷浆面层、抹灰面层或衬砌面层)	0.022	0.030	

表 4.2　各种材料明渠的糙率 n 值

明渠壁面材料情况及描述	表面粗糙情况		
	较 好	中 等	较 差
1. 土渠			
清洁、形状正常	0.020	0.022 5	0.025
不通畅并有杂草	0.027	0.030	0.035
渠线略有弯曲、有杂草	0.025	0.030	0.033
挖泥机挖成的土渠	0.027 5	0.030	0.033
沙砾渠道	0.025	0.027	0.030
细砾石渠道	0.027	0.030	0.033
土底、石砌坡岸渠	0.030	0.033	0.035
不光滑的石底、有杂草的土坡渠	0.030	0.035	0.040
2. 石渠			
清洁的形状正常的凿石渠	0.030	0.033	0.035
粗糙的断面不规则的凿石渠	0.040	0.045	
光滑而均匀的石渠	0.025	0.035	0.040
精细地开凿的石渠		0.020 ~ 0.025	

明渠壁面材料情况及描述	表面粗糙情况		
	较　好	中　等	较　差
3. 各种材料护面的渠道			
三合土(石灰、沙、煤灰)护面	0.014	0.016	
浆砌砖护面	0.012	0.015	0.017
条石护面	0.013	0.015	0.017
浆砌块石护面	0.017	0.022 5	0.030
干砌块石护面	0.023	0.032	0.035
4. 混凝土渠道			
抹灰的混凝土或钢筋混凝土护面	0.011	0.012	0.013
无抹灰的混凝土或钢筋混凝土护面	0.013	0.014 ~ 0.015	0.017
喷浆护面	0.016	0.018	0.021
5. 木质渠道			
刨光木板	0.012	0.013	0.014
未刨光木板	0.013	0.014	0.015

表 4.3　天然河道的糙率 n 值

河道类型及特征	最小值	正常值	最大值
1. 小河(洪水期水面宽小于 30 m)			
1)平原河道			
(1)清洁、顺直、无沙滩或深潭	0.025	0.030	0.033
(2)清洁、顺直、无沙滩或深潭,但多乱石或杂草	0.030	0.035	0.040
(3)清洁、弯曲、有些浅滩和潭坑	0.033	0.040	0.045
(4)清洁、弯曲、有些浅滩和潭坑,但有些杂草及乱石	0.035	0.045	0.050
(5)清洁、弯曲、有些浅滩和潭坑,水深较浅,底坡多变,迴流较多	0.040	0.048	0.055
(6)清洁、弯曲、有些浅滩和潭坑,但较多乱石	0.045	0.050	0.060
(7)有滞流河段、多杂草、有深潭	0.050	0.070	0.080
(8)杂草很多的河段、有深潭或林木滩地上的过洪	0.075	0.100	0.150
2)山区河流(河槽无植物,河岸较陡,高水位时岸坡上树木淹没)			
(1)河床:砾石、卵石及少许孤石	0.030	0.040	0.050
(2)河床:卵石和大孤石	0.040	0.050	0.070
2. 大河(洪水期水面宽度大于 30 m)由于河岸阻力较小,n 值略小于前述同样情况的河道			
1)断面较整齐,无孤石或丛木	0.025	0.030	0.060
2)断面不整齐,河床粗糙	0.035	0.035	0.100

续表

河道类型及特征	最小值	正常值	最大值
3. 洪水期滩地漫流			
1）草滩地，无丛木			
（1）有矮杂草	0.025	0.030	0.035
（2）有高杂草	0.030	0.035	0.050
2）耕种的滩地			
（1）未熟的农作物	0.020	0.030	0.040
（2）已熟的成行农作物	0.025	0.035	0.045
（3）已熟的密植农作物	0.030	0.040	0.050
3）矮丛木			
（1）稀疏，多杂草	0.035	0.050	0.070
（2）不甚密，夏季	0.040	0.060	0.080
（3）较密，夏季	0.070	0.100	0.160
4）树木			
（1）平整过的土地，有树木但未抽新枝	0.030	0.040	0.050
（2）平整过的土地，有树木但未抽新枝，树干多新枝	0.050	0.060	0.080
（3）密林，树下少植物，洪水位在树枝下	0.080	0.100	0.120
（4）密林，树下少植物，洪水位淹没树枝	0.100	0.120	0.160

【例4.6】 有一梯形断面渠道，底宽 $b=8$ m，边坡系数 $m=1.5$，渠道的粗糙系数（即糙率）$n=0.025$，均匀流水深 $h=2$ m，水力坡度 $J=0.001$。试求通过渠道的流量。

【解】 过水面积 $A=(b+mh)h=(8+1.5\times2)\times2=22(\text{m}^2)$

湿周 $\chi=b+2h\sqrt{1+m^2}=8+2\times2\times\sqrt{1+1.5^2}=15.2(\text{m})$

水力半径 $R=\dfrac{A}{\chi}=\dfrac{22}{15.2}=1.45(\text{m})$

水流流速 $v=C\sqrt{RJ}=\dfrac{1}{n}R^{2/3}J^{1/2}=\dfrac{1}{0.025}\times1.45^{2/3}\times0.001^{1/2}=1.62(\text{m/s})$

通过流量 $Q=Av=22\times1.62=35.64(\text{m}^3/\text{s})$

4.7 局部水头损失

4.7.1 局部水头损失的一般分析

前文指出，当运动流体的边界条件（包括边界形状和尺寸等）突然发生改变时，流动将产生局部阻力与局部损失。这主要由于流体流经突然扩大、缩小、转弯、分岔等突变处时，在惯性的作用下将不沿壁面流动，产生分离现象，并在此局部形成旋涡区，如图4.1所示。旋涡的存在是产生局部损失的主要原因：一方面，旋涡区内流体在摩擦阻力的作用下将不断消耗流动的能量；另一方面，旋涡的存在也将使流体的紊动增强，能量损失增大。实验结果表明，流动突变处旋涡区越大,旋涡强度越强,局部水头损失就越大。

局部水头损失的计算公式为

$$h_{\mathrm{j}} = \zeta \frac{v^2}{2g}$$

(4.49)

式中,ζ 为对应于断面平均流速 v 的局部水头损失系数。

大量实验表明,局部水头损失系数 ζ 与雷诺数和突变形状有关。但在实际流动中,由于局部突变处旋涡的强烈干扰,致使流动在较小的雷诺数下进入紊流的阻力平方区,因此 ζ 一般只取决于局部突变的形状,而与雷诺数无关。

4.7.2　局部阻力系数

由于流动结构复杂,且在急变流情况下作用在固体边界上的压强不容易确定,因此要从理论上求解局部水头损失十分困难,目前除少数简单情况可通过理论分析获得局部水头损失外,大多数情况还只能用实验方法来解决。本节仅以圆管突然扩大局部水头损失的计算为例进行介绍。

如图 4.14 所示,圆管管径由 d_1 突然扩大到 d_2,这种情况的流动的局部水头损失可由理论分析结合实验求得。

首先,运用能量方程计算局部水头损失 h_{j}。

在雷诺数 Re 很大的紊流中,由于过流断面突然扩大,在 3—3 断面及 2—2 断面之间流体将与边壁分离并形成旋涡区,但在 1—1 断面及 2—2 断面处[水流在 2—2 断面已充满

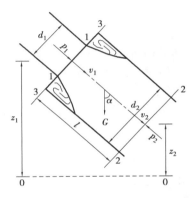

图 4.14　突然扩大管

管路,两断面之间距离为$(5 \sim 8)d_2$,以后流线接近平行]属于渐变流。因此,可对这两个断面列能量方程

$$z_1 + \frac{p_1}{\rho g} + \frac{\alpha_1 v_1^2}{2g} = z_2 + \frac{p_2}{\rho g} + \frac{\alpha_2 v_2^2}{2g} + h_{\mathrm{w}}$$

鉴于 1—1 断面和 2—2 断面之间的距离很短,沿程水头损失可略去不计,即 $h_{\mathrm{w}} = h_{\mathrm{j}}$,从而有

$$h_{\mathrm{j}} = (z_1 - z_2) + \left(\frac{p_1}{\rho g} - \frac{p_2}{\rho g}\right) + \left(\frac{\alpha_1 v_1^2}{2g} - \frac{\alpha_2 v_2^2}{2g}\right)$$

(4.50)

上式中的压强 p_1 及 p_2 是未知的,因此尚需结合动量方程来求解。

选取 1—1 断面和 2—2 断面以及它们之间的固体边界所形成的控制体来进行研究,作用在控制体上的外力包括以下几个部分:

①整个 3—3 断面可以看成由两部分组成,即 1—1 过水断面和 1—3 环形断面(与之接触的为旋涡区)。实验表明,旋涡区的水作用在环形面积上的压强基本符合静压力分布规律,而 1—1 断面符合渐变流条件,故作用在整个 3—3 断面上的压力为 $F_{p1} = p_1 A_1$,其中 p_1 为 1—1 断面形心处的压强。

②作用在 2—2 断面上的总压力 $F_{p2} = p_2 A_2$,式中 p_2 为 2—2 断面形心处的压强。

③在 3—3 断面至 2—2 断面间,水流与管壁间切应力相对很小,可忽略不计。

④3—3 断面至 2—2 断面间的流体重力在运动方向的分力为

$$G \cos \alpha = \rho g A_2 l \frac{z_1 - z_2}{l} = \rho g A_2 (z_1 - z_2)$$

根据动量方程式,得

$$p_1 A_2 - p_2 A_2 + \rho g A_2 (z_1 - z_2) = \rho Q (\beta_2 v_2 - \beta_1 v_1)$$

上式两边同除以 $\rho g A_2$,并将 $Q = A_2 v_2$ 代入,整理得

$$(z_1 - z_2) + \left(\frac{p_1}{\rho g} - \frac{p_2}{\rho g} \right) = \frac{v_2}{g} (\beta_2 v_2 - \beta_1 v_1)$$

将上式代入式(4.50),可得

$$h_j = \frac{v_2}{g} (\beta_2 v_2 - \beta_1 v_1) + \frac{\alpha_1 v_1^2 - \alpha_2 v_2^2}{2g}$$

在紊流状态下,近似认为 $\alpha_1, \alpha_2, \beta_1, \beta_2$ 都等于1,代入上式得

$$h_j = \frac{(v_1 - v_2)^2}{2g} \tag{4.51}$$

式(4.51)即为突然扩大的局部水头损失的理论公式,该公式经实验验证具有足够的准确性。

根据连续性方程 $A_1 v_1 = A_2 v_2$,得 $v_2 = A_1 v_1 / A_2$ 或 $v_1 = A_2 v_2 / A_1$,代入式(4.51),得

$$\left. \begin{array}{l} h_j = \left(1 - \frac{A_1}{A_2} \right)^2 \frac{v_1^2}{2g} = \zeta_1 \frac{v_1^2}{2g} \\[3mm] h_j = \left(\frac{A_2}{A_1} - 1 \right)^2 \frac{v_2^2}{2g} = \zeta_2 \frac{v_2^2}{2g} \end{array} \right\}$$

式中,$\zeta_1 = \left(1 - \frac{A_1}{A_2} \right)^2$ 和 $\zeta_2 = \left(\frac{A_2}{A_1} - 1 \right)^2$ 为圆管突扩的局部水头损失系数,计算时必须注意选用的系数应与流速水头相对应。

管道及明渠中常用的一些局部阻力系数见表4.4,以供计算时参考。

【例4.7】 如图4.15所示,水箱下接一长 $l = 65$ m、内径 $d = 0.35$ m 的管道,直角进口,$\zeta_1 = 0.5$;沿程有90°的急弯一个,$\zeta_2 = 1.0$;出口处有平板闸门,$\zeta_3 = 4.6$;管道的沿程阻力系数 $\lambda = 0.025$(以上各系数均对应于管中流速水头 $v^2/2g$)。水流为恒定流,流量 $Q = 0.25$ m³/s。忽略水箱中行进近速水头,问水头 H 应为多少?

【解】 选取过出口断面2—2中心点的水平面作为基准面,建立断面1—1和断面2—2之间的能量方程

$$H + 0 + 0 = 0 + 0 + \frac{\alpha v^2}{2g} + \left(\lambda \frac{l}{d} + \sum \zeta \right) \frac{v^2}{2g}$$

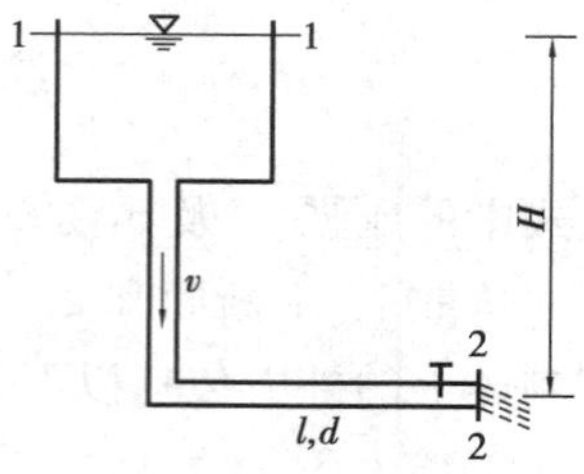

取 $\alpha = 1.0$,而 $\lambda \dfrac{l}{d} = 0.025 \times \dfrac{65}{0.35} = 4.64$,$\sum \zeta = \zeta_1 + \zeta_2 + \zeta_3 = 0.5 + 1.0 + 4.6 = 6.1$,$v = \dfrac{Q}{A} = \dfrac{4Q}{\pi d^2} = 4 \times \dfrac{0.25}{(3.14 \times 0.35^2)} = 2.60$ (m/s)。于是

图4.15 管流

$$H = \left(\alpha + \lambda \frac{l}{d} + \sum \zeta \right) \frac{v^2}{2g} = (1.0 + 4.64 + 6.1) \times \frac{2.60^2}{2 \times 9.8} = 4.05 (\text{m})$$

表 4.4 局部水头损失系数 ζ 取值

计算局部水头损失公式 $h_j = \zeta \dfrac{v^2}{2g}$，式中 v 如图说明		
名　称	图　示	ζ 值及说明
断面突然扩大	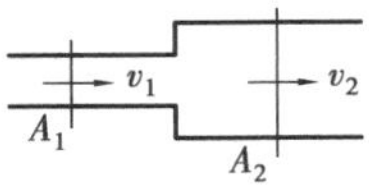	$\zeta_1 = \left(1 - \dfrac{A_1}{A_2}\right)^2$ （与 v_1 对应） $\zeta_2 = \left(\dfrac{A_2}{A_1} - 1\right)^2$ （与 v_2 对应）
断面突然缩小	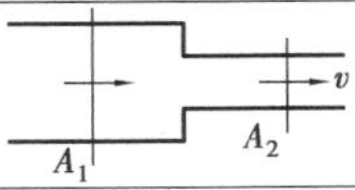	$\zeta_1 = 0.5\left(1 - \dfrac{A_2}{A_1}\right)$
进口	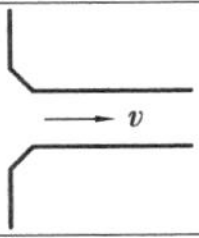	完全修圆　$\zeta = 0.05 \sim 0.10$ 稍微修圆　$\zeta = 0.20 \sim 0.25$
		直角进口　$\zeta = 0.50$
		方形喇叭进口　$\zeta = 0.16$
出口	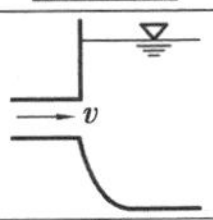	流入水箱或水库　$\zeta = 1.0$
		流入明渠　$\zeta = \left(1 - \dfrac{A_1}{A_2}\right)^2$

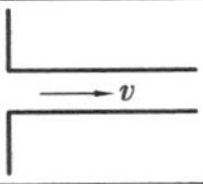

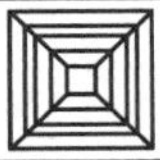

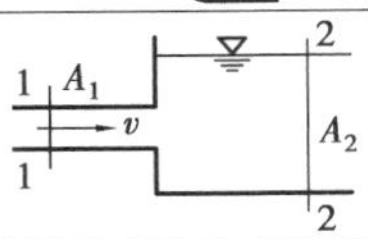

断面逐渐扩大	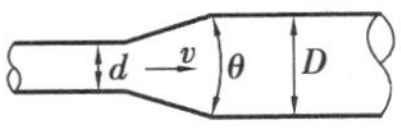	D/d	圆锥体角度 θ						
			2°	4°	6°	8°	10°	15°	20°
		1.1	0.01	0.01	0.01	0.02	0.03	0.05	0.10
		1.2	0.02	0.02	0.02	0.03	0.04	0.09	0.16
		1.4	0.02	0.03	0.03	0.04	0.06	0.12	0.23
		1.6	0.03	0.03	0.04	0.05	0.07	0.14	0.26
		1.8	0.03	0.04	0.04	0.05	0.07	0.15	0.28
		2.0	0.03	0.04	0.04	0.05	0.07	0.16	0.29
		2.5	0.03	0.04	0.04	0.05	0.08	0.16	0.30
		3.0	0.03	0.04	0.04	0.05	0.08	0.16	0.31
		D/d	圆锥体角度 θ						
			25°	30°	35°	40°	45°	50°	60°
		1.1	0.13	0.16	0.18	0.19	0.20	0.21	0.23
		1.2	0.21	0.25	0.29	0.31	0.33	0.35	0.37
		1.4	0.30	0.36	0.41	0.44	0.47	0.50	0.53
		1.6	0.35	0.42	0.47	0.51	0.54	0.57	0.61
		1.8	0.37	0.44	0.50	0.54	0.58	0.61	0.65
		2.0	0.38	0.46	0.52	0.56	0.60	0.63	0.68
		2.5	0.39	0.48	0.54	0.58	0.62	0.65	0.70
		3.0	0.40	0.48	0.55	0.59	0.63	0.66	0.71

续表

名 称	图 示	ζ 值及说明								
		计算局部水头损失公式 $h_j = \zeta \dfrac{v^2}{2g}$，式中 v 如图说明								

名 称	图 示	ζ 值及说明									
断面逐渐缩小		α	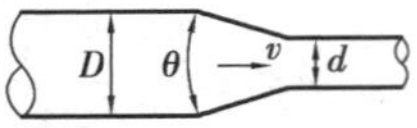 10°	15°	20°	25°	30°	35°	40°	45°	60°
		ζ	0.16	0.18	0.20	0.22	0.24	0.26	0.28	0.30	0.32
折弯管	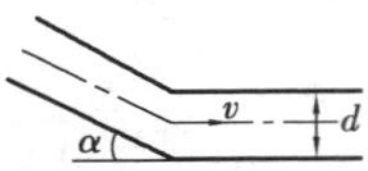	圆形 α	10°	20°	30°	40°	50°	60°	70°	80°	90°
		ζ	0.04	0.10	0.20	0.30	0.40	0.55	0.70	0.90	1.10
		矩形 α	15°		30°		45°		60°		90°
		ζ	0.025		0.11		0.26		0.49		1.20
缓弯管	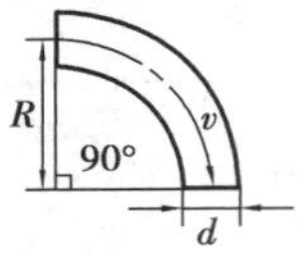	90°弯管 d/R	0.2		0.4		0.6		0.8		1.0
		$\zeta_{90°}$	0.132		0.138		0.158		0.206		0.294
		d/R	1.2		1.4		1.6		1.8		2.0
		$\zeta_{90°}$	0.440		0.660		0.976		1.406		1.975
	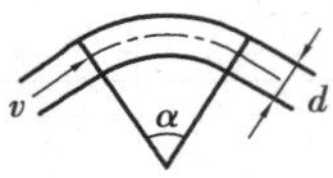	任意角度弯管 $\zeta = k\zeta_{90°}$									
		α	20°		30°	40°	50°	60°	70°	80°	
		k	0.47		0.57	0.66	0.75	0.82	0.88	0.94	
		α	90°		100°	120°	140°	160°	180°		
		k	1.00		1.05	1.16	1.25	1.33	1.41		
闸阀	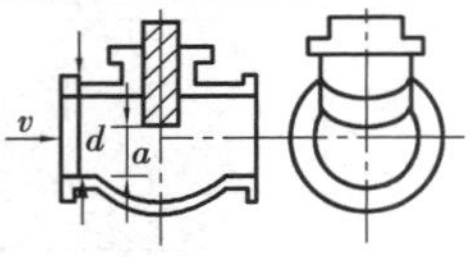	a/d	0		0.125		0.2		0.3		0.4
		ζ	∞		97.3		35.0		10.0		4.60
		a/d	0.5		0.6		0.7		0.8		0.9
		ζ	2.06		0.98		0.44		0.17		0.06
蝶阀	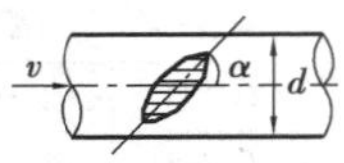	α	全开	5°	10°	15°	20°	25°	30°	35°	
		ζ	0.1~0.3	0.24	0.52	0.90	1.54	2.51	3.91	6.22	
		α	40°	45°	50°	55°	60°	65°	70°	90	
		ζ	10.8	18.7	32.6	58.8	118	256	751	∞	
截止阀	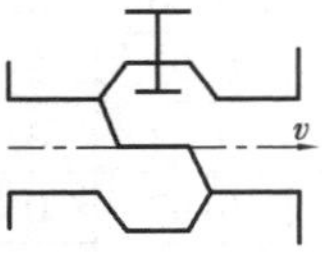	d/cm	15		20		25		30		
		ζ(全开)	6.5		5.5		4.5		3.5		
		d/cm	35		40		50		≥60		
		ζ(全开)	3.0		2.5		1.8		1.7		
止回阀		d/mm	150	200	250	300	350	400	500	≥600	
		ζ(全开)	6.5	5.5	4.5	3.5	3.0	2.5	1.8	1.7	
滤水网(莲蓬头)	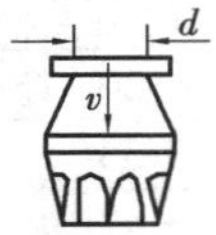	无底阀 $\zeta = 2~3$									
	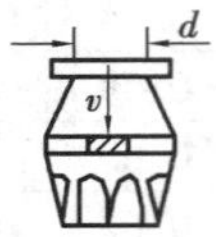	有底阀 d/cm	40	50	75	100	150	200			
		ζ	12.0	10.0	8.5	7.0	6.0	5.2			
		d/cm	250	300	350	400	500	750			
		ζ	4.4	3.7	3.4	3.1	2.5	1.6			

计算局部水头损失公式 $h_j = \zeta \dfrac{v^2}{2g}$，式中 v 如图说明		
名　称	图　示	ζ 值及说明
渐变段	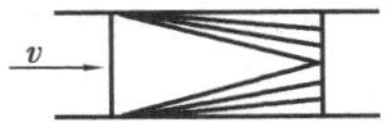	方变圆　$\zeta = 0.05$
	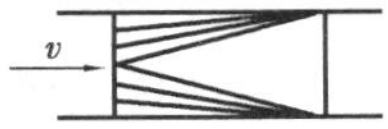	圆变方　$\zeta = 0.1$

4.8　边界层概念与绕流阻力

　　前面各节讨论了流体在通道内的流动，即内流问题。本节将简要介绍流体绕物体的运动，即外流问题。在实际工程中，如河水绕过桥墩、风吹过建筑物、船舶在水中航行、飞机在大气中飞行，以及粉尘或泥沙在空气中或水中沉降等都是绕流运动。上述各绕流运动，既有流体绕过静止物体的运动，也有物体在静止流体中作匀速运动。对后一种情况，若把坐标系固定在运动物体上，则成为流体相对于坐标系的运动。由于坐标系作匀速直线运动，仍为惯性坐标系，所以运动物体与静止流体之间的相互作用和流体绕静止物体运动的情况是等价的。

　　实际流体的流动阻力与水头损失问题较为复杂，一般难以从理论上直接进行求解。在工程实际中，人们自然会想到是否能在两种极端（小和大）雷诺数情况下，通过略去某些项来对问题加以简化。例如，当雷诺数很小时，能否只考虑起主导作用的黏滞力，略去惯性力（附加切应力）来得到某些简单边界条件下的精确解；而当雷诺数非常大，"黏性项"与其他项相比显得很小时，是否也可以略去？如果是，则可把整个流场中的实际流体当作理想流体来处理。然而实践表明，对于大雷诺数时的近壁流动，略去黏性影响而按理想流体求解所得到的计算结果会与实际情况明显不符。具体来说，对于实际流体，无论是流体绕过物体，还是物体在流体中运动，其边界附近的阻力都不等于零，但是按理想流体计算却得出阻力为零的结果。1904 年，普朗特对大雷诺数流动中因黏性在边界附近产生的阻力问题作了精辟分析，提出了边界层的概念。

　　实际流体有黏性，靠近边壁流体黏附在壁面上，流速为零，而边壁以外的流体是有流速的，在壁面的外法线方向存在流速梯度。普朗特关于边界层的定义为：黏性流体流经固体壁面时，在壁面附近形成的流速梯度明显的流动薄层。这样，就把流动沿着壁面的外法线方向分为性质不同的两种流动：靠近壁面附近，黏性不能忽略，是流速梯度明显的边界层内的流动；沿外法线方向远离壁面，黏性的影响可以忽略，是边界层外的流动。两种流动的研究方法也不相同：在边界层内，不论雷诺数多大，都不能当作理想流体，而要按实际流体来研究；在边界层外的流动，黏性的影响可以忽略，可以看成理想流体，并按势流理论处理。

4.8.1　平板边界层

　　边界层概念可通过一个典型的平板边界层流动来加以阐述。如图 4.16 所示，在雷诺数很大的情况下，实际流体以均匀流速 U_0 向固定平板流去，受流体黏性阻滞作用的影响，流经平板时，紧贴平板表面的流体质点流速为零,在其附近的质点流速也都有不同程度的降低,从而形成沿平板法线 y 方向的横向流速梯度,离平板越远,影响越小。因此,从平板表面到未受扰动的流体之间存在着一个流速分布不均匀的区域,这个区域就是流体受平板影响的范围,称为边界层。边界层的厚度常用 δ 表示,实际中多取 $U = 0.99U_0$ 处作为边界层的外边界,因为该界限以外流场的流速梯度甚小,把它们看成理想流体,完全可以满足实际问题需要。由于平板边界对流体的影响范围是随着流程 x 增加、沿法线 y 方向发展的,故边界层厚度 δ 沿流向增加,而且是 x 的函数。平板雷诺数 $Re_x = U_0 x/v$(x 为板长)较小时,平板上的边界层内可以全部为层流运动;但当 Re_x 足够大时,平板边界层可能同时存在两种流动形态,即边界层前部仍是层流,δ 较小,dU/dy 很大,随着层流边界层沿程厚度逐渐增加,经过一个过渡段后便转化形成了紊流边界层。在紊流边界层内,主体流动属紊流,但在板面附近仍存在一个黏滞切应力起控制作用的层流底层。

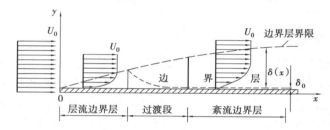

图 4.16 平板边界层

实验表明,平板边界层厚度 δ 可用下式计算:

层流边界层

$$\delta = \frac{5x}{Re_x^{0.5}} \tag{4.52}$$

紊流边界层

$$\delta = \frac{0.37x}{Re_x^{0.2}} \tag{4.53}$$

可用平板边界对流动的影响来解释管流和明渠流进口断面之后的流速分布调整过程。以管流为例,设水流在进入管道前的流速为均匀来流 U_0,其断面流速并不是一开始就形成均匀流的抛物线(层流)或对数(紊流)分布的。当水流进入圆管时,在紧靠边壁附近形成了一极薄的边界层,而中心部分的流速则仍为均匀来流流速 U_0,如图 4.17(a)所示。受边壁的影响,边界层厚度随着流程的增加将不断增大,流速分布也在不断调整。如果管道足够长,边壁对流动的影响不断向管轴和流动方向传递、扩展,断面流速分布不断变化,在经过一段过渡段 l 之后,才形成稳定不变的均匀流。对于过渡段长度 l,流动为层流时 $l = 0.065dRe$,流动为紊流时 $l = (40 \sim 50)d$。

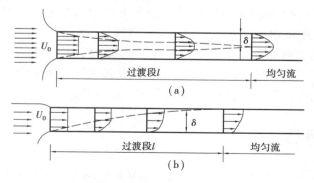

图 4.17 管道和明渠的进口段边界层

明渠流与管流类似,如图 4.17(b)所示,水流进入明渠后也要经过渡段 l 长度的调整后,才形成均匀流。

4.8.2　曲面边界层分离

边界层分离是指边界层脱离固体壁面的现象。上节介绍的平板边界层是边界层中最简单的例子,这样的边界层不会发生分离。当流体绕过凸形物时,我们常可观察到边界层发生分离的物理现象。现以流体绕二元圆柱体流动的简单情况为例加以说明。

如图 4.18 所示为流体流经圆柱体的情况,现取通过圆柱体圆心的一条流线来进行分析。流体质点沿这条流线流向圆柱体时,流线间距逐渐增大,流速逐渐降低,压强逐渐增加。当液体质点流至 A 点时,流速降低到零,此时全部动能转化为压能,压能达到最大值,A 点称为前驻点。流体质点到达前驻点后将停滞不前,以后继续流来的流体质点就要进行调整,将部分压能转化为动能,改变原来的流动方向,沿圆柱面两侧向前流动。

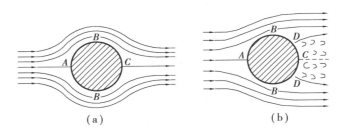

图 4.18　圆柱绕流

在理想流体情况下,如图 4.18(a)所示,流体质点从 A 点到 B 点的过程中流线间距减小,流速逐渐增大,压强逐渐减小,到 B 点时流速达到最大,压强最小;从 B 点到 C 点的情况则刚好相反,流速减小而压强增大。由于理想流体没有能量损失,C 点的压强将恢复到与 A 点相同,而流速为零,C 点称为后驻点。

实际流体的情况则完全不同,如图 4.18(b)所示,由于流体的黏性,在固体表面产生了边界层。虽然边界层中的流体也是从 A 点到 B 点加速减压,从 B 点到 C 点减速加压的,但由于实际流体存在能量损失,因此在到达 C 点之前,比如在 D 点处,动能就已消耗殆尽,流速为零,不能继续向前流动,而后面继续流来的流体质点只能绕过它改向前进,于是边界层开始与固体壁面分离,D 点称为分离点,分离点之后出现回流区。

如图 4.19 所示,在固体表面沿着流向取 x 轴,沿着外法线方向取 y 轴,则法向流速梯度 $(\partial u_x/\partial y)$ 沿固体表面($y=0$)的变化趋势为:在分离点之前,$(\partial u_x/\partial y)_{y=0}>0$;在分离点,$(\partial u_x/\partial y)_{y=0}=0$;在回流区,$(\partial u_x/\partial y)_{y=0}<0$。对于 x 方向的压力梯度 $\partial p/\partial x$,则在分离点前后附近是 $\partial p/\partial x>0$,即所谓存在逆压区(证明从略)。在逆压区,摩擦阻力和压强阻力(即逆压梯度力)都使流速减小,于是流动越来越慢,导致主流脱离边界。分离点的位置与固体边界的形状、方位、粗糙情况和雷诺数等因素有关,这里不予详述。

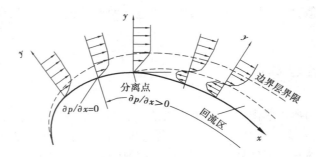

图 4.19　曲面边界层的分离

4.8.3　绕流阻力

如图 4.20 所示,设流体流速为 U_0,当流体绕物体流动时,流体对物体表面产生作用力,其单位面积上所受到的表面力可分解为与表面相切的切应力 τ 和与表面垂直的压应力(压强)p。表面力在流动方向的分力称为绕流阻力,在垂直于流动方向的分力称为升力。升力在研究翼型(机翼或水翼)问题上比较重要,在空气动力学中着重讨论,这里简要介绍绕流阻力问题。

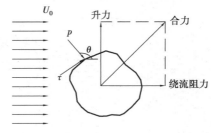

从力学观点看,绕流阻力 F_d 实际上也可理解为是作用在绕流物体上各点的切向摩擦阻力 F_f 和法向压强阻力 F_p 在流动方向上的投影之和,即

图 4.20　绕流阻力与升力

$$F_\mathrm{d} = F_f + F_p \tag{4.54}$$

摩擦阻力可用下式计算

$$F_f = C_f A_f \frac{\rho U_0^2}{2} \tag{4.55}$$

式中,C_f 为表面阻力系数;A_f 为所绕流物体的特性面积,通常是指切应力作用的投影面积。

压强阻力也可用与摩擦阻力相类似的公式表示

$$F_p = C_p A_p \frac{\rho U_0^2}{2} \tag{4.56}$$

式中,C_p 为压强阻力系数,A_p 为与流速方向垂直的迎流投影面积。

因此,流体对所绕流物体的总阻力也可用下式表示

$$F_\mathrm{d} = C_\mathrm{d} A_\mathrm{d} \frac{\rho U_0^2}{2} \tag{4.57}$$

式中,C_d 为绕流阻力系数,A_d 为与流速垂直方向的迎流投影面积。

绕流阻力系数 C_d 至今尚不能完全用理论计算,主要依靠实验来确定。研究表明,C_d 是与绕流物体的形状和流动状况有关的函数。

本章小结

（1）实际流体具有黏性，在流动过程中存在流动阻力。流体克服流动阻力做功将产生水头损失，包括沿程水头损失和局部水头损失。沿程水头损失是沿程存在并随沿程长度的增加而增加；局部水头损失主要产生在边壁变化的局部范围内。虽然引起两种水头损失的外因不同，但在内因上并没有本质区别。

（2）流动形态包括层流和紊流。层流中流体质点是以平行而不相混杂的方式运动的，而紊流中的流体质点则是相互掺混、杂乱无章的运动。工程中，常以下临界雷诺数 Re_c 作为判别层流和紊流的标准，当实际雷诺数 Re 大于下临界雷诺数 Re_c 时流动为紊流，而小于下临界雷诺数时流动为层流。

（3）沿程水头损失是流体克服内摩擦力（切应力）做功所耗散的能量，恒定均匀流中沿程不变的切应力是产生沿程水头损失的根源。均匀流基本方程建立了沿程水头损失与切应力的关系，即

$$h_f = \frac{\tau_0 l}{\rho g R} \quad \text{或} \quad \tau_0 = \rho g R J$$

（4）对于圆管层流可通过理论分析得出下列流动参数的计算式：

最大流速 $u_{\max} = \dfrac{gJ}{4\nu} r_0^2 = \dfrac{gJ}{16\nu} d^2$ $\qquad$ 流量 $Q = \dfrac{\pi gJ}{128\nu} d^4$

断面平均流速 $v = \dfrac{gJ}{8\nu} r_0^2 = \dfrac{1}{2} u_{\max}$ $\qquad$ 动能修正系数 $\alpha = \dfrac{\int_A u^3 \mathrm{d}A}{v^3 A} = 2.0$

动量修正系数 $\beta = \dfrac{\int_A u^2 \mathrm{d}A}{v^2 A} = 1.33$ $\qquad$ 沿程损失 $h_f = \dfrac{32\nu l}{gd^2} v$

沿程阻力系数 $\lambda = \dfrac{64}{Re}$

（5）在紊流中，任一点的瞬时运动要素均由时均值和脉动值两部分组成。因此，紊动切应力也由两部分组成：一是对应于时均流速的黏滞切应力，二是对应于脉动流速的附加切应力。

紊流在紧靠固体边壁附近有一层极薄的黏滞切应力很大的层流层存在，称为黏性底层或层流底层，其厚度以 δ_0 表示。根据黏性底层厚度 δ_0 和壁面绝对粗糙度 Δ 的相对大小关系，可将管壁分为水力光滑面、过渡粗糙面和水力粗糙面。

（6）尼古拉兹实验揭示了液流沿程阻力系数 λ 的变化规律，根据 λ 的变化特性，可将尼古拉兹实验曲线分为以下 5 个阻力区。

层流区：$\lambda = f(Re) = 64/Re$，$h_f \propto v^1$；

层流向紊流的过渡区：$\lambda = f(Re)$，范围窄，实用意义不大，一般不讨论；

紊流水力光滑区：$\lambda = f(Re)$；

紊流过渡粗糙区 $\lambda = f(Re, \Delta/r_0)$；

紊流粗糙区（阻力平方区）$\lambda = f(\Delta/r_0)$，$h_f \propto v^2$。

（7）谢才公式是计算恒定均匀流最常用的公式，即 $v = C\sqrt{RJ}$。其中谢才系数 C 常用曼宁公式计算，即 $C = R^{1/6}/n$，n 为反映壁面粗糙性质的并与流动性质无关的综合性系数，称为糙率或粗糙系数。

（8）局部水头损失可用一个系数和流速水头的乘积来表示，即

$$h_j = \zeta \frac{v^2}{2g}$$

式中，局部水头损失系数 ζ 值根据实验测定，v 为发生局部水头损失以后（或以前）的断面平均流速。在查资料时应特别注意，某些资料在给出 ζ 值时通常注明相应流速的位置。

（9）黏性流体流经固体壁面时，在壁面附近形成的流速梯度明显的流动薄层，称为边界层。在边界层内，不论雷诺数多么大，都不能当作理想流体，而要按实际流体来研究；在边界层外的流动，黏性的影响可以忽略，可视为理想流体，并按势流理论处理。

习　题

4.1　已知某有压管流的管径 $d = 0.03$ m，断面平均流速 $v = 0.2$ m/s，水温 $t = 16$ ℃。试确定：（1）管中水流的流动形态；（2）水流流动形态转变时的临界流速 v_c。

4.2　有一密度 $\rho = 850$ kg/m³、运动黏度 $\nu = 0.18$ cm²/s 的油在管径 $d = 0.12$ m 的长直管道中作恒定运动，油的断面平均流速 $v = 5.5$ cm/s。试求：（1）管中的最大流速 u_{max}；（2）离管中心 $r = 0.03$ m 处的流速 u；（3）管长 $l = 1500$ m 的水头损失 h_w。

4.3　半径 $r_0 = 0.2$ m 的输水管道在水温 $t = 15$ ℃下进行实验，得到断面平均流速 $v = 2.5$ m/s，沿程阻力系数 $\lambda = 0.024$。（1）求 $r = 0.5r_0$ 和 $r = 0$ 处的切应力；（2）如果流速分布曲线在 $r = 0.5r_0$ 处的时均流速梯度为 4.5 m/s，求该点的黏性切应力和紊动附加切应力。

4.4　有一直径 $d = 0.15$ m 的水管，通过流量 $Q = 0.02$ m³/s，已知水的运动黏度 $\nu = 10^{-6}$ m²/s，沿程阻力系数 $\lambda = 0.028$，试求水管黏性底层的厚度。

4.5　已知梯形断面渠道的底宽 $b = 9$ m，均匀流水深 $h = 2.5$ m，边坡系数 $m = 1.2$，糙率 $n = 0.03$，通过流量 $Q = 30$ m³/s，求渠道的沿程阻力系数 λ 及每千米长度上的水头损失 h_w。

4.6　一条直径 $d = 0.25$ m 的圆管，内壁粘贴有粗糙度 $\Delta = 0.5$ mm 的砂粒，水温 $t = 10$ ℃，问水流流量 Q 分别为 5×10^{-3} m³/s、2×10^{-2} m³/s 和 0.2 m³/s 时，水流形态是层流还是紊流？若是紊流，是属于光滑区、过渡粗糙区还是粗糙区？其沿程阻力系数各为多少？长度 $l = 100$ m 管段的沿程水头损失是多少？

4.7　采用如图所示装置来测定 AB 管段的沿程阻力系数。已知 AB 段的管长 $l = 8$ m，直径 $d = 0.04$ m，A，B 两测压管的水头差 $\Delta h = 0.5$ m，经时间 $t = 90$ s 流入量水箱的水体积 $V = 0.25$ m³，试求该管段的沿程阻力系数 λ。

4.8　如图所示有两个水池，其底部以一水管连通，在恒定水面差 H 的作用下，水从左水池流入右水池，水管直径 $d = 0.4$ m，当量粗糙度 $\Delta = 0.5$ mm，管总长 $l = 80$ m，直角进口，闸阀的相对开度为 5/8，90°缓弯管的转弯半径 $R = 2d$，水温 $t = 20$ ℃，管中流量 $Q = 0.5$ m³/s。求两水池水面的高差 H。

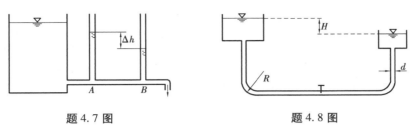

| 题 4.7 图 | 题 4.8 图 |

4.9 如图所示,水从水箱 A 流入水箱 B,管路长 $l = 30$ m,直径 $d = 0.02$ m,沿程阻力系数 $\lambda = 0.025$,管路中有两个 90°弯管($d/R = 1$)及一个闸板式闸门($a/d = 0.5$),当两水箱的水面高差 $H = 1.5$ m 时,试求管内流量。

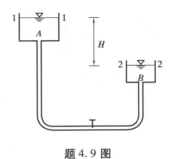

题 4.9 图

4.10 有一平板边界层,已知水的运动黏度 $\nu = 10^{-6}$ m²/s,来流速度 $U_0 = 1.2$ m/s,试求距离平板前缘 $x = 0.5$ m 处的边界层厚度 δ(考虑层流边界层和紊流边界层两种情况)。

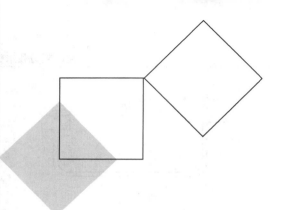

5

孔口、管嘴出流和有压管流

本章导读：

- **基本要求** 熟练掌握孔口出流和管嘴出流水力计算的基本公式；了解有压管道的常见分类方法，熟练掌握简单管道水力计算的基本公式及基本类型，掌握简单管道水力计算特例——虹吸管及水泵装置的水力计算；熟悉水头线的特点及绘制方法；掌握串联管道和并联管道的水力计算；了解分岔管道的水力计算方法。

- **重点** 孔口出流和管嘴出流的水力计算；简单管道水力计算特例——虹吸管及水泵装置的水力计算及其相关运用。

- **难点** 虹吸管及水泵装置的水力计算方法的理解与灵活运用；串联管道的水力计算；并联管道的水力计算；分岔管道的水力计算。

　　前面几章阐述了流体运动的基本规律，导出了流体力学中的三大基本方程，即连续性方程、能量方程和动量方程，并介绍了水头损失的计算方法。从本章开始，我们将重点讨论如何应用这些基本原理来解决土木工程中常见的诸多水力问题，如有压管流、明渠恒定流以及道路桥梁工程的水力计算等。本章将重点讨论孔口出流、管嘴出流和有压管流问题。

　　在容器侧壁开一小孔，流体经孔口流出的现象称为孔口出流，如图 5.1 所示。在孔口连接一段长为 $(3 \sim 4)d$（d 为孔径）的短管，流体经过短管并在出口断面满管流出的现象称为管嘴出流，如图 5.2 所示；在孔口上连接的管道较长，水沿管道满管流动的现象称为有压管流，如图5.3 所示。孔口出流、管嘴出流和有压管流是工程上常见的水力现象，研究流体通过孔口、管嘴和有压管道时的运动规律具有重要的实用价值。

　　孔口出流、管嘴出流和有压管流的水力计算，是连续性方程、能量方程以及水头损失规律的具体应用。

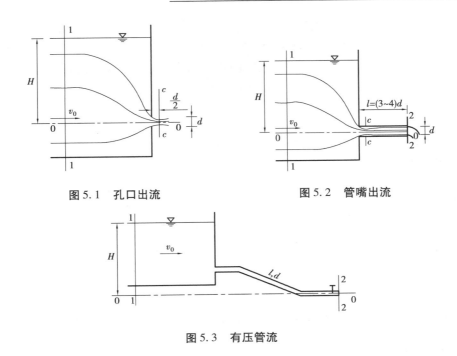

图 5.1 孔口出流

图 5.2 管嘴出流

图 5.3 有压管流

5.1 孔口出流

5.1.1 孔口出流的分类

根据容器的孔口大小、形状以及流体出流的下游条件,孔口和孔口出流可按下列条件进行分类:

①按孔口直径 d 与孔口形心以上水头高度 H 之比值,孔口可分为小孔口和大孔口——当 $d/H \leqslant 0.1$ 时为小孔口;当 $d/H > 0.1$ 时为大孔口。

②按孔口边缘形状和出流情况,孔口可分为薄壁孔口和厚壁孔口——如果孔壁很薄,与流束的接触面只有一条孔口的周界线,孔壁厚度对流动没有影响,称为薄壁孔口;否则称为厚壁孔口。

③按出流的下游条件,孔口出流可分为自由出流和淹没出流——如果液体通过孔口后流入大气,称为自由出流;如果流体流入与其相同的流体中,则称为淹没出流。

④按运动要素是否随时间变化,孔口出流可分为恒定出流和非恒定出流——如果容器中的水位(孔口作用水头)在出流过程中保持固定不变,称为恒定出流;反之,则为非恒定出流。

本节将重点分析薄壁小孔口的恒定出流情况。

5.1.2 薄壁小孔口的自由出流

如图 5.1 所示,当容器很大时,水流自远而近地向孔口方向移动,在远离孔口的地方流速较小,且流线接近与孔口中心平行的直线,当逐渐流向孔口附近时,由于水流运动的惯性,流线不能成折角地改变方向,只能逐渐光滑、连续地弯曲。因此,在孔口断面上各流线互不平行,而使水流流经孔口后继续形成收缩。实验表明,在距孔口约为 $d/2$ 的 c—c 断面处,流束断面收缩到最小值,流线趋于平行,而后由于空气的阻力影响,流速降低,流束横断面又开始扩散。c—c 断面称为收缩断面,收缩断面的面积 A_c 与孔口断面面积 A 的比值称为孔口出流的收缩系数,以 ε 表示,即

$$\varepsilon = \frac{A_c}{A} \tag{5.1}$$

ε 表征了水流流束经孔口后的收缩程度,一般可通过实验确定。

下面通过理论推导来获得薄壁小孔口自由出流的流量公式。选取图 5.1 中经过孔口中心的水平面作为基准面,建立符合渐变流条件的 1—1 断面和 c—c 断面之间的能量方程。实验证明,对于液体通过小孔口流入大气的自由出流,c—c 断面上动水压强和大气压强接近相等,即 $\frac{p_c}{\gamma} = 0$,于是能量方程为

$$H + 0 + \frac{\alpha_0 v_0^2}{2g} = 0 + 0 + \frac{\alpha_c v_c^2}{2g} + h_w \tag{5.2}$$

式中,h_w 为孔口出流的水头损失,主要是水流经过孔口的局部水头损失。h_w 一般可用一个损失系数与流速水头的乘积 $\frac{v_c^2}{2g}$ 来表示,即

$$h_w = h_j = \zeta_0 \frac{v_c^2}{2g}$$

式中,ζ_0 为孔口的局部阻力系数。

令 $H_0 = H + \frac{\alpha_0 v_0^2}{2g}$,$H_0$ 为孔口上游 1—1 断面的总水头,称为孔口自由出流的作用水头,行近流速 v_0 一般都很小,若忽略行近流速水头,则可取 $H_0 \approx H$。

近似取 $\alpha_c = 1.0$,并将 h_w 的表达式代入式(5.2),整理后可得

$$v_c = \frac{1}{\sqrt{1 + \zeta_0}} \sqrt{2gH_0} = \varphi \sqrt{2gH_0} \tag{5.3}$$

式中,$\varphi = \frac{1}{\sqrt{1 + \zeta_0}}$ 为孔口流速系数,可由实验确定。

可以看出,如不计水头损失,$\zeta_0 = 0$,则 $\varphi = 1.0$,可见 φ 是收缩断面的实际流速 v_c 与理想流体假定下的流速 $\sqrt{2gH_0}$ 之比值。由实验得圆形小孔口的流速系数 $\varphi = 0.97 \sim 0.98$,一般取 $\varphi \approx 0.97$。如此可得水流经孔口的局部阻力系数为 $\zeta_0 = 0.06$。

根据式(5.1)及式(5.3),可得孔口出流的流量为

$$Q = A_c v_c = \varepsilon \varphi A \sqrt{2gH_0} = \mu A \sqrt{2gH_0} \tag{5.4}$$

式中,μ 为孔口出流的流量系数,$\mu = \varepsilon \varphi$,对于薄壁圆形小孔口 $\mu = 0.60 \sim 0.62$,常取 $\mu = 0.62$。

式(5.4)就是薄壁小孔口自由出流的基本公式。

5.1.3　薄壁小孔口的淹没出流

若孔口流出的水流不是进入空气,而是进入相同的水中,致使孔口淹没在下游水面之下,这

种情况称为淹没出流,如图5.4所示。如同自由出流一样,水流经孔口,由于惯性作用,流线形成收缩,然后扩大。

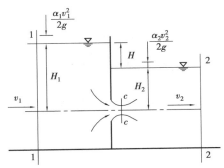

图5.4 薄壁孔口淹没出流

以下游水池的水面作为基准面,取符合渐变流条件的1—1断面、2—2断面列能量方程,有

$$H_1 + 0 + \frac{\alpha_1 v_1^2}{2g} = H_2 + 0 + \frac{\alpha_2 v_2^2}{2g} + \zeta \frac{v_c^2}{2g}$$

或

$$\left(H_1 + \frac{\alpha_1 v_1^2}{2g}\right) - \left(H_2 + \frac{\alpha_2 v_2^2}{2g}\right) = H + \left(\frac{\alpha_1 v_1^2}{2g} - \frac{\alpha_2 v_2^2}{2g}\right) = \zeta \frac{v_c^2}{2g}$$

式中,$H = H_1 - H_2$ 为上下游液面的高差;ζ 为孔口淹没出流的局部阻力系数,可近似看作孔口自由出流的局部阻力系数 ζ_0 和淹没出口的局部阻力系数 $\zeta' \approx 1.0$ 之和,即 $\zeta \approx 1.0 + \zeta_0$。

令 $H_0 = H + \left(\dfrac{\alpha_1 v_1^2}{2g} - \dfrac{\alpha_2 v_2^2}{2g}\right)$,$H_0$ 为1—1断面和2—2断面的总水头差,称为孔口淹没出流的作用水头。流速 v_1 和 v_2 一般很小,若忽略这两项流速产生的水头,则 $H_0 \approx H$。

因此,上述能量方程可表示为

$$H_0 = (1 + \zeta_0)\frac{v_c^2}{2g}$$

故

$$v_c = \frac{1}{\sqrt{1 + \zeta_0}}\sqrt{2gH_0} = \varphi\sqrt{2gH_0} \qquad (5.5)$$

所以,孔口出流的流量为

$$Q = A_c v_c = \varepsilon\varphi A\sqrt{2gH_0} = \mu A\sqrt{2gH_0} \qquad (5.6)$$

式(5.6)就是薄壁小孔口淹没出流的基本公式。

对比式(5.3)与式(5.5)、式(5.4)与式(5.6)可知,薄壁小孔口自由出流与淹没出流的流速及流量的基本计算公式相同。不同之处在于:自由出流时,孔口出流的作用水头为上游断面的总水头,它与孔口在壁面上的位置高低有关;而淹没出流时,孔口出流的作用水头为上下游断面的总水头之差,它与孔口在壁面上的位置无关。另外,淹没出流孔口断面上各点作用水头相同,因此淹没出流也就没有大小孔口之分。

【例5.1】 某圆柱形金属储水器的直径 $D = 3$ m,内部水深 $h = 2.5$ m,距底部 $z = 0.2$ m 处因锈蚀形成一直径 $d = 2$ mm 的小孔,若内部水深保持恒定,试求每天的漏水量。

【解】 孔口直径 d 与孔口形心以上水头 H 的比值为 $\dfrac{d}{H} = \dfrac{d}{h - z} = \dfrac{0.002}{2.5 - 0.2} = 0.000\,87 < 0.1$,

故为小孔口。漏水量按薄壁小孔口恒定自由出流计算,由式(5.4)得

$$Q = \mu A \sqrt{2gH_0} = \mu \cdot \frac{\pi}{4} d^2 \cdot \sqrt{2g(h-z)}$$

$$= 0.62 \times \frac{1}{4} \times 3.14 \times 0.002^2 \times \sqrt{2 \times 9.8 \times (2.5 - 0.2)}$$

$$= 1.31 \times 10^{-5} (m^3/s)$$

则每天的漏水量

$$V = Qt = 1.31 \times 10^{-5} \times 24 \times 3\,600 = 1.13(m^3)$$

5.2 管嘴出流

孔口出流中,由于流束断面的收缩,使得孔口的泄流能力降低。若在孔口处接一小短管,形成管嘴出流,就可加大泄流能力。按所接小短管的方式和形状不同,管嘴出流有不同的类型,这里重点介绍圆柱形外管嘴的恒定出流,讨论管嘴出流的一般规律性。

5.2.1 圆柱形外管嘴

如图 5.2 所示,在孔口处连接一段直径与孔口直径完全相同的圆柱形短管,短管长(3~4)d(d 为管径),水流进入管后同样要形成收缩,并在收缩断面 c—c 处水流与管壁分离,形成旋涡区;然后又逐渐扩大,在管嘴出口断面,水流已完全充满整个断面。下面推导圆柱形外管嘴的恒定出流的基本公式。

设容器开口,水面压强为大气压强,管嘴为自由出流。取管嘴出口断面 2—2 中心所在水平面作为基准面,建立符合渐变流条件的 1—1 断面和 2—2 断面之间的能量方程,有

$$H + 0 + \frac{\alpha_0 v_0^2}{2g} = 0 + 0 + \frac{\alpha v^2}{2g} + h_w$$

式中,h_w 为管嘴的水头损失。由于管嘴很短,若忽略管嘴的沿程水头损失,则 h_w 就相当于管道直角进口(见表 4.4)的局部损失情况。

$$h_w = \zeta_g \frac{v^2}{2g}$$

令 $H_0 = H + \frac{\alpha_0 v_0^2}{2g}$,并取 $\alpha = 1.0$,整理后可得管嘴出口的流速

$$v = \frac{1}{\sqrt{1 + \zeta_g}} \sqrt{2gH_0} = \varphi_g \sqrt{2gH_0} \qquad (5.7)$$

管嘴流量

$$Q = Av = \varphi_g A \sqrt{2gH_0} = \mu_g A \sqrt{2gH_0} \qquad (5.8)$$

式中,A 为出口断面面积;ζ_g 为管嘴的局部阻力系数,取 $\zeta_g = 0.5$;φ_g 为管嘴流速系数,$\varphi_g = 0.82$;μ_g 为管嘴流量系数,因出口无收缩,故 $\mu_g = \varphi_g = 0.82$,由此可知 $\mu_g/\mu = 0.82/0.62 = 1.32$。

比较式(5.4)与式(5.8),两公式结构及 A,H_0 均相同,而 $\mu_g = 1.32\mu$,因此在相同水头作用下,同样断面直角进口管嘴的过流能力是孔口的 1.32 倍。这可解释为:由于管嘴水平放置,c—c 断面和 2—2 断面相应点的位置高度相同,但 c—c 断面的流速比 2—2 断面的流速大,相应

地,其压强就要小于 2—2 断面的压强(大气压强),即 c—c 断面出现真空,正是这个真空的作用,使增加了阻力的管嘴,泄流量不但没减少反而增加了 0.32 倍。所以,管嘴常被用作泄水管。

下面推导收缩断面 c—c 的真空值。如图 5.2 所示,取管嘴收缩断面 c—c 形心所在水平面作为基准面,建立符合渐变流条件的 1—1 断面和 c—c 断面的能量方程,即

$$H + \frac{p_a}{\gamma} + \frac{\alpha_0 v_0^2}{2g} = \frac{p_c}{\gamma} + \frac{\alpha_c v_c^2}{2g} + \zeta_0 \frac{v_c^2}{2g}$$

式中,ζ_0 表示从 1—1 断面到 c—c 断面的局部阻力系数,相当于孔口出流时的 ζ_0 值。

令 $H_0 = H + \frac{\alpha_0 v_0^2}{2g}$,整理得

$$H_0 + \frac{p_a - p_c}{\gamma} = (\alpha_c + \zeta_0) \frac{v_c^2}{2g}$$

则

$$v_c = \frac{1}{\sqrt{\alpha_c + \zeta_0}} \sqrt{2g\left(H_0 + \frac{p_a - p_c}{\gamma}\right)} = \varphi \sqrt{2g\left(H_0 + \frac{p_a - p_c}{\gamma}\right)} \qquad (5.9)$$

管嘴流量

$$Q = v_c A_c = \varepsilon\varphi A \sqrt{2g\left(H_0 + \frac{p_a - p_c}{\gamma}\right)} = \mu A \sqrt{2g\left(H_0 + \frac{p_a - p_c}{\gamma}\right)} \qquad (5.10)$$

式中,φ 为孔口出流的流速系数;μ 为孔口出流的流量系数,取 $\mu = 0.62$;$\frac{p_a - p_c}{\gamma}$ 为收缩断面处的真空度。

比较式(5.8)和式(5.10),则

$$Q = \mu_g A \sqrt{2gH_0} = \mu A \sqrt{2g\left(H_0 + \frac{p_a - p_c}{\gamma}\right)}$$

将 $\mu_g = 0.82$,$\mu = 0.62$ 代入上式,解得

$$\frac{p_a - p_c}{\gamma} = 0.75 H_0 \qquad (5.11)$$

式(5.11)说明圆柱形外管嘴收缩断面处的真空度可达作用水头的 0.75 倍,相当于把管嘴的作用水头增大了 75%,这就是相同直径、相同作用水头下的圆柱形管嘴出流的流量比孔口出流大的原因。

从式(5.11)可知,作用水头 H_0 越大,收缩断面处的真空度亦越大,当收缩断面的真空度达 7 m 水柱以上时,由于液体在低于饱和蒸汽压时发生汽化,以及空气将会自管嘴出口处吸入,从而收缩断面的真空被破坏,以致管嘴不能保持满管出流而如同孔口出流一样。因此,对收缩断面真空度的限制,决定了管嘴的作用水头有一个极限值。一般情况下,有

$$\frac{p_a - p_c}{\gamma} = 0.75 H_0 \leq 7 \text{ m}$$

即

$$H_0 \leq 9 \text{ m}$$

另外,管嘴的长度也有一定的限制。长度过短,流束收缩后来不及扩大到整个管断面,流束将不会与管壁接触,在收缩断面不能形成真空而无法发挥管嘴作用;长度过长,沿程损失增大,流量将减小。所以,圆柱形外管嘴的正常工作条件是:作用水头 $H_0 \leq 9$ m,管嘴长度 $l \approx (3 \sim 4) d$。

5.2.2 其他形式的管嘴

除圆柱形外管嘴以外,工程上为了增加泄水能力或为了增加(或减小)射流的流速,还常采用如图 5.5 所示的几种类型的管嘴。各种管嘴出流的基本公式都和圆柱形外管嘴相同,现简要介绍各自的水力特点。

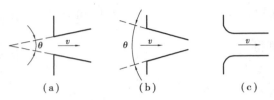

(a)   (b)   (c)

图 5.5　各种类型的管嘴

①圆锥形扩张管嘴。如图 5.5(a)所示,管嘴在收缩断面处形成真空,其真空值随圆锥角 θ 的增大而加大,并具有较大的过流能力和较低的出口速度,适用于要求形成较大真空或者出口流速较小的情况,如引射器、水轮机尾水管和人工降雨设备等;当 $\theta = 5° \sim 7°$ 时,$\mu_n = 0.45 \sim 0.50$。

②圆锥形收敛管嘴。如图 5.5(b)所示,管嘴具有较大的出口流速,适用于水力机械化施工,如水力挖土机喷嘴以及消防用喷嘴等设备,$\mu_n = 0.90 \sim 0.96$。

③流线形管嘴。管段进口为流线形,如图 5.5(c)所示,水流在管嘴内无收缩及扩大,与直角进口管嘴相比,阻力系数小得多,常用于水坝泄水管和涵洞的进口,$\mu_n = 0.90 \sim 0.98$。

【例 5.2】　如图 5.6 所示,在薄壁水箱上开一圆孔,孔径 $d = 1$ cm,水箱水面保持恒定,水深 $H = 3$ m。试求:(1)孔口流量;(2)此孔口外接圆柱形管嘴的流量;(3)管嘴收缩断面的真空度。

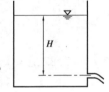

【解】　(1) $d = 0.01$ m,$H = 3$ m,$d/H < 0.1$,故属薄壁小孔口的自由出流情况,$\mu = 0.62$。

孔口流量 $Q = \mu A \sqrt{2gH} = 0.62 \times \dfrac{\pi}{4} \times 0.01^2 \times \sqrt{2 \times 9.8 \times 3} = 0.373(\text{L/s})$

图 5.6　薄壁水箱

(2)当孔口外接圆柱形管嘴时,属圆柱形外管嘴的恒定自由出流情况,$\mu_n = 0.82$。

管嘴流量 $Q = \mu_n A \sqrt{2gH} = 0.82 \times \dfrac{\pi}{4} \times 0.01^2 \times \sqrt{2 \times 9.8 \times 3} = 0.494(\text{L/s})$

(3)管嘴收缩断面的真空度 $\dfrac{p_{vc}}{\rho g} = 0.75H_0 \approx 0.75H = 2.25(\text{m})$

5.3　有压管流

压力管道在土木工程中应用广泛,如水泵的吸水管和压水管、虹吸管、城镇供水管网、自来水系统等都属于压力管道。这类管道的断面多为圆形,工作时整个断面均被流体所充满,断面的周界就是湿周,管道周界上的各点均受到流体压强的作用,且压强一般都不等于大气压强,因此称为有压管道。

有压管道有以下几种分类方法:

①根据管道内流体运动要素随时间的变化情况,管流可分为有压管道的恒定流和有压管道的非恒定流——若有压管道中流体的运动要素不随时间而变,称为有压管道的恒定流;否则称为有压管道的非恒定流。本节重点讨论有压管道恒定流的水力计算。

②根据布置情况,管道可分为简单管道和复杂管道——如果管道直径和流量沿程不变且无分支,称为简单管道,否则称为复杂管道。复杂管道又可分为串联管道、并联管道及分岔管道等。简单管道是最常见的,也是复杂管道的基本组成部分,其水力计算方法是各种管道水力计算的基础。

③根据管道内流体沿程水头损失和局部水头损失的相对大小情况,管道可分为长管和短管——长管是指水头损失以沿程水头损失为主,其局部水头损失和流速水头在总水头损失中所占的比重很小(如小于5%),计算时可以忽略不计的管道,如自来水管就是典型的长管;短管是指局部水头损失及流速水头在总水头损失中占有相当的比重,计算时必须和沿程水头损失同时考虑而不能忽略的管道,如水泵的吸水管、虹吸管、倒虹吸管、铁路涵管等一般均按短管计算。

需要指出的是,长管和短管是根据水头损失情况来区分的,当我们无法准确判断是否可忽略管道局部水头损失和流速水头时,一般应先按短管计算。

本节重点讨论短管和长管的水力计算问题。

5.3.1　短管的水力计算

短管的水力计算可通过连续性方程和能量方程求解,下面分自由出流与淹没出流两种情况进行讨论。

1)自由出流

管道出口水流流入大气,水股四周均受大气压强的作用,称为管道的自由出流。

如图5.7所示,有一长为l、管径为d的管道与水池相接,管道末端流入大气。

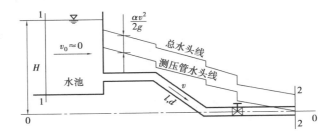

图5.7　管道的自由出流

以管道出口2—2断面形心所在的水平面0—0作为基准面,建立符合渐变流条件的1—1断面和2—2断面的能量方程

$$H + \frac{\alpha_0 v_0^2}{2g} = \frac{\alpha v^2}{2g} + h_w$$

式中,H为管道出口断面中心与水池水面的高差,称为管道的水头;v_0为水池中的流速,称为行近流速;v为管道出口断面平均流速;h_w为水头损失。

令H_0为包括行近流速水头在内的作用水头,即$H_0 = H + \frac{\alpha_0 v_0^2}{2g}$,有

$$H_0 = \frac{\alpha v^2}{2g} + h_w \tag{5.12}$$

水头损失 h_w 可写成各管段沿程水头损失与局部水头损失之和,即

$$h_w = \sum h_f + \sum h_j = \sum \left(\lambda_i \frac{l_i}{d_i} \frac{v_i^2}{2g} \right) + \sum \left(\zeta_i \frac{v_i^2}{2g} \right) \tag{5.13}$$

将式(5.13)代入式(5.12),并引入连续性方程,即可解得管道出口断面流速 v 和管道流量 Q。

计算时可以分以下两种情况考虑:

①如果是简单管道,管道直径 d_i 都相等,那么各管段流速 v_i 也相等,若各管段的沿程阻力系数 λ_i 相等,则公式(5.13)变为

$$h_w = \sum h_f + \sum h_j = \lambda \frac{\sum l_i}{d} \frac{v^2}{2g} + \left(\sum \zeta_i \right) \frac{v^2}{2g} = \left(\lambda \frac{l}{d} + \sum \zeta_i \right) \frac{v^2}{2g}$$

考虑到水池中的行近流速水头 $\frac{\alpha_0 v_0^2}{2g}$ 一般很小,可以忽略不计,故 $H_0 = H$;取 $\alpha = 1.0$,可得管道出口断面流速 v 和管道流量 Q 分别为

$$v = \frac{1}{\sqrt{1 + \lambda \dfrac{l}{d} + \sum \zeta_i}} \sqrt{2gH} \tag{5.14}$$

$$Q = Av = \frac{1}{\sqrt{1 + \lambda \dfrac{l}{d} + \sum \zeta_i}} A \sqrt{2gH} = \mu_c A \sqrt{2gH} \tag{5.15}$$

式中,A 为管道出口断面的面积;$\mu_c = \dfrac{1}{\sqrt{1 + \lambda \dfrac{l}{d} + \sum \zeta_i}}$ 为管道系统的流量系数。

②如果是串联的复杂管道,各管段直径 d_i 不等,那么各管段流速 v_i 也不等,若沿程阻力系数 λ_i 也不等,根据连续性方程可将各管段流速 v_i 转换为同一个流速,如出口断面平均流速 v,则公式(5.13)变为

$$h_w = \sum h_f + \sum h_j = \left[\sum \lambda_i \frac{l_i}{d_i} \left(\frac{A}{A_i} \right)^2 + \sum \zeta_i \left(\frac{A}{A_i} \right)^2 \right] \frac{v^2}{2g}$$

式中,l_i 为各管段长度,A_i 为各管段面积。

同样忽略水池中的行近流速水头,并取 $\alpha = 1.0$,可得管道出口断面流速 v 和管道流量 Q 分别为

$$v = \frac{1}{\sqrt{1 + \sum \lambda_i \dfrac{l_i}{d_i} \left(\dfrac{A}{A_i} \right)^2 + \sum \zeta_i \left(\dfrac{A}{A_i} \right)^2}} \sqrt{2gH} \tag{5.16}$$

$$Q = Av = \frac{1}{\sqrt{1 + \sum \lambda_i \dfrac{l_i}{d_i} \left(\dfrac{A}{A_i} \right)^2 + \sum \zeta_i \left(\dfrac{A}{A_i} \right)^2}} A \sqrt{2gH} = \mu_c A \sqrt{2gH} \tag{5.17}$$

式中,管道系统的流量系数 $\mu_c = \dfrac{1}{\sqrt{1 + \sum \lambda_i \dfrac{l_i}{d_i} \left(\dfrac{A}{A_i} \right)^2 + \sum \zeta_i \left(\dfrac{A}{A_i} \right)^2}}$。

2）淹没出流

管道出口如果淹没在水下,则称为管道的淹没出流,如图 5.8 所示。

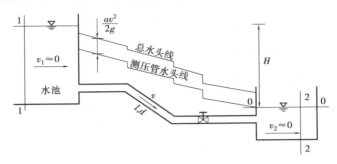

图 5.8　管道的淹没出流

选取下游水池水面 0—0 作为基准面,建立符合渐变流条件的上游水池 1—1 断面与下游水池 2—2 断面的能量方程

$$H + \frac{\alpha_1 v_1^2}{2g} = \frac{\alpha_2 v_2^2}{2g} + h_w$$

式中,H 为上下游水位差。

相对于管道过流断面面积来说,1—1 断面和 2—2 断面的面积一般都很大,所以流速水头 $\frac{\alpha_1 v_1^2}{2g}$ 和 $\frac{\alpha_2 v_2^2}{2g}$ 可忽略不计,从而有

$$H = h_w \tag{5.18}$$

式(5.18)表明,管道在淹没出流的情况下,其作用水头 H（即上下游水位差）完全消耗在克服流动的沿程阻力和局部阻力。

水头损失 h_w 为各管段沿程水头损失和局部水头损失之和,考虑各管段直径有可能相等,也可能不等,同自由出流时的情况一样,将 h_w 的计算公式代入式(5.18),可解得出口断面平均流速 v 和管道流量 Q。

对于管径相等的简单短管,有

$$v = \frac{1}{\sqrt{\lambda \dfrac{l}{d} + \sum \zeta_i}} \sqrt{2gH} \tag{5.19}$$

$$Q = Av = \frac{1}{\sqrt{\lambda \dfrac{l}{d} + \sum \zeta_i}} A \sqrt{2gH} = \mu_c A \sqrt{2gH} \tag{5.20}$$

对于管径不等的串联短管,有

$$v = \frac{1}{\sqrt{\sum \lambda_i \dfrac{l_i}{d_i} \left(\dfrac{A}{A_i}\right)^2 + \sum \zeta_i \left(\dfrac{A}{A_i}\right)^2}} \sqrt{2gH} \tag{5.21}$$

$$Q = Av = \frac{1}{\sqrt{\sum \lambda_i \dfrac{l_i}{d_i} \left(\dfrac{A}{A_i}\right)^2 + \sum \zeta_i \left(\dfrac{A}{A_i}\right)^2}} A \sqrt{2gH} = \mu_c A \sqrt{2gH} \tag{5.22}$$

式中符号含义同前。

对比式(5.15)和式(5.20)、式(5.17)和式(5.22)可以看出,淹没出流时的有效水头是上下游水位差 H,而自由出流时是出口中心以上的水头 H;其次,两种情况下流量系数 μ_c 的计算公式形式上虽然不同,但数值是相等的,因为淹没出流时,μ_c 计算公式的分母上虽然较自由出流时少了一项含 $\alpha(\alpha = 1)$ 的速度水头,但淹没出流时 $\sum \zeta_i$ 或 $\sum \zeta_i \left(\dfrac{A}{A_i} \right)^2$ 中却比自由出流时多一个出口局部阻力系数,在出口是流入水池的情况下 $\zeta_{出口} = 1.0$,故其他条件相同时两者的 μ_c 值实际上是相等的。

3) 水头线的绘制

短管管道系统的水头线包括总水头线和测压管水头线,分别表示沿程各断面单位重力流体的机械能变化和势能变化。现将水头线绘制步骤及水头线特点总结如下:

(1)绘制步骤

①根据已知条件,计算沿程各管段的沿程水头损失和局部水头损失。

②从管道进口断面的总水头开始,依次减去各项水头损失,得各相应断面的总水头值,并连接成总水头线;绘制时假定沿程水头损失 h_f 均匀分布在整个管段上,而局部水头损失 h_j 则集中发生在边界改变处。

③由总水头线减去各管段的流速水头,得测压管水头线;在等直径管段中,测压管水头线与总水头线相互平行。

(2)水头线特点

①管道总水头线和测压管水头线的起点及终点与管道进出口边界条件有关。如在自由出流时,管道出口处的测压管水头等于零,因此测压管水头线应通过管道出口断面的形心;而在淹没出流时,则应通过下游水池的水面。由于管道进口处存在局部水头损失,所以通常在忽略行近流速水头的情况下,总水头线的起点应在水池水面下方。

②在没有外加能量的情况下,实际流体流动的总水头线总是沿程下降的,任意两个过流断面间总水头线的下降值即为这个断面间流动的水头损失;当有外加能量时,在能量输入处总水头线会突然抬高。

③测压管水头线可以沿流程下降、上升或是水平的,这取决于动能与势能的相互转换关系。

④测压管水头与相应断面的管轴位置(即断面的位置水头)高度差即为压强水头,所以,测压管水头线高出管道轴线的区域为正压区,低于管道轴线的区域为负压区。

短管在自由出流及淹没出流时,管道中的总水头线及测压管水头线如图 5.7 和图 5.8 所示。

4) 短管水力计算的问题

当管道布置一定(即管材、管长、局部构件的组成等确定)时,在恒定流条件下,短管的水力计算主要有以下三类问题:

①已知输水流量 Q、管径 d 和局部阻力的组成,确定作用水头 H_0;

②已知作用水头 H_0、管径 d 和局部阻力的组成,确定输水流量 Q;

③已知输水流量 Q、作用水头 H_0 和局部阻力的组成,确定管径 d。

前两类问题计算比较简单,第三类问题需要试算,下面结合具体问题作进一步说明。

（1）虹吸管

虹吸管是一种压力输水管道,如图 5.9 所示。若管道轴线的一部分高于上游水池的自由水面,这样的管道称为虹吸管。由于虹吸管一部分高于供水自由水面,管内将形成真空,使作用在上游水面的大气压强和虹吸管内压强之间产生压强差,这样水流便能通过虹吸管最高处流向低处。由于真空的存在将使溶解在水中的空气分离出来,破坏了水流的连续性,甚至会出现空化现象。因此,为保证虹吸管的正常工作,工程上一般不使虹吸管的真空值大于（7～8）m。虹吸管的优点在于可以跨越高地,减少挖方,便于施工,降低工程造价,因此应用广泛。

虹吸管长度一般不大,故应按短管计算。虹吸管水力计算的主要目的是确定输水流量和管顶最大真空值或管顶最大安装高度。

【例 5.3】 如图 5.9 所示,某工厂用直径 $d=0.5$ m 的钢管从河道中取水至储水井。河道中水位与水井水位的高差 $H=2$ m,虹吸管全长 $l=80$ m,已知管道粗糙系数 $n=0.012$,管道带滤头的进口,$\zeta_1=2.5$;90° 弯头两个,$\zeta_2=0.6$;45° 弯头两个,$\zeta_3=0.4$;出口 $\zeta_4=1.0$。进口断面至断面 2—2 间的管长 $l_1=72$ m,断面的管轴高出上游水面 $z=1$ m。求:（1）通过虹吸管的流量;（2）断面 2—2 的真空度。

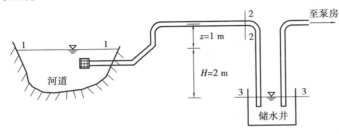

图 5.9 虹吸管

【解】 （1）选取储水井水面作为基准面,建立河道水面 1—1 和井水面 3—3 的能量方程

$$H + \frac{p_a}{\gamma} + 0 = 0 + \frac{p_a}{\gamma} + 0 + h_w$$

$$H = h_w = \left(\lambda \frac{l}{d} + \zeta_1 + 2\zeta_2 + 2\zeta_3 + \zeta_4 \right) \frac{v^2}{2g}$$

$$= \left(\lambda \frac{l}{d} + 2.5 + 2 \times 0.6 + 2 \times 0.4 + 1 \right) \frac{v^2}{2g} = \left(5.5 + \lambda \frac{l}{d} \right) \frac{v^2}{2g} = 2 (\text{m})$$

由 $n=0.012$,利用曼宁公式求沿程阻力系数 λ。

水力半径 $\qquad R = \frac{d}{4} = 0.125 (\text{m})$

$$C = \frac{1}{n} R^{1/6} = \frac{1}{0.012} \times 0.125^{1/6} = 58.9 (\text{m}^{1/2}/\text{s})$$

$$\lambda = \frac{8g}{C^2} = \frac{8 \times 9.8}{58.9^2} = 0.023$$

$$H = \left(5.5 + 0.023 \times \frac{80}{0.5} \right) \frac{v^2}{2g} = 2 (\text{m})$$

解得 $v^2 = 4.27, v = 2.07 (\text{m/s})$,则通过虹吸管的流量

$$Q = \frac{\pi d^2}{4} \times 2.07 = 0.406 (\text{m}^3/\text{s})$$

（2）求断面 2—2 的真空度

选取河道水面为基准面,列河道水面 1—1 和断面 2—2 的能量方程

$$0 + \frac{p_a}{\gamma} + 0 = z + \frac{p_2}{\gamma} + \frac{v^2}{2g} + \left(2.5 + 2 \times 0.4 + 0.6 + 0.023 \times \frac{72}{0.5}\right) \frac{v^2}{2g}$$

解得

$$\frac{p_a - p_2}{\gamma} = 2.79 \text{ m}$$

即断面 2—2 的真空度为 2.79 m,小于 $[h_v] = 7 \sim 8$ m,在允许范围之内。

（2）水泵的吸水管和压水管

水泵是增加水流的能量,把水从能量低处引向高处的一种水力机械。如图 5.10 所示,水泵抽水系统主要由吸水管、水泵和压水管组成,通过水泵叶轮转动,在水泵进口处形成真空,使水流在大气压的作用下沿吸水管上升,流经水泵时从水泵获得新的能量,从而输入压水管,再输出至水塔。

水泵抽水系统的水力计算包括吸水管和压水管的计算。吸水管属于短管;压水管则根据不同情况按短管或长管计算。水力计算内容主要包括:确定吸水管和压水管的管径、计算水泵安装高程、计算水泵的扬程。

①确定吸水管和压水管的管径。吸水管的管径 d 一般根据允许流速 v 确定。通常吸水管的允许流速为 $0.8 \sim 1.25$ m/s,压水管的允许流速为 $1.5 \sim 2.5$ m/s。如果管道的流量 Q 一定,流速为 v,则根据连续性方程可以求出管道直径 d

$$d = \sqrt{\frac{4Q}{\pi v}}$$

②确定水泵的最大允许安装高程 z_s。水泵的最大允许安装高程 z_s 主要取决于水泵的最大允许真空度 $[h_v]$ 和吸水管的水头损失。以水池水面 0—0 为基准面,对 1—1 断面及水泵进口 2—2 断面建立能量方程,得

$$0 + \frac{p_a}{\gamma} + 0 = z_s + \frac{p_2}{\gamma} + \frac{\alpha_2 v_2^2}{2g} + h_{w吸}$$

由此

$$z_s = \frac{p_a - p_2}{\gamma} - \frac{\alpha_2 v_2^2}{2g} - \lambda \frac{l}{d} \frac{v_2^2}{2g} - \sum \zeta_i \frac{v_2^2}{2g}$$

式中,v_2 为吸水管管内流速;$\frac{p_a - p_2}{\gamma}$ 为 2—2 断面的真空度,不能大于水泵允许真空度 $[h_v]$。所以

$$z_s \leq [h_v] - \left(\alpha_2 + \lambda \frac{l}{d} + \sum \zeta_i\right) \frac{v_2^2}{2g} \tag{5.23}$$

③计算水泵的扬程 H_t。水泵的扬程 H_t 是水泵向单位重力液体所提供的机械能,单位为 m。由于获得外加的能量,水流经过水泵时总水头线突然升高。扬程 H_t 的计算公式可直接由能量方程得到。

在图 5.10 中,以水池水面 0—0 为基准面建立 1—1 断面和 3—3 断面的能量方程

$$H_t = z + h_{w1\text{-}3}$$

式中,$h_{w1\text{-}3}$ 是水流从 1—1 断面至 3—3 断面间的全部水头损失,包括吸水管的水头损失 $h_{w吸}$ 和压水管的水头损失 $h_{w压}$,z 为提水高度。故总扬程

$$H_t = z + h_{w吸} + h_{w压} \tag{5.24}$$

式(5.24)表明,水泵向单位重力液体所提供的机械能,一方面是用来将水流提高一个几何

高度 z,另一方面是用来克服吸水管和压力水管的水头损失。

【例5.4】 用离心泵将水池中的水抽入水塔,如图5.10所示。水泵流量 $Q = 0.1\ \text{m}^3/\text{s}$,水池水面高程为100 m,水塔水位为120 m;吸水管长度 $l_1 = 10\ \text{m}$,进口采用有底阀滤网,其局部阻力系数 $\zeta_1 = 2.5$,所有各弯头阻力系数都采用 $\zeta_2 = 0.3$;压力水管长度 $l_2 = 200\ \text{m}$,直径 $d_2 = 0.3\ \text{m}$,压力水管中闸阀阻力系数 $\zeta_3 = 0.1$;吸水管和压力水管的沿程阻力系数均为 $\lambda = 0.023$;水泵允许真空度 $[h_v] = 6.0\ \text{m}$,水泵安装高程 $z_s = 5.0\ \text{m}$。试确定:(1)吸水管直径 d_1;(2)水泵进口真空度能否满足允许值;(3)水泵总扬程 H_t。

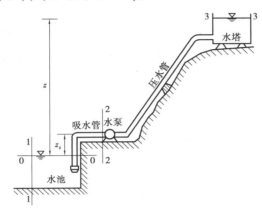

图5.10 水泵系统

【解】 (1)确定吸水管直径

采用设计流速 $v = 1.0\ \text{m/s}$,则吸水管直径为

$$d_1 = \sqrt{\frac{4Q}{\pi v}} = \sqrt{\frac{4 \times 0.1}{3.14 \times 1.0}} = 0.357(\text{m})$$

选用标准管径 $d_1 = 350\ \text{mm}$,相应吸水管中流速 $v = 1.02\ \text{m/s}$,在允许流速范围内。

(2)确定水泵进口断面真空度

以水池水面0—0作为基准面,建立1—1断面和水泵进口2—2断面的能量方程,即

$$\frac{p_a}{\gamma} = z_s + \frac{p_2}{\gamma} + \frac{\alpha_2 v^2}{2g} + h_{w吸}$$

式中,$h_{w吸}$ 为吸水管的全部水头损失,显然

$$h_{w吸} = \left(\lambda_1 \frac{l_1}{d_1} + \zeta_1 + \zeta_2\right)\frac{v^2}{2g} = \left(0.023 \times \frac{10}{0.35} + 2.5 + 0.3\right) \times \frac{1.02^2}{2 \times 9.8} = 0.184(\text{m})$$

则2—2断面的真空度为

$$h_{v2} = \frac{p_a - p_2}{\gamma} = z_s + \frac{\alpha_2 v^2}{2g} + h_{w吸}$$

$$= 5 + 0.053 + 0.184 = 5.237(\text{m}) < [h_v] = 6.0\ \text{m}$$

故水泵进口真空度小于允许值,符合要求。

(3)水泵扬程

水泵扬程 H_t 是提水高度 z 与吸水管水头损失及压力水管水头损失之和,即

$$H_t = z + h_{w吸} + h_{w压}$$

式中,$z = 120\ \text{m} - 100\ \text{m} = 20\ \text{m}$,$h_{w吸} = 0.184\ \text{m}$,下面确定 $h_{w压}$。

压水管流速 $v_2 = Q/A_2 = 1.41 \ \text{m/s}$，从而

$$h_{w压} = \left(\lambda_2 \frac{l_2}{d_2} + \zeta_3 + 2\zeta_2 + 1\right) \frac{v_2^2}{2g} = \left(0.023 \times \frac{200}{0.3} + 0.1 + 2 \times 0.3 + 1\right) \times \frac{1.41^2}{2 \times 9.8} = 1.728(\text{m})$$

于是，水泵的扬程 $H_t = 20 + 0.184 + 1.728 = 21.912(\text{m})$

5.3.2　长管的水力计算

长管是指相对沿程水头损失而言，管道水流的局部水头损失及流速水头很小（如不超过5%），计算时常将其按沿程水头损失的某一百分数估算，或完全忽略不计（通常是在 $l/d > 1\,000$ 的条件下）的管道。长管的水力计算可大为简化，同时又不影响计算精度。

根据管道的组合情况，长管水力计算可分为简单管道、串联管道、并联管道、分岔管道和管网等。

1）简单管道

简单管道是指直径沿程不变、没有分支、流量也不变的管道，简单管道的计算是一切复杂管道水力计算的基础。

下面以简单管道自由出流情况为例，推导简单管道水力计算的基本公式。如图 5.11 所示，由水池引出的简单管道，长度为 l，直径为 d，水箱水面距管道出口高度为 H，管内流速为 v。因为长管的流速水头可以忽略，所以它的总水头线与测压管水头线重合。

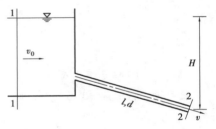

图 5.11　长管的自由出流

选取通过管道出口 2—2 断面形心的水平面作为基准面，建立符合渐变流条件的 1—1 断面和 2—2 断面的能量方程。

$$H + 0 + \frac{\alpha_0 v_0^2}{2g} = 0 + 0 + \frac{\alpha v^2}{2g} + h_w$$

对于长管，局部水头损失和流速水头可忽略，因此 $\frac{\alpha v^2}{2g} = 0$，$h_w = h_f$。同时不考虑水池中的行近流速水头 $\frac{\alpha_0 v_0^2}{2g}$，得

$$H = h_f = \lambda \frac{l}{d} \frac{v^2}{2g} \tag{5.25}$$

式（5.25）即为简单长管水力计算的基本公式。公式表明无论是自由出流还是淹没出流，简单长管的作用水头完全消耗于沿程水头损失，只要作用水头恒定，无论管道如何布置，其总水头线都是与测压管水头线重合并且坡度沿流程不变的直线。但与短管出流一样，长管自由出流和淹没出流的作用水头含义有所不同。

土木工程中的有压输水管道，水流大多属于阻力平方区紊流，其水头损失 h_f 可直接根据谢才公式计算，将 $\lambda = 8g/C^2$ 代入式（5.25），可得

$$H = \frac{8g}{C^2} \frac{l}{d} \frac{v^2}{2g} = \frac{8g}{C^2} \frac{l}{4R} \frac{Q^2}{2gA^2} = \frac{Q^2}{A^2 C^2 R} l$$

引入流量模数 $K = AC\sqrt{R}$，从而有

$$H = h_f = \frac{Q^2}{K^2} l \tag{5.26}$$

或

$$Q = K \sqrt{\frac{h_f}{l}} = K \sqrt{J}$$

由于 $J = 1$ 时，$K = Q$，因此流量模数 K 也称为特性流量，它综合反映了管道断面形状、尺寸及边壁粗糙对输水能力的影响。对于不同直径及粗糙系数的圆管，当谢才系数 C 采用曼宁公式 $C = R^{1/6}/n$ 计算时，获得的流量模数 K 见表5.1。

当管道中的水流流速较小（如 $v < 1.2$ m/s）时，水流可能属于过渡粗糙区紊流，沿程水头损失 h_f 约与流速 v 的1.75次方成正比，此时采用式(5.26)计算 h_f 时，常常通过在右端乘以修正系数 k 的方式来对式(5.26)进行修正，即

$$H = h_f = k \frac{Q^2}{K^2} l \tag{5.27}$$

式中，修正系数 k 可根据谢维列夫的实验结果取值，见表5.2。

表5.1 管道的流量模数 K 值

直径 d/mm	K/(L·s^{-1})		
	清洁管 $1/n = 90$ （$n = 0.011$）	正常管 $1/n = 80$ （$n = 0.012\,5$）	污秽管 $1/n = 70$ （$n = 0.014\,3$）
50	9.624	8.460	7.403
75	28.37	24.94	21.83
100	61.11	53.72	47.01
125	110.80	97.40	85.23
150	180.20	158.40	138.60
175	271.80	238.90	209.00
200	388.00	341.10	298.50
225	531.20	467.00	408.60
250	703.50	618.50	541.20
300	1.144×10^3	1.006×10^3	880.00
350	1.726×10^3	1.517×10^3	1.327×10^3
400	2.464×10^3	2.166×10^3	1.895×10^3
450	3.373×10^3	2.965×10^3	2.594×10^3
500	4.467×10^3	3.927×10^3	3.436×10^3
600	7.264×10^3	6.386×10^3	5.587×10^3
700	10.96×10^3	9.632×10^3	8.428×10^3
750	13.17×10^3	11.58×10^3	10.13×10^3
800	15.64×10^3	13.57×10^3	12.03×10^3
900	21.42×10^3	18.83×10^3	16.47×10^3
1 000	28.36×10^3	24.93×10^3	21.82×10^3
1 200	46.12×10^3	40.55×10^3	35.48×10^3
1 400	69.57×10^3	61.16×10^3	53.52×10^3
1 600	99.33×10^3	87.32×10^3	76.41×10^3
1 800	136.00×10^3	119.50×10^3	104.60×10^3
2 000	180.10×10^3	158.30×10^3	138.50×10^3

表 5.2　钢管及铸铁管的修正系数 k 值

$v/(\mathrm{m \cdot s^{-1}})$	k	$v/(\mathrm{m \cdot s^{-1}})$	k
0.20	1.41	0.65	1.10
0.25	1.33	0.70	1.085
0.30	1.28	0.75	1.07
0.35	1.24	0.80	1.06
0.40	1.20	0.85	1.05
0.45	1.175	0.90	1.04
0.50	1.15	1.00	1.03
0.55	1.13	1.10	1.015
0.60	1.115	1.20	1.00

注:$k = 1.01(v - 0.13)^{-0.13}$

实际上,长管可看作短管的一种近似简化计算模式,管道布置一定时,在恒定流条件下,长管的水力计算与短管一样,主要有以下三类问题:

①已知作用水头 H 和管径 d,确定输水流量 Q;

②已知输水流量 Q 和管径 d,确定作用水头 H;

③已知输水流量 Q 和作用水头 H,确定管径 d。

下面举例说明简单长管的计算问题。

【例 5.5】　由水塔向工厂供水,如图 5.12 所示,采用新铸铁管。管长 $l = 2\,500$ m,管径 $d = 0.4$ m。水塔处地面高程 $\nabla_1 = 70$ m,水塔水面距地面高度 $H_1 = 20$ m,工厂地面高程 $\nabla_2 = 52$ m,管道末端需要的自由水头 $H_2 = 15$ m。

(1)求通过管道的流量。

(2)如工厂需水量为 0.20 m^3/s,其他条件不变,试设计水塔的高度。

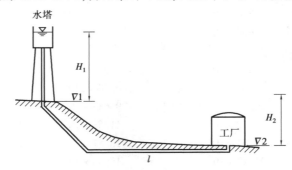

图 5.12　供水系统

【解】　(1)给水管道按长管计算,以海拔水平面为基准面,在水塔水面与管道末端间列能量方程

$$H_1 + \nabla_1 = \nabla_2 + H_2 + h_f$$

故　　　　　　　　　$h_f = H_1 + \nabla_1 - \nabla_2 - H_2 = 20 + 70 - 52 - 15 = 23(\mathrm{m})$

由表 5.1 查得 $d = 0.4$ m,新铸铁管的流量模数 $K = 2.464$ m^3/s,由式(5.26)得

$$Q = K\sqrt{\frac{h_f}{l}} = 2.464 \times \sqrt{\frac{23}{2\,500}} = 0.236\,(\mathrm{m}^3/\mathrm{s})$$

验算是否为阻力平方区

$$v = \frac{4Q}{\pi d^2} = \frac{4 \times 0.236}{\pi \times 0.4^2} = 1.88\,(\mathrm{m/s}) > 1.2\,(\mathrm{m/s})$$

因此属阻力平方区,流量不需要采用式(5.27)进行修正。因此,通过管道的流量 $Q = 0.236\ \mathrm{m}^3/\mathrm{s}$。

（2）管内流速

$$v = \frac{4Q}{\pi d^2} = \frac{4 \times 0.2}{\pi \times 0.4^2} = 1.59\,(\mathrm{m/s})$$

由于 $v > 1.2\ \mathrm{m/s}$,因此 h_f 可直接采用式(5.26)计算,即

$$h_f = \frac{Q^2}{K^2}l = \frac{0.2^2}{2.464^2} \times 2\,500 = 16.47\,(\mathrm{m})$$

因此,水塔高度

$$H_1 = (\nabla_2 + H_2) + h_f - \nabla_1 = 52 + 15 + 16.47 - 70 = 13.47\,(\mathrm{m})$$

2）串联管道

由直径不同的几根管段依次连接的管道称为串联管道。串联管道各管段通过的流量可能相同,也可能不同。有分流的两管段的交点(或者 3 根及以上管段的交点)称为节点。

串联管道各管段虽然串联在一个管道系统中,但因各管段的管径、流量、流速互不相同,所以应分段计算其沿程水头损失。

下面以图 5.13 所示的串联管道为例,讨论其水力计算问题。若分别采用 l_i,d_i,Q_i 和 q_i 表示各管段的长度、直径、流量以及各管段末端分出的流量,则串联管道的总作用水头应等于各管段水头损失的总和,即

$$H = \sum_{i=1}^{n} h_{fi} = \sum_{i=1}^{n} \frac{Q_i^2 l_i}{K_i^2} \tag{5.28}$$

串联管道的流量计算应满足连续性方程,则流向节点的流量等于流出节点的流量,即

$$Q_i = Q_{i+1} + q_i \tag{5.29}$$

式(5.28)和式(5.29)就是串联管道水力计算的基本公式。

串联长管的测压管水头线与总水头线重合,整个管道的水头线呈折线形。这是因为各管段流速不同,其水力坡度也各不相等。

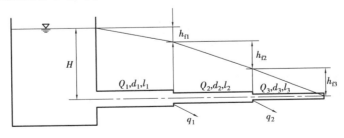

图 5.13　串联管道

3) 并联管道

在两节点之间并列两根及以上的管道称为并联管道,图 5.14 中 AB 段就是由 3 根管段组成的并联管道。并联管道能提高供水的可靠性,一般按长管计算。

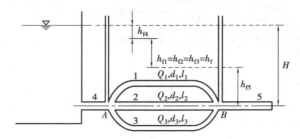

图 5.14 并联管道

并联管道的水力特点在于单位重力流体通过所并联的任何管段时其水头损失都是相同的。在并联管段 AB 间,A 点与 B 点是各管段所共有的,如果在 A,B 两点安装测压管,每一点都只可能有一个测压管水头,其测压管水头差就是 AB 间的水头损失,即

$$h_{f1} = h_{f2} = h_{f3} = h_f \tag{5.30}$$

需要指出的是,式(5.30)仅仅表示通过各管段的单位重力液体的水头损失相等,但各管段的长度、直径及粗糙系数可能不同,因此通过的流量也不相同,故通过各管段流动的总水头损失不相等,流量越大,各管段的总水头损失就越大。

各管段的水头损失可采用谢才公式计算,即

$$\left. \begin{aligned} h_{f1} &= Q_1^2 l_1 / K_1^2 \\ h_{f2} &= Q_2^2 l_2 / K_2^2 \\ h_{f3} &= Q_3^2 l_3 / K_3^2 \end{aligned} \right\} \tag{5.31}$$

同时,各管段的流量与总流量之间应满足连续性方程,即

$$Q = Q_1 + Q_2 + Q_3 \tag{5.32}$$

当总流量 Q 以及各管段的直径、长度和粗糙系数已知时,利用式(5.31)及式(5.32)中的 4 个方程式可求出 Q_1,Q_2,Q_3 和水头损失 h_f。

从式(5.31)中解出 Q_1,Q_2,Q_3,代入式(5.32),有

$$Q = \left(\frac{K_1}{\sqrt{l_1}} + \frac{K_2}{\sqrt{l_2}} + \frac{K_3}{\sqrt{l_3}} \right) \sqrt{h_f} \tag{5.33}$$

即

$$h_f = \frac{Q^2}{\left(\dfrac{K_1}{\sqrt{l_1}} + \dfrac{K_2}{\sqrt{l_2}} + \dfrac{K_3}{\sqrt{l_3}} \right)^2} \tag{5.34}$$

求出 h_f 后,代入式(5.31)即可获得 Q_1,Q_2,Q_3。

【例5.6】 3 根并联新铸铁管道如图 5.14 所示,由节点 A 分出,在节点 B 重新汇合。已知 $Q = 0.25 \text{ m}^3/\text{s}, l_1 = 300 \text{ m}, d_1 = 0.30 \text{ m}, l_2 = 200 \text{ m}, d_2 = 0.20 \text{ mm}, l_3 = 350 \text{ m}, d_3 = 0.30 \text{ m}$,求并联管道中每一管段的流量 Q_1,Q_2,Q_3 及水头损失 h_f。

【解】 根据表 5.1,查得各管段的流量模数为:$K_1 = K_3 = 1.144 \text{ m}^3/\text{s}, K_2 = 0.388 \text{ m}^3/\text{s}$,代入式(5.31)并考虑到式(5.30),可解得 Q_1,Q_2,Q_3 之间满足如下关系:

$$Q_2 = 0.42Q_1$$
$$Q_3 = 0.93Q_1$$

将上述关系代入连续性方程式(5.32),并由 $Q = 0.25 \ \text{m}^3/\text{s}$,可解得

$$Q_1 = 0.107 \ \text{m}^3/\text{s}$$
$$Q_2 = 0.044 \ \text{m}^3/\text{s}$$
$$Q_3 = 0.099 \ \text{m}^3/\text{s}$$

沿程水头损失 $\quad h_{\text{f}} = \dfrac{Q^2}{\left(\dfrac{K_1}{\sqrt{l_1}} + \dfrac{K_2}{\sqrt{l_2}} + \dfrac{K_3}{\sqrt{l_3}}\right)^2} = \dfrac{0.25^2}{\left(\dfrac{1.144}{\sqrt{300}} + \dfrac{0.388}{\sqrt{200}} + \dfrac{1.144}{\sqrt{350}}\right)^2} = 2.61(\text{m})$

4)分岔管道

由一根总管分成数根支管,分岔后不再汇合的管道,称为分岔管道。

如图 5.15 所示为一分岔管道,总管自水池 A 点引出后,从 B 点分岔,然后通过两根支管 BC,BD 分别流入大气。C 点与水池水面的高差为 H_1,D 点与水池水面的高差为 H_2。当不计局部水头损失时,AB,BC,BD 各段的水头损失分别用 h_{f},h_{f1},h_{f2} 表示,流量用 Q,Q_1,Q_2 表示。显然,管道 ABC 及 ABD 均可作为串联管道计算。

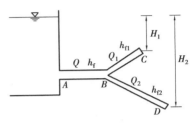

图 5.15　分岔管道

对管道 ABC,有

$$H_1 = h_{\text{f}} + h_{\text{f1}} = \frac{Q^2}{K^2}l + \frac{Q_1^2}{K_1^2}l_1 \tag{5.35}$$

对管道 ABD,有

$$H_1 = h_{\text{f}} + h_{\text{f2}} = \frac{Q^2}{K^2}l + \frac{Q_2^2}{K_2^2}l_2 \tag{5.36}$$

根据连续性方程 $Q = Q_1 + Q_2$,联解式(5.35)和式(5.36),可得

$$Q = \sqrt{\left(H_1 - \frac{Q^2}{K^2}l\right)\frac{K_1^2}{l_1}} + \sqrt{\left(H_1 - \frac{Q^2}{K^2}l\right)\frac{K_2^2}{l_2}} \tag{5.37}$$

求出总流量 Q 后,代入式(5.35)与式(5.36)即可求出支管的流量 Q_1 及 Q_2。如果总流量 Q 是已知的,也可以求解其他未知水力要素。但联解式(5.35)、式(5.36)和式(5.37)三个方程只能求解三个未知数。

本章小结

孔口出流、管嘴出流和有压管流的水力计算是土木工程中的常见问题,此类问题的解决需采用前几章导出的三大基本方程,即连续性方程、能量方程和动量方程以及水头损失计算公式。

(1)孔口出流按出流的下游条件,可分为自由出流和淹没出流两种情况,本章导出了薄壁小孔口自由出流与淹没出流的水力计算的基本公式,即式(5.3)～式(5.6)。对比可知,薄壁小孔口自由出流与淹没出流的流速及流量计算的基本公式相同。不同之处在于:自由出流时,孔

口出流的作用水头为上游断面的总水头,它与孔口在壁面上的位置高低有关;而淹没出流时,孔口出流的作用水头为上、下游断面的总水头之差,它与孔口在壁面上的位置无关。

（2）管嘴出流的过流能力是相同条件下孔口出流的 1.32 倍,这主要是由于收缩断面出现真空,管嘴作用水头增大造成的。工程应用中,为保证管嘴中的水流形态,减少水头损失,一般要求管嘴出流的作用水头 $H_0 \leqslant 9$ m,管嘴长度 $l \approx (3 \sim 4)d$。

（3）压力管道在土木工程中应用广泛,根据管道布置情况,可分为简单管道和复杂管道。简单管道是指直径和流量沿程不变且无分支的管道。其水力计算可分为自由出流和淹没出流两种情况:简单管道自由出流采用式(5.14)和式(5.15)计算;简单管道淹没出流采用式(5.19)和式(5.20)计算。上述两种情况下流量系数 μ_c 的计算公式虽然形式不同,但数值是相等的。

（4）虹吸管与水泵装置的水力计算是简单管道水力计算的典型特例。虹吸管水力计算的主要目的是确定输水流量和管顶最大真空值或管顶最大安装高度,而水泵装置水力计算的内容则主要包括确定吸水管和压力水管的管径、计算水泵安装高程以及计算水泵的扬程等。

（5）串联管道、并联管道和分岔管道是有压管道的常见组合形式。串联管道的总作用水头等于各管段水头损失的总和,且其流量计算满足连续性方程;并联管道的水力特点在于单位重力液体通过所并联的任何管段时其水头损失都是相同的,各管段的水头损失可采用谢才公式计算,各管段的流量与总流量之间也满足连续性方程;分岔管道可看作诸多串联管道的组合形式,其水力计算方法与串联管道类似。

习　题

5.1　如图所示,从水池侧壁引出一直径 $d = 0.15$ m 的水管,已知水深 $H = 4$ m,从水管进口至出口之间的管流水头损失为 $\dfrac{0.6v^2}{2g}$(v 为管流的断面平均流速),试求通过管道的水流流量 Q。

5.2　用虹吸管从蓄水池引水灌溉,如图所示。虹吸管采用直径 $d = 0.3$ m 的钢管,管道进口处安装一个莲蓬头,$\zeta_1 = 2$;中段设有 40° 的弯头两个,$\zeta_2 = 0.1$。上下游水位差 $H = 5$ m,上游水面到管顶高程 $h = 2$ m。各管段长度分别为 $l_1 = 6$ m,$l_2 = 3$ m,$l_3 = 10$ m。（1）试求虹吸管的水流流量 Q;（2）虹吸管中压强最小的断面在何处? 其最大真空值为多少?

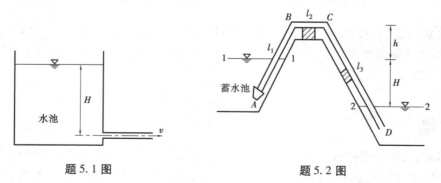

题 5.1 图　　　　　　　　　　题 5.2 图

5.3　如图所示,用水泵从河道向水池抽水。水池与河道的水面高差 $\Delta z = 25$ m,吸水管为长度 $l_1 = 3$ m,直径 $d_1 = 0.25$ m 的钢管,设有带底阀的莲蓬头($\zeta_1 = 2$)及 45° 的弯头($\zeta_2 = 0.1$)各一个。压力管道为长度 $l_2 = 40$ m,直径 $d_2 = 0.2$ m 的钢管,设有逆止阀($\zeta_3 = 1.7$)、闸阀($\zeta_4 = $

0.1)、45°弯头各一个,机组效率 $\eta = 85\%$。已知流量 $Q = 0.05 \text{ m}^3/\text{s}$,试求水泵的扬程 H_t。

5.4 采用长 $l = 3\,000 \text{ m}$,直径 $d = 0.3 \text{ m}$ 的新铸铁管由水塔向工厂输水(见图5.12)。设安置水塔处的地面高程 $\nabla_1 = 350 \text{ m}$,厂区地面高程 $\nabla_2 = 330 \text{ m}$,工厂所需水头 $H_2 = 25 \text{ m}$。若须保证工厂供水量 $0.08 \text{ m}^3/\text{s}$,求水塔的高度 H_1(即地面至水塔水面的垂直距离)。

5.5 一串联管道系统(见图5.13),由直径分别为 $d_1 = 0.3 \text{ m}, d_2 = 0.2 \text{ m}, d_3 = 0.15 \text{ m}$ 的三段铸铁管道组成,管道长度分别为 $l_1 = 105 \text{ m}, l_2 = 100 \text{ m}, l_3 = 96 \text{ m}$。中途分出流量 $q_1 = 0.052 \text{ m}^3/\text{s}$ 和 $q_1 = 0.048 \text{ m}^3/\text{s}$,末端流量 $Q_3 = 0.05 \text{ m}^3/\text{s}$。求保证上述供水时需要的水头 H。

5.6 两水池用三条长度相等的并联管道连接,直径分别为 $d、2d$ 和 $3d$,假定各管的沿程损失系数 λ 均相同,当直径为 d 的管道通过的流量 $Q_1 = 0.025 \text{ m}^3/\text{s}$ 时,试求直径为 $2d$ 及 $3d$ 管道通过的流量 Q_2 和 Q_3。

5.7 一条分岔管道连接水池 A, B, C,如图所示。设管道的长度分别为 $l_1 = 800 \text{ m}, l_2 = 400 \text{ m}, l_3 = 1\,000 \text{ m}$,直径分别为 $d_1 = 0.6 \text{ m}, d_2 = 0.5 \text{ m}, d_3 = 0.4 \text{ m}$,管道为新钢管,水池 A, B, C 的水面高程分别为 $\nabla_1 = 25 \text{ m}, \nabla_2 = 10 \text{ m}, \nabla_3 = 0 \text{ m}$。求通过各管的流量 Q_1, Q_2 和 Q_3。

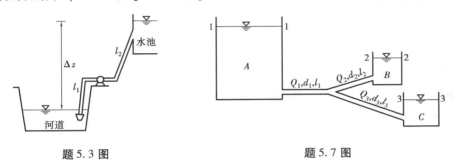

题 5.3 图   题 5.7 图

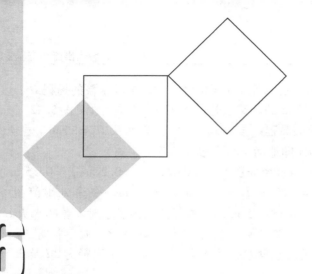

6 明渠流动

本章导读：

● **基本要求** 理解明渠流动的特点和两种不同的流动状态；掌握断面单位能量、临界水深和临界底坡等基本概念；掌握明渠恒定均匀流的水力计算方法；了解水跃和水跌现象；了解棱柱形渠道中恒定非均匀渐变流水面曲线的定性分析方法。

● **重点** 明渠均匀流的水力计算；明渠水流的流动状态及其判别；断面比能及临界水深的计算。

● **难点** 水力最优断面的概念及其应用；断面比能及临界水深的计算方法；棱柱形渠道中恒定非均匀渐变流水面曲线的定性分析方法。

6.1 概 述

明渠是一种具有自由表面的水流渠槽，又称为明槽，根据其形成方式的不同可分为天然明渠和人工明渠。前者如天然河道；后者如运河、人工输水渠、路堑边沟、无压涵洞及未充满水流的管道等。

明渠水流是常见的一种水流现象，与有压管流不同，它具有自由表面，表面上各点压强一般等于大气压，即其相对压强为零，所以明渠流又可称为无压流。

明渠水流根据其运动要素是否随时间变化分为恒定流和非恒定流。明渠恒定流又可根据流线是否为平行直线分为均匀流和非均匀流。

明渠水流由于表面不受约束，当遇到河渠建筑物或流量变化时，往往形成非均匀流。但在工程实际中，如铁路和公路两侧的排水沟，给排水渠道，其输水能力的计算，常按明渠均匀流处理。本章将主要介绍明渠恒定均匀流和恒定非均匀流的水力特性和水力计算原理。

6.2　明渠均匀流

6.2.1　明渠均匀流的水力特性及其形成条件

均匀流动是指运动要素沿程不变的流动,它是明渠流动中最简单的流动形式。均匀流的流动规律是明渠水力设计的基本依据。明渠均匀流的主要水力特征包括以下两个方面:

①明渠均匀流过流断面的形状和尺寸、水深、流量、断面平均流速分布沿程保持不变。

②明渠均匀流的总水头线、测压管水头线和渠底线三者互相平行。均匀流的流线簇是一组与槽底平行的直线,由于水深沿程不变,水面线(即测压管水头线)与渠底线平行。又由于流速水头沿程不变,总水头与水面线平行,如图 6.1 所示。

因此,明渠均匀流的水力坡度 J、测压管水头线坡度 J_p 和渠底坡度 i 三者相等,即

$$J = J_p = i \tag{6.1}$$

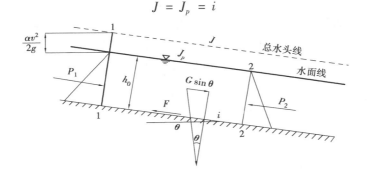

图 6.1　明渠均匀流

明渠均匀流是一种等速直线运动,没有加速度。在如图 6.1 所示的均匀流动中取断面1—1和断面2—2 之间的水体进行分析,作用在水体上的力有重力 G、阻力 F、两断面上的总压力 P_1 和 P_2。沿流向建立平衡方程,有

$$P_1 + G \sin \theta - F - P_2 = 0 \tag{6.2}$$

由于是均匀流动,其压强符合静水压强分布规律,水深又不变,所以 P_1 和 P_2 大小相等、方向相反,互相抵消。因而 $G \sin \theta = F$,即明渠均匀流动中促使水流运动的重力分量 $G \sin \theta$ 和阻碍水流运动的摩擦阻力 F 相平衡。从能量的观点来看,重力所做的功正好等于摩擦阻力所消耗的能量。

明渠水流作均匀流动时的水深,称为正常水深,用符号 h_0 表示。显然,当 $i \leq 0$ 时,渠中水深均不等于正常水深,不存在式(6.2)的平衡关系,该情形只可能出现在非均匀流。因此,明渠均匀流动只能在下述条件下发生:

①明渠水流是恒定的,流量沿程不变;

②渠槽是长直的棱柱形顺坡渠道;

③渠道表面粗糙系数沿程不变;

④沿程没有建筑物的局部干扰。

明渠均匀流由于种种条件的限制,往往难以完全实现,在渠槽中存在大量的非均匀流动。只有在顺直的正底坡棱柱形渠槽里且具有足够的长度时才有可能形成均匀流动。天然河道中

一般不容易形成均匀流,但对于某些顺直河道,可按均匀流动作近似计算。人工非棱柱形渠槽通常采用分段计算,在各段上按均匀流考虑,一般情况下也可以满足工程上的要求。因此,均匀流动理论是分析明渠水流的基础。

6.2.2　明渠均匀流的基本公式

明渠均匀流水力计算的基本公式是连续性方程(6.3)和谢才公式(6.4)

$$Q = Av \tag{6.3}$$

$$v = C\sqrt{RJ} \tag{6.4}$$

在明渠均匀流的情况下,水力坡度 J 等于槽底坡度 i,故谢才公式亦可写成

$$v = C\sqrt{Ri} \tag{6.5}$$

由此可得流量公式为

$$Q = Av = AC\sqrt{Ri} = K\sqrt{i} \tag{6.6}$$

式(6.6)为计算明渠均匀流输水能力的基本关系式,式中 $K = AC\sqrt{R}$,具有流量的量纲,称为流量模数。当渠道断面形状和粗糙系数一定时,K 是正常水深 h_0 的函数。C 为谢才系数,通常采用曼宁公式(6.7)或巴甫洛夫斯基公式(6.8)来确定,即

$$C = \frac{1}{n}R^{\frac{1}{6}} \tag{6.7}$$

$$C = \frac{1}{n}R^y \tag{6.8}$$

式中,$y = 2.5\sqrt{n} - 0.13 - 0.75\sqrt{R}(\sqrt{n} - 0.10)$。

从上述两个经验公式可以看出,谢才系数 C 是反映断面形状尺寸和粗糙程度的一个综合系数。它与水力半径 R 和粗糙系数 n 的值有关,而且 n 值的影响远远大于 R。如果在设计中选择的 n 值与实际相比偏大,将会加大断面尺寸,增加工程量,这样不仅造成浪费,而且可能使渠中实际流速大于设计值,引起土渠冲刷;反之,如果选择的 n 值偏小,将会是过流断面减小,不仅影响渠槽过流能力,造成渠槽漫溢,而且可能使渠中实际流速过小,引起渠道淤积。因此,正确选择粗糙系数 n 值是明渠均匀流计算中的一个关键问题。各种类型的人工渠槽和天然河道的粗糙系数 n 值可查表 4.1。

6.2.3　水力最优断面和允许流速

1)水力最优断面

从明渠均匀流的计算公式可知,明渠的输水能力取决于明渠断面的形状、尺寸、底坡和粗糙系数的大小。在设计渠道时,底坡一般依地形条件,粗糙系数取决于渠道的土质、护面材料及维护情况。当 i, n 和 A 一定的前提下,渠道输水能力最大的那种断面形状称为水力最优断面。

把曼宁公式代入式(6.6),有

$$Q = Av = AC\sqrt{Ri} = \frac{1}{n}AR^{\frac{2}{3}}i^{\frac{1}{2}} = \frac{1}{n}\frac{A^{\frac{5}{3}}i^{\frac{1}{2}}}{x^{\frac{2}{3}}}$$

上式表明,当 i,n 和 A 一定时,湿周 χ 越小,其过水能力越大。不难想象,当面积 A 一定时,边界最小的几何图形是圆形,即湿周最小。对于明渠,半圆形断面是水力最优的,但半圆形断面不易施工,仅在混凝土制作的渡槽等水工建筑物中使用。一般明渠为梯形断面,那么梯形断面有无水力最优的条件呢?

梯形断面的面积大小由底宽 b、水深 h 及边坡系数 m 决定,边坡系数取决于边坡稳定和施工条件,在已确定边坡系数的前提下,面积 $A=(b+mh)h$,则底宽

$$b = \frac{A}{h} - mh \tag{6.9}$$

而湿周 $\chi = b + 2h\sqrt{1+m^2}$,将式(6.9)代入,有

$$\chi = \frac{A}{h} - mh + 2h\sqrt{1+m^2} \tag{6.10}$$

根据水力最优断面的定义,若面积一定,则湿周应最小。对式(6.10)求导,解出极小值,即水力最优的条件。

$$\frac{\mathrm{d}\chi}{\mathrm{d}h} = -\frac{A}{h^2} - m + 2\sqrt{1+m^2} \tag{6.11}$$

再求二阶导数得 $\dfrac{\mathrm{d}^2\chi}{\mathrm{d}h^2} = 2\dfrac{A}{h^3} > 0$,二阶导数大于 0,这说明湿周存在极小值。令

$$-\frac{A}{h^2} - m + 2\sqrt{1+m^2} = 0 \tag{6.12}$$

把 $A=(b+mh)h$ 代入式(6.12),整理可得

$$\beta_h = \left(\frac{b}{h}\right)_h = 2(\sqrt{1+m^2} - m) \tag{6.13}$$

式中, b/h 称之为宽深比,加脚注 h 表示水力最优时的宽深比; β_h 是水力最优宽深比的符号, β_h 仅仅为边坡系数 m 的函数,也就是说,若 m 值确定后,按式(6.13)计算可得出宽深比的值,按此值设计的渠道断面是水力最优的。

矩形断面是梯形断面的一个特例,即 $m=0$,其水力最优的宽深比为 $\beta_h=(b/h)_h=2$,说明矩形渠道水力最优断面的底宽应是水深的 2 倍。在一般土渠中,边坡系数 m 一般大于 1,按式(6.13)解出的 β_h 都小于 1.0(见表 6.1),即梯形渠道的水力最优断面是窄深型的。按水力最优断面设计的渠道工程量虽小,但不便于施工和维护。所以水力最优不一定工程上最优,一般来讲,对于小型土渠可采用水力最优断面,因为它施工容易,维护相对简便,费用不高;无衬护的大中型渠道一般不用水力最优断面。实际工程中必须按工程造价、施工技术、输水要求及维护等诸方面条件综合比较,选定技术先进、经济合理的断面。

表 6.1　水力最优断面的宽深比

$m = \cot\alpha$	1.00	1.25	1.50	1.75	2.00	3.00
$\beta_h = (b/h)_h$	0.83	0.79	0.61	0.53	0.47	0.32

综上所述,水力最优是从水力学原理提出的,对明渠断面形状的确定,要依据工程实际进行分析。

2)允许流速

对于设计合理的渠道,除考虑过流能力和工程造价等因素外,还应保证渠道不被冲刷或淤积。因此设计流速不应大于允许流速 v',否则渠道将被冲刷。v' 是指渠道免遭冲刷的最大允许流速,简称不冲流速。相反,渠道中的流速也不要过小,否则悬浮的固体颗粒下沉造成淤积,或滋生杂草,v'' 是指渠道免遭淤积的最小允许流速,简称不淤流速。

渠道不冲流速的确定,取决于土质、渠道有无衬砌及衬砌的材料。设计时可参考表6.2、表6.3、表6.4或查有关水力手册。不淤流速的大小还与水流条件与挟沙特性等因素有关,设计时可查有关手册。

表 6.2　坚硬岩石和人工护面渠道的不冲允许流速

岩石或护面种类 ＼ $v'/(m \cdot s^{-1})$	流量/$(m^3 \cdot s^{-1})$		
	<1	1~10	>10
软质沉积岩(泥灰岩、页岩、软砾岩)	2.5	3.0	3.5
中等硬质沉积岩(致密砾岩、多孔石灰岩、层状石灰岩、白云石灰岩、灰质砂岩)	3.5	4.25	5.0
硬质水成岩(白云砂岩、硬质石灰岩)	5.0	6.0	7.0
结晶岩、火成岩	8.0	9.0	10.0
单层块石铺砌	2.5	3.5	4.0
双层块石铺砌	3.5	4.5	5.0
混凝土护面(水流不含砂和砾石)	6.0	8.0	10.0

表 6.3　黏性土质渠道的不冲允许流速

土　质	不冲流速/$(m \cdot s^{-1})$	说　明
轻壤土	0.6~0.8	(1)均质黏性土质渠道中各种土质的干重度为 1 300~1 700 kg/m³;
中壤土	0.65~0.85	(2)表中所列数据为水力半径 $R=1.0$ m 的情况。如 $R \neq 1.0$ m,则应将表
重壤土	0.70~1.0	中数值乘以 R^{α} 才得到相应的不冲允许流速值,对于砂,砂石。卵石、疏
黏土	0.75~0.95	松的壤土、黏土 $\alpha=1/4 \sim 1/3$,对于密实的壤土黏土 $\alpha=1/5 \sim 1/4$

表 6.4　无黏性均质土质渠道的不冲允许流速

土　质	粒径/mm	不冲流速/$(m \cdot s^{-1})$	土　质	粒径/mm	不冲流速/$(m \cdot s^{-1})$
细砂	0.05~0.25	0.17~0.40	中砾石	5.0~10.0	0.65~1.20
中沙	0.25~1.0	0.27~0.7	粗砾石	10.0~20.0	0.80~1.40
粗砂	1.0~2.5	0.46~0.8	小卵石	20.0~40.0	0.95~1.80
细砾石	2.5~5.0	0.53~0.95	中卵石	25.0~40.0	1.20~2.20

注:表中流速与水深有关,应用时查相关手册。

6.2.4　明渠均匀流的水力计算

输水工程中应用最广泛的是梯形断面渠道,现以梯形断面渠道为例,讨论明渠均匀流水力计算的基本问题。

对于梯形断面,各水力要素的关系可表述为:$Q = AC\sqrt{Ri} = f(m, n, h, b, i)$,此式中有 6 个变量,一般情况下,边坡系数 m、粗糙系数 n 可根据土质条件确定,其余 4 个变量再按工程条件预先确定 3 个变量,然后求解另一个变量。

1)校核渠道的输水能力

此类问题大多数是对已建工程进行校核性水力计算。已知渠道的断面尺寸、底坡、粗糙系数,求通过流量或断面平均流速。因为 6 个变量中有 5 个已知,即 m, b, h, i, n 确定,仅流量未知,可用式 $Q = AC\sqrt{Ri}$,直接求解流量,在计算时,A 以 m^2 计,χ 以 m 计。

【例 6.1】　一梯形断面土渠,通过流量 $Q = 1\ m^3/s$,底坡 $i = 0.005$,边坡系数 $m = 1.5$,糙率 $n = 0.025$,最大允许不冲流速 $v' = 1.2\ m/s$。试按允许流速及水力最佳条件,分别设计断面尺寸。

【解】　(1)按最大允许不冲流速 $v' = 1.2\ m/s$ 进行设计。

$$A = \frac{Q}{v'} = \frac{1}{1.2} = 0.83\ (m^2)$$

由

$$v' = \frac{i^{\frac{1}{2}}}{n} A^{\frac{2}{3}} \chi^{-\frac{2}{3}} = \frac{0.005^{\frac{1}{2}}}{0.025} \times 0.83^{\frac{2}{3}} \times \chi^{-\frac{2}{3}} = 1.2\ (m/s)$$

解得 $\chi \approx 3.0$ m,由梯形断面条件,得

$$A = (b + mh)h = bh + 1.5h^2 = 0.83\ (m^2)$$

$$\chi = b + 2h\sqrt{1 + m^2} = b + 3.61h = 3.0\ (m^2)$$

联立解上述两式得:$b_1 = -0.79$ m,$h_1 = 1.05$ m;$b_2 = 1.63$ m,$h_2 = 0.38$ m。第一组结果无意义,应舍去,故所得结果应为 $b = 1.63$ m,$h = 0.38$ m。

(2)按水力最佳条件进行设计。

由 $m = 1.5$ 和式 $\beta = \frac{b}{h} = 2(\sqrt{1 + m^2} - m)$,得宽深比 $\beta = 0.61$,即 $b = 0.61h$。

因

$$A = (b + mh)h = (0.61h + 1.5h)h = 2.11h^2$$

$$C = \frac{1}{n} R^{\frac{1}{6}}$$

而 $R = 0.5h$,故

$$Q = AC\sqrt{Ri} = \frac{i^{\frac{1}{2}}}{n} AR^{\frac{2}{3}} = \frac{0.005^{\frac{1}{2}}}{0.025} \times 2.11h^2 \times (0.5h)^{\frac{2}{3}} = 3.76h^{\frac{8}{3}} = 1\ (m^3/s)$$

解得 $h = 0.61$ m,$b = 0.37$ m。

校核:$A = 2.11h^2 = 0.79\ m^2$,$v = \frac{Q}{A} = \frac{1}{0.79} = 1.27\ m/s > v' = 1.2\ m/s$,故需采取适当的加固措施,否则会造成冲刷。

【例 6.2】　渠道全长为 588 m,断面为矩形,采用钢筋混凝土($n = 0.014$),通过流量 $Q =$

$25.6 \text{ m}^3/\text{s}$，底宽 $b = 5.1 \text{ m}$，水深 $h = 3.08 \text{ m}$。问此渠道底坡应为多少？并校核渠道流速是否满足通航要求(通航允许流速 $< 1.8 \text{ m/s}$)。

【解】 先计算渠道底坡 i。

$$R = \frac{A}{\chi} = \frac{5.1 \times 3.08}{5.1 + 2 \times 3.08} = 1.395 \text{ （m）}$$

$$C = \frac{1}{n} R^{\frac{1}{6}} = \frac{1}{0.014} \times 1.395^{\frac{1}{6}} = 75.5$$

$$K = AC\sqrt{R} = 5.1 \times 3.08 \times 75.5 \times \sqrt{1.395} = 1\,400 \text{ （m}^3/\text{s）}$$

则渠道的底坡

$$i = \frac{Q^2}{K^2} = \frac{25.6^2}{1\,400^2} \approx \frac{1}{3\,000}$$

渠道中的流速为

$$v = \frac{Q}{A} = \frac{25.6}{5.1 \times 3.08} = 1.63 (\text{m/s}) < 1.8 \text{ m/s}$$

渠道流速小于通航允许流速，满足通航要求。

【例6.3】 今有一梯形断面渠道的均匀流动，已知 $b = 10.0 \text{ m}$，$h = 2.0 \text{ m}$，$i = 0.001$，$m = 1.5$，$n = 0.033$，要求输水能力达到 $30.0 \text{ m}^3/\text{s}$，试校核该渠道的过流能力是否满足要求。

【解】 由已知条件可求出有关参数为：

$$A = (b + mh)h = (10 + 1.5 \times 2) \times 2 = 26.0 (\text{m}^2)$$

$$\chi = b + 2h\sqrt{1 + m^2} = 10 + 2 \times 2.0 \times \sqrt{1 + 1.5^2} = 17.21 (\text{m})$$

$$R = \frac{A}{\chi} = \frac{26.0}{17.21} = 1.51 (\text{m})$$

$$C = \frac{1}{n} R^{\frac{1}{6}} = \frac{1}{0.033} \times 1.51^{\frac{1}{6}} = 32.46 (\text{m}^{\frac{1}{2}}/\text{s})$$

$$Q = AC\sqrt{Ri} = 26.0 \times 32.46 \times \sqrt{1.51 \times 0.001} = 32.80 (\text{m}^3/\text{s})$$

因此，该渠道的过流能力大于 $30.0 \text{ m}^3/\text{s}$，满足要求。

2）确定渠道的底坡

此类问题相当于根据水文资料和地质条件确定了设计流量、断面形状、尺寸、粗糙系数 n 及边坡系数 m，即 6 个变量中有 5 个已知。设计渠道的底坡 i，可以利用式 $Q = K\sqrt{i}$ 求解，即

$$i = \frac{Q^2}{K^2} \tag{6.14}$$

对于这类问题，解法与例 6.3 类似，不需要进行试算。先分别确定出各参数，然后可用式(6.14)进行计算即可。

3）确定渠道断面尺寸

若根据水文资料及地质条件已确定流量 Q、底坡 i、边坡系数 m、粗糙系数 n，即 4 个变量已知，可能有多组解 (h, b) 满足方程式 $Q = f(m, n, h, b, i)$，一般要根据工程条件先确定 b 或 h，求解 h 或 b。

（1）确定渠道水深

若已确定渠道的底宽 b，将 $A = (b + mh)h$，$\chi = b + 2h\sqrt{1 + m^2}$，$R = A/\chi$，$C = \frac{1}{n} R^{\frac{1}{6}}$ 代入公式

$Q=AC\sqrt{Ri}$,整理可得 $Q=\dfrac{1}{n}\dfrac{\left[(b+mh)h\right]^{\frac{5}{3}}i^{\frac{1}{2}}}{\left(b+2h\sqrt{1+m^2}\right)^{\frac{2}{3}}}$,这是一个关于未知量 h 的高次方程,求解十分困难,可以用试算-图解法,即先假定一系列水深 h 值,代入上式求出流量 Q,然后绘制出 h-Q 的关系曲线,根据已知流量,在曲线上查出所要求的值。

【例6.4】 已知某发生均匀流动的梯形渠道中各参数为 $Q=50.0$ m^3/s,$b=8.0$ m,$i=0.0015$,$m=1.0$,$n=0.03$,试确定渠道水深 h。

【解】 可利用 Excel 采用试算-图解法列表进行求解。

第一步:假定 $h=2.0$ m,可分别计算得到

$$A=(b+mh)h=(8+1.0\times2)\times2=20.0(\text{m}^2)$$

$$\chi=b+2h\sqrt{1+m^2}=8+2\times2.0\times\sqrt{1+1}=13.66(\text{m})$$

$$R=\frac{A}{\chi}=\frac{20.0}{13.66}=1.46(\text{m})$$

$$C=\frac{1}{n}R^{\frac{1}{6}}=\frac{1}{0.03}\times1.46^{\frac{1}{6}}=35.52(\text{m}^{\frac{1}{2}}/\text{s})$$

$$Q=AC\sqrt{Ri}=20.0\times32.46\times\sqrt{1.46\times0.0015}=33.30(\text{m}^3/\text{s})$$

可见,试算的 Q 较题干值为小,需增加水深 h 进行计算。

第二步:取 $\Delta h=0.2$ m,令 $h_1=h+\Delta h=2.2$ m 重复以上计算,可得到 $Q_1=39.26$ m^3/s。

如此反复试算,可得到表6.5的参数值。

表6.5 数值计算表

h/m	A/m^2	χ/m	R/m	C/(m$^{1/2}\cdot$s^{-1})	$Q=AC\sqrt{Ri}$/(m$^3\cdot$s^{-1})
2.0	20.00	13.66	1.46	35.52	33.30
2.2	22.44	14.22	1.58	35.97	39.26
2.4	24.96	14.79	1.69	36.37	45.68
2.6	27.56	15.35	1.79	36.75	52.55
2.8	30.24	15.92	1.90	37.10	59.88
3.0	33.00	16.49	2.00	37.42	67.67

第三步:绘制 h-Q 关系曲线,如图6.2所示。

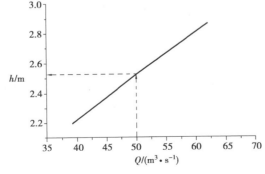

图6.2 h-Q 关系曲线

由曲线可以查出,当 $Q=50.0 \text{ m}^3/\text{s}$ 时,对应 $h=2.53 \text{ m}$。

(2)确定渠道底宽

已知渠道的设计流量 Q、水深 h、底坡 i、粗糙系数 n,求解底宽 b,此类问题与水深求解的方法类似,也要用试算-图解法。不同的是,假定底宽 b 的一系列值,求出各物理量,绘制 b-Q 关系曲线图,根据已知流量在曲线上查找对应的底宽 b。

6.3 明渠流动状态

6.3.1 微幅干扰波波速

明渠水流直接与大气相接触,具有自由表面,与有压流不同,具有自身的水流流态。一般明渠水流具有三种流态,即缓流、临界流和急流。在了解这三种流态之前,需要先学习微幅干扰波的波速。

设想在平静的湖面沿铅垂方向丢下一块石子,水面将产生一个微小波动,这个波动将以石子为中心,以一定的速度 v_w 向四周传播,在平面上将形成一系列的同心圆。这种在静水中传播的速度称为微幅干扰波波速。经证明,微幅干扰波波速表达式为

$$v_w = \sqrt{gh} \tag{6.15}$$

在水流流动情况下,根据水流流速与微波波速的关系即可确定水流的流动状态。

- 当 $v < v_w$ 时,微波能向上游传播,水流为缓流;
- 当 $v = v_w$ 时,微波波速等于水流速度,微波恰好不能向上游传播,水流为临界流;
- 当 $v > v_w$ 时,微波不能向上游传播,水流为急流。

对于临界流来说,水流断面平均流速恰好等于微波波速,即

$$v = v_w = \sqrt{gh}$$

将上式改写为

$$\frac{v}{\sqrt{gh}} = \frac{v_w}{\sqrt{gh}} = 1 \tag{6.16}$$

对 $\dfrac{v}{\sqrt{gh}}$ 作量纲分析可知,它是一个无量纲的数,称为弗劳德数,用符号 Fr 表示。对于临界流来说,弗劳德数恰好等于1。因此,也可以用弗劳德数来判别明渠水流的流动状态:

- 当 $Fr < 1$ 时,水流为缓流;
- 当 $Fr = 1$ 时,水流为临界流;
- 当 $Fr > 1$ 时,水流为急流。

弗劳德数是流体力学中一个非常重要的参数,其力学意义是代表水流惯性力和重力两种作用的对比关系。

6.3.2　断面单位能量与临界水深

1)断面单位能量

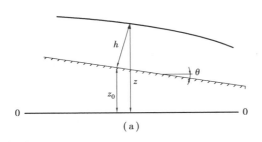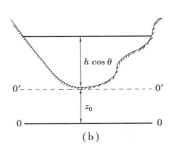

图 6.3　断面单位能量分析

如图 6.3 所示,在明渠渐变流的过水断面上,以 0—0 为基准面,其单位重力液体总的机械能为

$$E = z + \frac{p}{\rho g} + \frac{\alpha v^2}{2g} = z_0 + h\cos\theta + \frac{\alpha v^2}{2g} \tag{6.17}$$

式中,θ 为明渠底面与水平面的夹角。

在实际工程中 θ 较小,可近似认为 $\cos\theta \approx 1$,所以式(6.17)可改写为

$$E = z_0 + h + \frac{\alpha v^2}{2g} \tag{6.18}$$

如果让基准面通过该断面的最低点,那么,过水断面上单位重力液体具有的总机械能,称为断面单位能量(亦称断面比能),以 E_s 表示,则

$$E_s = E - z_0 = h + \frac{\alpha v^2}{2g} \tag{6.19}$$

或写成

$$E_s = h + \frac{\alpha Q^2}{2gA^2} \tag{6.20}$$

断面单位能量 E_s 和以前定义的单位重力流体的机械能 E 是不同的能量概念。单位重力流体的机械能 E 是相对于沿程同一基准面的机械能,其值必沿程减少。而断面单位能量 E_s 是以各自断面的最低点的基准面计算的,其值沿程可能增加也可能减少,只有在均匀流中,沿程不变。

对于梯形断面棱柱形渠道,由式(6.20)知,$E_s = h + \dfrac{\alpha Q^2}{2gA^2}$,因为 $A = (b + mh)h$,当 Q, b, m 一定时,$A = f(h)$,所以 $E_s = f(h)$。由式(6.20)可知,当 $h \to 0$ 时,$A \to 0$,$\dfrac{\alpha Q^2}{2gA^2} \to \infty$,所以 $E_s \to \infty$;而当 $h \to \infty$ 时,$A \to \infty$,$\dfrac{\alpha Q^2}{2gA^2} \to 0$,因此 $E_s \to h$,即 $E_s \approx h_0$。

以 E_s 为横坐标,h 为纵坐标,根据以上讨论,可绘出断面单位能量曲线,亦称比能曲线,如图 6.4 所示。

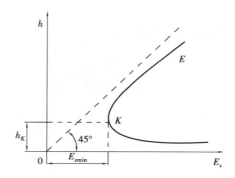

图 6.4　h-E_s 关系曲线

曲线上端与以坐标轴呈 45°角的直线渐进,下端与横轴为渐近线,该曲线有极小值,对应 K 点,断面单位能量最小。K 点把曲线分为上、下两半支,上支断面单位能量随水深增加而增加,即 $dE_s/ds > 0$;下支断面单位能量随水深减小而增大,即 $dE_s/ds < 0$,将式(6.20)对 h 求导,得

$$\frac{dE_s}{dh} = \frac{d}{dh}\left(h + \frac{\alpha Q^2}{2gA^3}\right) = 1 - \frac{\alpha Q^2}{gA^3}\frac{dA}{dh} \tag{6.21}$$

式中,$\dfrac{dA}{dh} = B$,B 为过水断面的水面宽度,如图 6.5 所示。

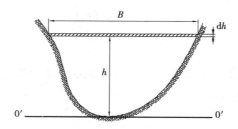

图 6.5　过流断面的水面宽度

$$\frac{dE_s}{dh} = 1 - \frac{\alpha Q^2 B}{gA^3} = 1 - \frac{\alpha v^2}{g\dfrac{A}{B}} = 1 - \frac{\alpha v^2}{gh_m} \tag{6.22}$$

取 $\alpha = 1.0$,式(6.22)可写成

$$\frac{dE_s}{dh} = 1 - F_r^2 \tag{6.23}$$

分析式(6.23)可知:对于缓流,$Fr < 1$,则 $dE_s/dh > 0$,对应为上半支,因此上半支为缓流;对于急流 $Fr > 1$,则 $dE_s/dh < 0$,对应为下半支,因此下半支为急流;对于临界流 $Fr = 1$,则 $dE_s/dh = 0$,对应为 K 点,因此 K 点为急流、缓流的分界点。

2)临界水深

从以上分析可知,K 点对应临界流,是断面单位能量最小值所对应的水深,称为临界水深,用 h_K 表示。满足临界水深的条件是 $dE_s/dh = 0$,由式(6.22)得

$$\frac{dE_s}{dh} = 1 - \frac{\alpha Q^2 B}{gA^3} = 0$$

把临界流对应的水力要素均加脚标 K,则有

$$\frac{\alpha Q^2}{g} = \frac{A_K^3}{B_K} \qquad (6.24)$$

式(6.24)为临界流的普通表达式,若给定流量和过水断面的形状、尺寸,可求解临界水深。

(1)矩形断面渠道临界水深的计算

将 $B_K = b$, $A_K = bh_K$ 代入式(6.24),则有 $\frac{\alpha Q^2}{g} = \frac{(bh_K)^3}{B_K} = b^2 h_K^3$,所以

$$h_K = \sqrt[3]{\frac{\alpha Q^2}{gb^2}} \qquad (6.25)$$

或改为

$$h_K = \sqrt[3]{\frac{\alpha q^2}{g}} \qquad (6.26)$$

式中,q 为单宽流量,即过水断面上单位宽度上通过的流量。

(2)梯形断面渠道临界水深的计算

梯形断面渠道 $A = (b + mh)h$,对于临界流方程式(6.24),A_K^3/B_K 是水深 h 的隐函数,直接求解十分困难,故通常用试算-图解法。其方法如下:对于给定的断面形状和尺寸以及边坡系数 m,假设一系列值,依次计算出相对应的过水断面面积 A,水面宽度 B,计算 A^3/B。横轴表示 A^3/B 值,纵轴为水深 h,A^3/B 与 h 值可连成曲线,如图 6.6 所示。由临界流方程可知,$\alpha Q^2/g$ 对应的点 K 即为临界流,K 点对应的水深即为临界水深 h_K。

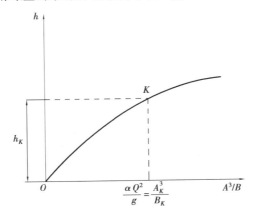

图 6.6　临界水深的计算

上述方法不仅适用于梯形断面渠道,同时也是用与各种类型的断面渠道。

综上所述,断面单位能量最小值 K 点,把断面单位能量曲线分为上支与下支,上支为缓流,下支为急流,K 点所对应的水深为临界水深,临界水深是可以计算的。那么,临界水深 h_K 又可成为判断急流、缓流的一个标准,即 $h > h_K$,缓流;$h = h_K$,临界流;$h < h_K$,急流。

6.3.3　临界底坡

设断面形状、尺寸一定的水槽,底坡 $i > 0$,流量恒定,水流为均匀流,具有一定的正常水深 h_0,若改变底坡的大小,但底坡总大于0,那么在每种情况下会得到一个正常水深,根据水深和

断面单位能量的变化,可以绘制与图6.2相类似的曲线。断面单位能量的最小值对应的水流是临界流,水深为h_K,相应的底坡称为临界底坡,记作i_K。相比之下,$i < i_K$对应的是缓流,此底坡称为缓坡;$i > i_K$对应的为急流,此底坡称为陡坡。也就是说,陡坡上形成急流,缓坡上的水流是缓流。请注意一点,临界底坡i_K的值是在流量、渠道断面形状尺寸一定的前提下确定的。流量、断面尺寸有一个量改变了,临界底坡的大小即随之改变。

综上所述,临界底坡i_K也是急流、缓流、临界流的判别标准:$i > i_K$,急流;$i = i_K$临界流;$i < i_K$,缓流。

在临界底坡上形成均匀流,要满足临界流方程式(6.24),即$\dfrac{\alpha Q^2}{g} = \dfrac{A_K^3}{B_K}$,同时还需满足均匀流基本方程式$Q = A_K C_K \sqrt{R_K i_K}$,联立上面两式可以解出

$$i_K = \frac{Q^2}{A_K^2 C_K^2 R_K} \tag{6.27}$$

$$i_K = \frac{g \chi_K}{\alpha C_K^2 B_K} \tag{6.28}$$

式中,C_K,R_K,B_K分别为渠道的临界水深所对应的谢才系数、水力半径、水面宽度。由式(6.27)和式(6.28)可知,临界底坡的大小仅与流量、断面形状、尺寸、粗糙系数有关,而与实际底坡i无关。因此,临界底坡也可认为是一个计算值,是一个标准,在实际工程中i_K并不一定出现。

6.4　水跃和水跌

6.4.1　水跃

明渠中的水流由急流状态过渡到缓流状态时,水流的自由表面会突然跃起,并且在表面形成旋滚,这种现象称为水跃。在闸、坝以及陡槽等泄水建筑物下游,常有此水力现象。如图6.7所示,由于形成表面旋滚,其底部为主流,水流紊动,流体质点互相碰撞,掺混强烈。旋滚与主流间质量不断交换,致使水跃段内有较大的能量损失。因此,常用水跃来消除泄水建筑物下游高速水流的巨大能量,即水跃常用于泄水建筑物下游的消能。

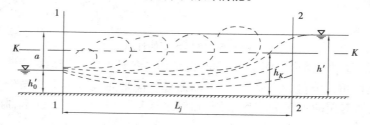

图6.7　水跃

水跃分为以下三种类型:

(1)弱水跃

跃前、跃后水深相差不大的水跃称为弱水跃。跃前段$Fr_1 = 1.7 \sim 2.5$,$h''/h' = 3 \sim 4$,如图6.8所示。

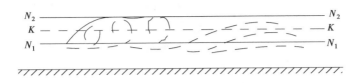

图 6.8　弱水跃

（2）波状水跃

跃前、跃后水深相差很小，$h''/h' = 2 \sim 3$，表面不形成旋滚，呈波状，$Fr_1 = 2.5 \sim 4.5$，如图 6.9 所示。

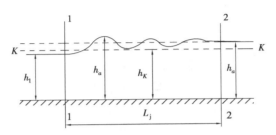

图 6.9　波状水跃

（3）稳定水跃（完整水跃）

跃前、跃后水深相差明显，$Fr_1 = 4.5 \sim 9.0$，$h''/h' = 6 \sim 12$，表面旋滚明显，如图 6.10 所示。

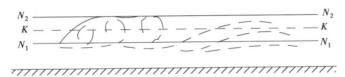

图 6.10　稳定水跃

现以平坡渠道上的完整水跃为例，建立水跃方程。因为水跃区内部水流十分紊乱，其阻力分布规律尚不清楚，不宜用能量方程。因为动量方程不涉及能量损失，所以可利用动量方程推导。渠道为棱柱形梯形断面，如图 6.11 所示，跃前水深为 h'，跃后水深为 h''，假设：

①水跃区内渠壁、渠底的摩阻力不大，略去不计；

②水跃区的前后两断面 1—1 及 2—2 为渐变流断面，作用在两断面上的动水压强符合静水压强分布规律；

③动量修正系数 $\beta_1 = \beta_2 = 1$。

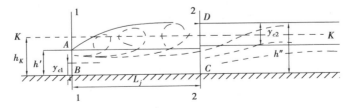

图 6.11　水跃计算

取 $ABCD$ 为控制体分析外力。对断面 1—1 作用有 $P_1 = \rho g y_{c1} A_1$，对断面 2—2 作用有 $P_2 =$

$\rho gy_{c2}A_2$，其中 y_c 为断面形心点坐标。重力沿水流方向分力为 0。在控制体 $ABCD$ 上，单位时间内动量的改变为 $\rho Q(\beta_2 v_2 - \beta_1 v_1)$，列出动量方程

$$\rho Q(\beta_2 v_2 - \beta_1 v_1) = \rho gy_{c1}A_1 - \rho gy_{c2}A_2 \tag{6.29}$$

由连续性方程 $v_1 = Q/A_1$，$v_2 = Q/A_2$ 代入上式得

$$\frac{\beta_1 Q^2}{gA_1} + A_1 y_{c1} = \frac{\beta_2 Q^2}{gA_2} + A_2 y_{c2} \tag{6.30}$$

当流量、断面形状、尺寸一定时，跃前、跃后断面面积 A 和形心点位置坐标仅为水深 h 的函数，方程式(6.30)的左右两边都是水深 h 的函数，用符号 $\theta(h)$ 表示，即

$$\theta(h) = \frac{Q^2}{gA} + Ay_c \tag{6.31}$$

于是式 (6.30)可写为

$$\theta(h') = \theta(h'') \tag{6.32}$$

式中，h' 与 h'' 为共轭水深，即水跃的跃前水深 h' 的函数值等于跃后水深 h'' 的函数值。所谓共轭，是指 h' 与 h'' 互相依存。式 (6.30)和式 (6.32)为棱柱形平坡渠道中完整水跃的基本方程，也适用于底坡很小的顺坡渠道中的水跃。

水跃函数 $\theta(h)$ 是水深的函数，当流量、断面形状尺寸一定时，给定 h，即可求出 A 和 y_c。由式 (6.31)可知：当 $h\to 0$，$A\to 0$，则 $\theta(h) = \dfrac{Q^2}{gA} + Ay_c \to \infty$；当 $h\to\infty$，$A\to\infty$，则 $\theta(h) = \dfrac{Q^2}{gA} + Ay_c \to\infty$。由于 $\theta(h)$ 是水深的连续函数，绘出其函数图形，如图(6.12)所示。当水跃形成时，$\theta(h') = \theta(h'')$，在 $\theta(h)$-h 曲线上，A 点对应跃前水深 h'，B 点对应跃后水深 h''，AB 两点的高差为跃高，$a = h'' - h'$。

如果把断面单位能量图绘在一起，可以看出，跃前水深 h' 对应的断面单位能量为 E_{s1}，跃后水深对应的断面单位能量 E_{s2}，显然，$E_{s1} > E_{s2}$，差值 ΔE_s 为水跃消耗的能量，水跃的消能效果是明显的。

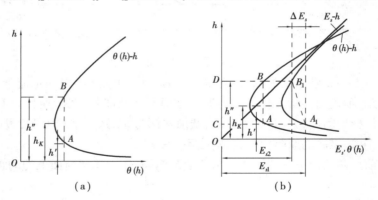

图 6.12　水跃函数曲线

在工程上，往往要求解跃前水深 h' 或跃后水深 h''，即共轭水深的计算。

①共轭水深的一般解法：

对于梯形断面渠道 $A = f(h)$，$y_c = f(h)$，因此，式(6.30)是一个复杂函数，不易直接求解，可采用试算-图解法进行求解。这种方法对其他断面形状的明渠也适用。

一般情况下，已知一个共轭水深 h'（或 h''）求解另一个共轭水深 h''（或 h'）。若已知 h'，即对 h'' 先假定一系列值，应用式 (6.30)计算出一系列 $\theta(h)$，以 $\theta(h)$ 为横坐标，以 h 为纵坐标，即可绘出 $\theta(h)$-h 关系曲线，应用式 (6.30)计算出水跃函数值 $\theta(h')$；因为 $\theta(h') = \theta(h'')$，由水跃函数值 $\theta(h')$ 可得到水跃函数值 $\theta(h'')$，其对应的 h'' 值即为所求。

②矩形断面棱柱体渠道共轭水深的解法：

对于矩形断面棱柱体渠道，$A = bh$，$y_c = \dfrac{h}{2}$，$q = \dfrac{Q}{b}$。将以上关系代入式（6.30），可得棱柱体矩形明渠的水跃方程为

$$\frac{q^2}{gh'} + \frac{h'^2}{2} = \frac{q^2}{gh''} + \frac{h''^2}{2} \qquad (6.33)$$

对上式进行简化可得

$$h'h''^2 + h'^2 h'' - \frac{2q^2}{g} = 0 \qquad (6.34)$$

上式为对称二次方程，解之可得

$$h'' = \frac{h'}{2}\left(\sqrt{1 + 8\frac{q^2}{gh'^3}} - 1\right) \qquad (6.35)$$

以及

$$h' = \frac{h''}{2}\left(\sqrt{1 + 8\frac{q^2}{gh''^3}} - 1\right) \qquad (6.36)$$

因为跃前断面的水流弗劳德数的平方为 $Fr'^2 = \dfrac{v'^2}{gh'} = \dfrac{q^2}{gh'^3}$，故式（6.35）又可表达为

$$h'' = \frac{h'}{2}\left(\sqrt{1 + 8Fr'^2} - 1\right) \qquad (6.37)$$

或

$$\eta = \frac{1}{2}\left(\sqrt{1 + 8Fr'^2} - 1\right) \qquad (6.38)$$

式中，$\eta = \dfrac{h''}{h'}$ 称为共轭水深比。

6.4.2　水跌

在上游缓坡渠道和下游陡坡渠道的相接处或缓坡渠道的末端有一跌坎，会出现水面急剧降落，这种从缓流到急流过渡的局部水力现象，称为水跌（也称为跌水），如图 6.13 所示。

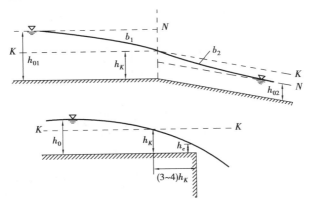

图 6.13　水跌

从图中可以看出,底坡变大或下游有跌坎,阻力减小,在重力作用下水流加速运动。实验证明,矩形断面渠道 $0.67 < h_e/h_K < 0.73$,水深为 h_K 的断面距跌坎的距离约为 $(3 \sim 4)h_K$。对于缓坡与陡坡相接的渠道(图6.13),水面曲线上游趋近均匀流水深 h_{01},而下游趋近于均匀流水深 h_{02},在两底坡相接处水深为临界水深 h_K。

6.5 明渠非均匀渐变流水面曲线的计算

如图6.14所示,取明渠恒定非均匀渐变流中一微分段 ds,1—1断面水深为 h,渠底高程为 z_0,断面平均流速为 v;2—2断面水深为 $h+dh$,渠底高程为 z_0+dz_0,断面平均流速为 $v+dv$。

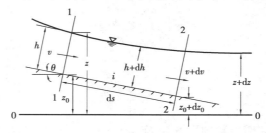

图6.14 非均匀渐变流

对此微分段1—1断面和2—2断面建立能量方程

$$z_0 + h\cos\theta + \frac{\alpha_1 v^2}{2g} = (z_0 + dz_0) + (h + dh)\cos\theta + \frac{\alpha_2(v+dv)^2}{2g} + dh_j + dh_f \quad (6.39)$$

令 $\alpha_1 = \alpha_2 = \alpha$,而

$$\frac{\alpha(v+dv)^2}{2g} = \frac{\alpha(v^2 + 2vdv + dv^2)^2}{2g} \approx \frac{\alpha(v^2 + 2vdv)^2}{2g} = \frac{\alpha v^2}{2g} + d\left(\frac{\alpha v^2}{2g}\right)$$

式中,dh_f 为沿程水头损失;dh_j 为局部损失,$dh_j = \zeta\left(\dfrac{v^2}{2g}\right)$。

因 $z_0 - ids = z_0 + dz_0$,$dz_0 = -ids$,故式(6.39)可写为

$$ids = dh\cos\theta + (\alpha + \zeta)d\left(\frac{v^2}{2g}\right) + dh_f \quad (6.40)$$

若明渠底坡较小($i < 0.1$),$\theta < 6°$,取 $\cos\theta \approx 1.0$,即水深可取其铅垂方向,忽略局部水头损失,上式可简化为

$$-ids + dh + d\left(\frac{v^2}{2g}\right) + dh_f = 0 \quad (6.41)$$

用 ds 除式(6.41),得

$$-i + \frac{dh}{ds} + \frac{d}{ds}\left(\frac{v^2}{2g}\right) + \frac{dh_f}{ds} = 0 \quad (6.42)$$

又

$$\frac{d}{ds}\left(\frac{\alpha v^2}{2g}\right) = \frac{d}{ds}\left(\frac{\alpha Q^2}{2gA^2}\right) = -\frac{\alpha Q^2}{gA^3}\left(\frac{\partial A}{\partial h}\frac{dh}{ds} + \frac{\partial A}{\partial s}\right) = -\frac{\alpha Q^2}{gA^3}\left(B\frac{dh}{ds} + \frac{\partial A}{\partial s}\right) \quad (6.43)$$

因 $A = f(h,s)$,即 A 是 h,s 的隐函数,故对面积 A 求导,先对水深 h 求导,再对 s 求导,$\dfrac{\partial A}{\partial h} = B$,$B$

是水面宽度,对于棱柱形渠道 $A = f(h)$,即 A 仅是水深 h 的函数,即 $\dfrac{\partial A}{\partial s} = 0$,则式(6.43)为

$$\frac{\mathrm{d}}{\mathrm{d}s}\left(\frac{\alpha v^2}{2g}\right) = -\frac{\alpha Q^2 B}{gA^3} \cdot \frac{\mathrm{d}h}{\mathrm{d}s} \tag{6.44}$$

而 $\dfrac{\mathrm{d}h_\mathrm{f}}{\mathrm{d}s} = J_p \approx J$,对微分段水头损失按均匀流处理,$i = J$,则

$$\frac{\mathrm{d}h_\mathrm{f}}{\mathrm{d}s} = J = \frac{Q^2}{K^2} = \frac{Q^2}{A^2 C^2 R} \tag{6.45}$$

将式(6.44)和式(6.45)代入式(6.42),得

$$\frac{\mathrm{d}h}{\mathrm{d}s} = \frac{i - \dfrac{Q^2}{K^2}}{1 - \dfrac{\alpha Q^2 B}{gA^3}} \tag{6.46}$$

　　式(6.46)为底坡较小的明渠恒定非均匀渐变流的基本微分方程,反映明渠渐变流水面线的变化规律,对其积分可以计算水面线。

　　在天然河道中,用水位的变化来反映非均匀流变化规律更加方便,因此当应用基本微分方程式探讨天然河道水流问题时,需要导出水位沿流程的变化关系。

　　由图 6.14 可知,$z = z_0 + h\cos\theta$,有

$$\mathrm{d}z = \mathrm{d}z_0 + \cos\theta \cdot \mathrm{d}h$$

又有 $z_0 - i\mathrm{d}s = z_0 + \mathrm{d}z_0$,即 $\mathrm{d}z_0 = -i\mathrm{d}s$,可得 $\mathrm{d}z = -i\mathrm{d}s + \cos\theta \cdot \mathrm{d}h$,因而

$$\cos\theta \cdot \mathrm{d}h = \mathrm{d}z + i\mathrm{d}s \tag{6.47}$$

将式(6.47)代入方程式(6.41),并除以 $\mathrm{d}s$,有

$$-\frac{\mathrm{d}z}{\mathrm{d}s} = (\alpha + \zeta)\frac{\mathrm{d}}{\mathrm{d}s}\left(\frac{v^2}{2g}\right) + \frac{\mathrm{d}h_\mathrm{f}}{\mathrm{d}s} \tag{6.48}$$

　　式(6.48)即是用水位沿流程变化来表示的非均匀渐变流基本微分方程,对其积分即可得到解析解,但因积分十分困难,只能采用近似解法。这里仅介绍逐段试算法。这种方法不受明渠形式的限制,对棱柱体及非棱柱体明渠均适用。

　　对于渐变流,因局部损失很小,可以忽略,取 $\alpha = 1$,可将式(6.42)改写为

$$\mathrm{d}\left(h + \frac{v^2}{2g}\right) = \left(i - \frac{Q^2}{K^2}\right)\mathrm{d}s$$

或

$$\frac{\mathrm{d}E_s}{\mathrm{d}s} = i - \frac{Q^2}{K^2} = i - J \tag{6.49}$$

式中,E_s 为断面比能,$E_s = h + \dfrac{v^2}{2g} = h + \dfrac{Q^2}{2gA^2}$;$K = AC\sqrt{R}$;$J = \dfrac{Q^2}{K^2} = \dfrac{v^2}{C^2 R}$。

　　在实际计算中,需要将式(6.49)写成差分格式。对于每一较短流段 ΔS,将水力坡度 J 用流段内平均水力坡度 $\overline{J}$ 代替,则有

$$\Delta S = \frac{\Delta E_s}{i - \overline{J}} = \frac{E_{sd} - E_{su}}{i - \overline{J}} \tag{6.50}$$

式中,ΔS 为所取流段长度,ΔE_s 为所取流段断面比能差值,i 为渠道底坡,$\overline{J}$ 为所取流段两段间

平均水力坡度。

式(6.50)为逐段试算法的计算公式,由已知水深为起始断面,设为第一断面水深,通过上式计算出 ΔS;然后再设第二断面水深,以此类推,进行计算。分段越多,则精度越高。

本章小结

(1)明渠均匀流是一种理想化的等深、等速流动,其水力特点是各项坡度皆相等,$J = J_p = i$。明渠均匀流的水力计算的基本公式为谢才公式和曼宁公式。水力最优断面在工程实际中应用广泛,体现过流能力与材料用量之间的关系。

(2)明渠水流可分为缓流、急流和临界流三种运动状态。缓流:$v < v_w$,或 $Fr < 1$,或 $h > h_K$;急流:$v > v_w$,或 $Fr > 1$,或 $h < h_K$。

对于均匀流还可以用临界低坡判别运动状态。缓流:$i < i_K$;急流:$i > i_K$。

(3)断面比能是指以通过该断面的最低点的基准面计算的机械能,对于棱柱形渠道,当流量一定时,断面比能只随水深变化。

(4)水跃与水跌是明渠水流状态转变过程中,水流升降变化的急变流现象:急流→缓流,水跃;缓流→急流,水跌。水跃与水跌是工程中常常出现的水力现象,尤其在消能设计中具有重要的应用。

(5)棱柱形渠道非均匀渐变流微分方程

$$\frac{\mathrm{d}h}{\mathrm{d}s} = \frac{i - J}{1 - Fr^2}$$

是定性分析水面曲线的理论基础。实际河道水位计算、水库回水曲线、洪水淹没线等大量工程实际问题,均可归结于明渠非均匀渐变流水面曲线的计算问题。

习 题

6.1 已知一矩形断面排水暗沟的设计流量 $Q = 0.6 \text{ m}^3/\text{s}$,断面宽 $b = 0.8 \text{ m}$,壁面粗糙系数 $n = 0.014$(砖砌护面),若断面水深 $h = 0.4 \text{ m}$,问此排水沟的底坡 i 应为多少?

6.2 一石渠的边坡系数 $m = 0.1$,糙率 $n = 0.020$,底宽 $b = 4.3 \text{ m}$,水深 $h = 2.75 \text{ m}$,底坡 $i = 1/2\,000$,求流速和流量。

6.3 为测定某梯形断面渠道的糙率 n 值;选取 $l = 150 \text{ m}$ 长的均匀流段进行测量。已知渠底宽度 $b = 10 \text{ m}$,边坡系数 $m = 1.5$,水深 $h_0 = 3.0 \text{ m}$,两断面的水面高差 $\Delta z = 0.3 \text{ m}$,流量 $Q = 50 \text{ m}^3/\text{s}$,试计算 n 值。

6.4 有一梯形断面明渠,已知 $Q = 2 \text{ m}^3/\text{s}$,$i = 0.001\,6$,$m = 1.5$,$n = 0.02$,若允许流速 $v' = 1.0 \text{ m/s}$,试决定此明渠的断面尺寸。

6.5 试证明:(1)水利最优的梯形断面水力半径 $R = h/2$;(2)给定过水断面面积 A、边坡系数 $m = 1/\sqrt{3}(\alpha = 60°)$ 的梯形水力最优断面的湿周最小。

6.6 有一个梯形断面的农田灌溉渠道,通过的流量为 $Q = 8 \text{ m}^3/\text{s}$,渠底宽 $b = 2 \text{ m}$,边坡系数 $m = 1.5$,粗糙系数 $n = 0.022$,底坡 $i = 0.002\,5$。渠道不淤的最小允许流速为 $v_{\min} = 0.5 \text{ m/s}$,不冲的最大允许流速为 $v_{\max} = 2.0 \text{ m/s}$。试问:(1)渠中的正常水深 h_0 是多少?(2)渠中的水流

速度是否在允许范围内?

6.7 某矩形断面渠道,已知通过渠中流量 $Q = 12 \ m^3/s$,渠底宽 $b = 4 \ m$。试求:(1)渠中临界水深和断面比能;(2)当渠中实际水深 $h = 2.5 \ m$,试从不同角度判别渠中水流的形态(至少用 4 种方法)。

6.8 一矩形断面渠道,宽度 $b = 5 \ m$,通过流量 $Q = 17.25 \ m^3/s$,求此渠道水流的临界水深 h_K(设 $\alpha = 1.0$)。

6.9 有一梯形断面渠道,底宽 $b = 6 \ m$,边坡系数 $m = 2.0$,糙率 $n = 0.0225$,通过流量 $Q = 12 \ m^3/s$,求临界底坡 i_K。

6.10 试证明:对于水力最优的梯形断面临界坡度渠道,当水深趋于正常水深时,$\dfrac{dh}{ds} = \dfrac{16}{15}i$。

6.11 某山区河流,在一跌坎处形成瀑布,过流断面近似矩形,今测得跌坎顶上的水深 $h = 1.2 \ m$(认为 $h_K = 1.25 \ h$),断面宽度 $b = 11.0 \ m$,试估算此时所通过的流量 Q(α 以 1.0 计)。

6.12 有一底宽为 12 m 的矩形断面平坡渠道中发生水跃,已知渠底高程为 120.43 m,流量 $Q = 60 \ m^3/s$,测得跃后水位为 123.5 m,试求水跃中单位体积水体所消耗的能量和消能率。

6.13 一顺坡明渠渐变段,长 $l = 1 \ km$,全流段平均水力坡度 $\bar{J} = 0.001$。若把基准面取在末端过流断面底部以下 0.5 m,则水流在起始断面的总能量 $E_1 = 3 \ m$。求末端断面水流所具有的断面单位能量 E_{s2}。

_7 堰　流

本章导读：

● **基本要求**　掌握堰流的基本分类；了解堰流的基本特征；掌握堰流的基本公式及其应用和水力计算方法。

● **重点**　堰流基本计算公式的推导；薄壁堰、实用堰及宽顶堰的水力计算方法；流量系数、淹没系数的确定。

● **难点**　堰流计算公式的推导；各种堰型流量系数、淹没系数的取值方法。

在水利工程中，为了泄水或引水，要修建水闸或溢流坝等建筑物，以控制河流或渠道的水位及流量。当建筑物顶部闸门部分开启，水流从建筑物与闸门下缘间的孔口流出，称这种水流现象为闸孔出流，如图 7.1(a)和(b)所示。当闸门全部开启，闸门对水流无约束时，水流从建筑物顶部(溢流坝、闸底板)自由下泄，称此种水流为堰流，如图 7.1(c)和(d)所示。在交通工程中，往往在河道或渠道上建桥或涵洞，水流受桥墩或涵洞的控制，也形成堰流。堰流是一种常见的水流现象，在水利工程、土木工程、给水排水工程中有广泛的应用。

堰流与闸孔出流水流现象不同：堰流水面线为光滑降水曲线；而闸孔出流由于水流受闸门的约束，闸孔上下游水面是不连续的。因此，堰流与闸孔出流的水流特征与过流能力也不相同。

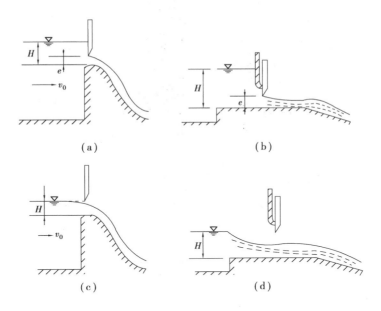

图 7.1　闸孔出流和堰流

7.1　堰流及其特征

7.1.1　堰流的分类

如图 7.2 所示,无压缓流经障壁溢流时,上游水位壅高,而后水面跌落的局部水流现象统称为堰流。

按堰的厚度 δ 与堰上水头 H 的关系,可把堰分为以下三种类型。

(1)薄壁堰

如图 7.2(a)所示,当 $\delta/H < 0.67$ 时,水流经过堰顶时水舌下缘仅与堰顶的边线相接触,堰厚度对堰流的性质无影响。薄壁堰的堰口可以是三角形、矩形、梯形,因其水流平稳,常用作量水设备。

(2)实用堰

当 $0.67 < \delta/H < 2.5$ 时,为了使堰在结构上稳定,往往要把堰加厚,这样水舌下缘与堰顶水面接触,水流受堰顶约束。工程上常用的堰有曲线形堰[图 7.2(b)]和折线形堰。实用堰因其结构上稳定,常用于挡水建筑物。

(3)宽顶堰

当 $2.5 < \delta/H < 10$ 时,堰厚度对水流顶托作用明显。宽顶堰还分为有坎宽顶堰[图 7.2(c)]和无坎宽顶堰。小桥下水流由于受到桥墩阻碍,上游水位壅高,下游水面跌落,也属无坎宽顶堰。

此外,若 $B = b$,称其为无侧收缩堰;若 $b < B$,则称其为侧收缩堰。

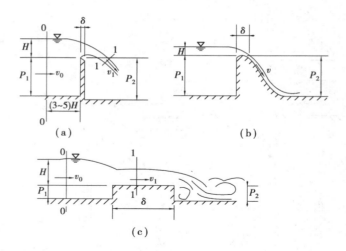

图 7.2　各种类型的堰流

7.1.2　堰流的基本公式

堰的种类较多,但其水流特征相似,都是上游水位壅高,下游水面跌落,故各类堰流的基本公式可统一表示。下面以薄壁堰为例(图 7.3),利用能量方程建立堰流基本公式。

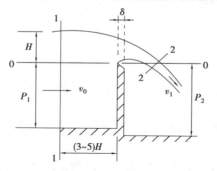

图 7.3　薄壁堰溢流

取通过堰顶的水平面为基准面 0—0,1—1 为上游过流断面,下游断面为水舌中心与基准面 0—0 交界面上的过流断面 2—2,列出能量方程,有

$$H + \frac{p_a}{\rho g} + \frac{\alpha_0 v_0^2}{2g} = \overline{\left(z_2 + \frac{p_2}{\rho g}\right)} + \frac{\alpha_2 v_2^2}{2g} + h_{w1-2} \tag{7.1}$$

因为断面 2—2 上水流弯曲,属急变流,常用测压管水头的平均值 $\overline{\left(z + \frac{p}{\rho g}\right)}$ 表示,p_a 为大气压强,相对压强为 0,h_{w1-2} 为局部水头损失,可用 $\zeta \dfrac{v_2^2}{2g}$ 表示,式(7.1)可写为

$$H + \frac{\alpha_0 v_0^2}{2g} = \overline{\left(z_2 + \frac{p_2}{\rho g}\right)} + (\alpha + \zeta)\frac{v_2^2}{2g} \tag{7.2}$$

令 $H + \dfrac{\alpha_0 v_0^2}{2g} = H_0$,其中 $\dfrac{\alpha v_0}{2g}$ 为行近流速水头,H_0 为全水头。又因为 $\overline{\left(z_2 + \frac{p_2}{\rho g}\right)}$ 与堰上全水头 H_0 的

大小有关，令 $\overline{\left(z_2 + \dfrac{p_2}{\rho g}\right)} = \zeta H_0$（$\xi$ 为一修正系数），上式可写为

$$H_0 - \xi H_0 = (\alpha + \xi) \frac{v^2}{2g} \tag{7.3}$$

则

$$v = \frac{1}{\sqrt{\alpha + \xi}} \sqrt{2g(H_0 - \xi H_0)} \tag{7.4}$$

因为堰顶过流断面一般为矩形，设堰宽为 b，水舌厚度与 H_0 有关，用 KH_0 表示（K 反映水舌垂直收缩），则通过的流量为

$$Q = KH_0 bv = KH_0 b \frac{\sqrt{2gH_0(1 - \xi)}}{\sqrt{\partial + \xi}} = \varphi K \sqrt{1 - \xi} b \sqrt{2g} H_0^{3/2} \tag{7.5}$$

式中，$\varphi = \dfrac{1}{\sqrt{\alpha + \xi}}$，$\varphi$ 为流速系数，令 $\varphi K \sqrt{1 - \xi} = m$（$m$ 为流量系数），则

$$Q = mb \sqrt{2g} H_0^{3/2} \tag{7.6}$$

式（7.6）为堰流流量计算的基本公式。影响流量系数的主要因素有 φ, K, ξ，即 $m = f(\varphi, K, \xi)$，因此，堰的类型不同，流量系数 m 也不相同。如果有侧向收缩，可在公式中加侧收缩系数 ε；若下游水深超过堰顶（即 $h_s > 0$），并且下游水深对水舌有顶托作用而形成淹没出流，则加淹没系数 σ_s。综合考虑以上因素，可将上式写为更一般的表达形式

$$Q = \varepsilon \sigma_s mb \sqrt{2g} H_0^{3/2} \tag{7.7}$$

7.2　薄壁堰

1）矩形堰

堰口形状为矩形的薄壁堰，称为矩形堰。图 7.4 所示为经无侧收缩、自由式、水舌下通气的矩形薄壁正堰（也称为完全堰）的溢流，是根据巴赞（Bazin）的实测数据用水头 H 作为参数绘制的。实验表明，当 $\delta/H < 0.67$ 时，堰顶厚度不影响堰流的性质，这正是薄壁堰的水力特点。

由于薄壁堰主要用作量水设备，故用式（7.6）较为方便。水头 H 在堰板上游大于 $3H$ 的地方量测。若流量系数 m 已知，可直接迭代求解。考虑到实测的是 H，而公式中为 H_0，含有行近流速水头，因此，应用时常采用以下形式进行。

$$Q = m_0 b \sqrt{2g} H^{3/2} \tag{7.8}$$

式中，m_0 的数值为 $0.42 \sim 0.50$，可采用雷布克（Rehbock）公式计算。

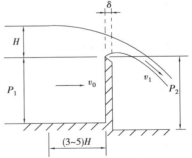

图 7.4　矩形薄壁堰溢流

$$m_0 = 0.403 + 0.053 \frac{H}{p_1} + \frac{0.000\,7}{H} \tag{7.9}$$

式中，H 单位为 m。公式适用范围：$0.10\ \text{m} < p_1 < 1.0\ \text{m}$，$2.4\ \text{cm} < H < 60\ \text{cm}$，$H/p_1 < 1$。

2）三角堰与梯形堰

当实测流量较小（$Q < 0.1\ \text{m}^3/\text{s}$）时，矩形堰的水舌很薄，受表面张力影响可能形成贴壁水

流而不稳定,从而影响测量精度。为克服这个问题,可将堰口形状做成三角形或梯形,称为三角堰或梯形堰,如图 7.5 所示。

三角堰的流量公式为

$$Q = MH^{2.5} \tag{7.10}$$

当 $\theta = 90°$,$H = 0.05 \sim 0.25$ m 时,其流量计算公式为

$$Q = 0.015\ 4H^{2.47} \tag{7.11}$$

式中,H 为堰上水头,单位为 cm;流量单位为 L/s。

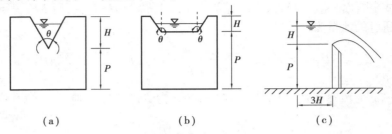

<table>
<tr><td>(a)</td><td>(b)</td><td>(c)</td></tr>
</table>

图 7.5　三角堰和梯形堰溢流

当流量大于三角堰量程(约 50 L/s)而又不能用无侧收缩矩形堰时,常采用梯形堰。梯形堰实际上是矩形堰(中间部分)和三角堰(两侧部分合成)的组合堰。因此,梯形堰流量为两堰流量之和,即

$$Q = m_0 b \sqrt{2g} H^{1.5} + MH^{2.5} \tag{7.12}$$

令 $m_t = m_0 + \dfrac{MH}{\sqrt{2g}b}$,可得

$$Q = m_t b \sqrt{2g} H^{1.5} \tag{7.13}$$

实验研究表明,当 $\theta = 14°$ 时,流量系数 m_t 不随 H 及 b 变化,约为 0.42。

利用薄壁堰作为量水设备时,一般不宜在淹没条件下工作,且测量水头 H 的位置必须在堰板上游 $3H$ 或更远。为减小水面波动,提高量测精度,在堰槽上一般还应设置整流栅。

7.3　宽顶堰

宽顶堰流是实际工程中极为常见的水流现象。例如,桥墩的过水,无压短涵管的过水,水利工程中的节制闸、分洪闸、泄水闸,灌溉工程中的进水闸、分水闸、排水闸等,当闸门全开时都具有宽顶堰的水力特性。宽顶堰与水工建筑物的设计有着密切的关系,在实际工程中得到了广泛的应用。

宽顶堰水流现象复杂,根据其特点可将计算概化为自由式和淹没式,如图 7.6 所示。

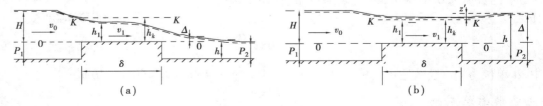

<table>
<tr><td>(a)</td><td>(b)</td></tr>
</table>

图 7.6　宽顶堰溢流

1)自由式无侧收缩宽顶堰

自由式宽顶堰流在进口不远处形成一收缩水深 h_1(即水面第一次降落),此收缩水深 h_1 小于堰顶断面的临界水深 h_k,然后形成流线近似平行于堰顶的渐变流,最后在出口(堰尾)水面再次下降(水面第二次降落),如图 7.6(a)所示。

自由式无侧收缩宽顶堰的流量计算可采用堰流基本公式(7.6),即

$$Q = mb\sqrt{2g}H_0^{3/2}$$

式中,流量系数 m 与堰的进口形式以及堰的相对高度 p/H 等有关,可按经验公式计算。

对于直角边缘进口

$$m = \begin{cases} 0.32 & (p/H > 3.0) \\ 0.32 + 0.01\dfrac{3 - \dfrac{p}{H}}{0.46 + 0.75\dfrac{p}{H}} & (0 \leq p/H \leq 3.0) \end{cases} \tag{7.14}$$

对于圆角边缘进口($r/H \geqslant 0.2$, r 为圆进口圆弧半径)

$$m = \begin{cases} 0.36 & (p/H > 3.0) \\ 0.36 + 0.01\dfrac{3 - \dfrac{p}{H}}{0.46 + 1.5\dfrac{p}{H}} & (0 \leq p/H \leq 3.0) \end{cases} \tag{7.15}$$

根据理论推导,宽顶堰的流量系数最大不超过 0.385。因此,宽顶堰的流量系数 m 的变化范围,应为 0.32 ~ 0.385。

2)淹没式无侧收缩宽顶堰

自由式宽顶堰堰顶上的水深 h_1 小于临界水深 h_k,即堰顶上的水流为急流。当下游水位低于坎高(即 $\Delta < 0$)时,下游水流不会影响堰顶上水流的性质。因此, $\Delta > 0$ 是下游水位影响堰顶上水流的必要条件,即 $\Delta > 0$ 是形成淹没式堰的必要条件。形成淹没式堰的充分条件是堰顶上水流因下游水位影响由急流转变为缓流。但是由于堰壁的影响,堰下游水流情况复杂,因此使其发生淹没水跃的条件也较复杂。目前用理论分析来确定淹没充分条件尚有困难,工程实际中一般采用实验资料来加以判别。通过实验,可以认为淹没式宽顶堰的充分条件是

$$\Delta = h - p_2 \geqslant 0.8H_0 \tag{7.16}$$

淹没式无侧收缩宽顶堰的流量计算公式为

$$Q = \sigma mb\sqrt{2g}H_0^{1.5} \tag{7.17}$$

式中,淹没系数 σ 是 Δ/H_0 的函数,其实验结果如表 7.1 所示。

表 7.1 宽顶堰的淹没系数

Δ/H_0	0.80	0.81	0.82	0.83	0.84	0.85	0.86	0.87	0.88	0.89
σ	1.00	0.995	0.99	0.98	0.97	0.96	0.95	0.93	0.90	0.87
Δ/H_0	0.90	0.91	0.92	0.93	0.94	0.95	0.96	0.97	0.98	
σ	0.84	0.82	0.78	0.74	0.70	0.65	0.59	0.50	0.40	

3)侧收缩宽顶堰

如果有侧向收缩,则称此类堰为侧收缩宽顶堰。水流流进堰后,在侧壁发生分离,使堰流的

过面宽度实际小于堰宽,增加了局部水头损失。若用侧收缩系数 ε 考虑上述影响,则自由式侧收缩宽顶堰的流量公式为

$$Q = \varepsilon m b \sqrt{2g} H_0^{1.5} \tag{7.18}$$

式中,侧收缩系数 ε 可用经验公式计算:

$$\varepsilon = 1 - \frac{a}{\sqrt[3]{0.2 + \dfrac{P_1}{H}}} \sqrt[4]{\frac{b}{B}}\left(1 - \frac{b}{B}\right) \tag{7.19}$$

式中,a 为墩形系数:直角边缘时 $a = 0.19$,圆角边缘时 $a = 0.1$。

若为淹没式侧收缩宽顶堰,其流量公式只需在式(7.18)右端乘以淹没系数 σ 即可,即

$$Q = \sigma \varepsilon m b \sqrt{2g} H_0^{1.5} \tag{7.20}$$

【例 7.1】 有一矩形宽顶堰,坎高 $P_1 = P_2 = 1$ m,堰顶水头 $H = 2$ m,堰宽 $b = 2$ m,引水渠宽 $B = 3$ m,下游水深 $h_t = 1$ m。求泄流量 Q。

【解】 因 $B > b$,故该堰为有侧收缩堰。又堰顶以上的下游水深 $h_y = h_t - P_2 = 1 - 1 = 0$,故为自由出流,$\sigma = 1$。由公式(7.19)可得,边墩为矩形边缘,$a = 0.19$。

$$\varepsilon = 1 - \frac{a}{\sqrt[3]{0.2 + \dfrac{P_1}{H}}} \sqrt[4]{\frac{b}{B}}\left(1 - \frac{b}{B}\right) = 1 - \frac{0.19}{\sqrt[3]{0.2 + \dfrac{1}{2}}} \sqrt[4]{\frac{2}{3}}\left(1 - \frac{2}{3}\right) = 0.935\ 5$$

由已知条件,$\dfrac{P_1}{H} = \dfrac{1}{2} = 0.5 < 3$,按式(7.14)计算 m,有

$$m = 0.32 + 0.01 \frac{3 - \dfrac{P_1}{H}}{0.46 + 0.75 \dfrac{P_1}{H}} = 0.32 + 0.01 \times \frac{3 - 0.5}{0.46 + 0.75 \times 0.5} = 0.349\ 9$$

若取 $v_0 = 0$,则有 $H_0 = H = 2$ m,得

$$Q = \varepsilon \sigma m b \sqrt{2g} H_0^{\frac{3}{2}} = 0.935\ 5 \times 1 \times 0.349\ 9 \times 2 \times \sqrt{2 \times 9.8} \times 2^{\frac{3}{2}} = 8.20\ (\text{m}^3/\text{s})$$

渠中衔接流速一般应予以考虑,若堰前为大水库,可取 $v_0 = 0$。

7.4 实用堰

实用堰是水利工程最为常见的堰型之一,如图 7.7 所示。低溢流坝常用石料砌筑成折线形;较高的溢流坝为增大过流能力,一般做成曲线形。

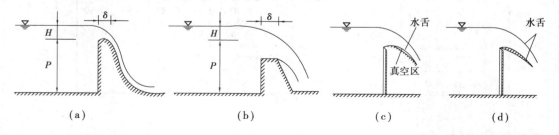

图 7.7 实用堰溢流

曲线形堰一般又分为真空堰与非真空堰。最理想的剖面形状应该是堰面曲线与薄壁堰水舌下缘吻合,既不会形成真空,又有较大的过流能力。实际工程中要综合考虑堰面粗糙度、抗空蚀空化能力、过流能力等因素,按薄壁堰水舌下缘曲线加以修正得出。

当堰面曲线与水舌间有一定空间时,溢流水舌将脱离堰面,水舌与堰面间的空气将被水流带走,堰面形成一定负压区(真空区),这种称为真空堰[图7.7(c)]。堰面出现负压相当于增大了作用水头,过流能力提高。但是由于负压的形成,可能出现空化空蚀现象,对建筑材料抗腐蚀性能的要求较高。

如堰面曲线深入水舌内部,堰面将顶托水流,水舌将压在堰面上,堰面上的压强将大于大气压强,这种称为非真空堰[图7.7(d)]。非真空堰的堰前总水头的一部分势能将转换成压能,相当于降低了有效作用水头,过流能力会下降。

实用堰流量计算公式为

$$Q = \sigma \varepsilon m b \sqrt{2g} H^{3/2} \tag{7.21}$$

曲线形实用堰堰型主要有以下几种:

(1)克-奥剖面堰

该剖面是苏联奥菲采洛夫根据克里盖尔薄壁堰实验,将溢流水舌下缘线进行修正得到,简称为克-奥剖面。该剖面体形略显肥大,且剖面曲线以表格形式给出,坐标点较少,在设计施工中均不便控制。

(2)渥奇剖面堰

该剖面是美国内务部农垦局在系统研究的基础上推荐为标准剖面。该剖面曲线的有关参数与行近流速水头和设计全水头的比值 $\left(\dfrac{\alpha v_0^2}{2g}\right)/H_d$ 有关,即考虑了坝高对堰剖面曲线的影响,因此能适用于不同上游坝高的堰剖面设计。

(3)WES标准剖面堰

该剖面是美国陆军工程兵团水道实验站(Waterways Experiment Station)研制的,简称WES剖面。该剖面曲线用方程表示,便于控制,堰剖面较窄,节省工程量;堰面压强分布较为理想,负压也不大,对安全有利。因此,近年来溢流坝多采用WES剖面堰。

有关WES剖面堰的水力设计、流量系数、侧收缩系数、淹没出流等内容可参考有关水力专业教材和工程手册。

本章小结

(1)堰流是明渠水流中的缓流流经闸、坝、涵、桥等水工建筑物时,上游水位壅高而后产生跌落的局部水流现象,可分为薄壁堰、实用堰、宽顶堰三种类型。

(2)堰流的主要问题是过流能力的计算。因堰流的受力性质与运动形式相同,各堰流的基本公式相同,即

$$Q = m b \sqrt{2g} H_0^{3/2}$$

不同堰流的流量系数不同。如果有侧向收缩则应考虑侧收缩系数,若为淹没出流需考虑淹没系数。

（3）宽顶堰流是实际工程中一种极为常见的水流现象,闸孔出流、涵洞、小桥过流都会用到宽顶堰的知识。实用堰也是水利工程中常见的建筑物,溢流坝即实用堰。为提高过流能力,工程上常用曲线形实用堰,其又可分为真空堰与非真空堰。曲线形实用堰型多用的是 WES 剖面,对于堰顶曲线的确定要根据地质与水文条件通过计算得出,一般需通过模型实验进行验证。

习　题

7.1　一无侧收缩矩形薄壁堰,已知堰高 $h_p = 0.50$ m,堰宽 $b = 0.50$ m,当堰前水头 $H = 0.2$ m时,求自由出流条件下的流量。

7.2　设待测最大流量 $Q = 0.30$ m³/s,水头 H 限制在 0.20 m 以下,堰高 $h_P = 0.50$ m,试设计完全堰的堰宽 b。

7.3　设矩形断面渠道中有一宽顶堰,进口修圆,已知 $Q = 12$ m³/s,堰高 $h_{p1} = h_{p2} = 0.8$ m,宽 $b = 4.8$ m,堰流为自由出流,无侧收缩,流量系数 $m = 0.371$。求上游水位 H。

7.4　设在混凝土矩形断面直角进口溢洪道上进行水文测验。溢洪道进口当作一宽顶堰来考虑,测得溢洪道上游渠底标高 $z_0 = 0$,溢洪道底标高 $z_1 = 0.40$ m,堰上游水面标高 $z_2 = 0.60$ m,堰下游水面标高 $z_3 = 0.50$ m。试求经过此溢洪道的单宽流量 q。

7.5　有一个三角形薄壁堰,堰口夹角 $\theta = 90°$,夹角顶点高程为 0.6 m,堰流时上游水位为 0.82 m,下游水位为 0.4 m,求该薄壁堰的流量。

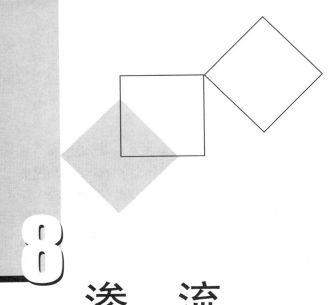

8 渗　流

本章导读：

● **基本要求**　掌握渗流的达西公式；理解达西渗流实验及渗透系数；掌握地下水渗流的杜比公式；了解渐变流浸润曲线特点；了解井和井群概念。

● **重点**　达西公式及渗透系数；杜比公式的推导；渐变流浸润曲线的讨论；普通完全井的概念。

● **难点**　杜比公式推导；渐变流浸润曲线的形式；井和井群的概念。

8.1　概　述

流体在孔隙介质中的流动称为渗流。水在土壤孔隙中的流动，即地下水流动，是自然界最常见的渗流现象。渗流理论在水利、石油、采矿、化工等领域有着广泛的应用。在土木工程中，渗流理论为地下水源的开发、降低地下水位进行基坑排水提供理论依据。

8.1.1　水在土壤中的状态

水在土壤中可分为气态水、附着水、薄膜水、毛细水和重力水等不同状态。气态水以水蒸气状态散逸于土壤颗粒表面，呈现固态水的性质；薄膜水则以厚度不超过分子作用半径的薄层包围土壤颗粒，性质和液态水近似，结合水数量很少，在渗流运动中可不考虑；毛细水因毛细管作用，保持在土壤颗粒间细小的孔隙中，除特殊情况外，一般也可忽略；当土壤中含水量很大时，除少许结合水和毛细水外，大部分水是在重力作用下，在土壤孔隙中运动，这种状态的水称为重力水，重力水是渗流理论研究的对象。

8.1.2　渗流模型

自然土壤颗粒在形状和大小上相差悬殊,而且颗粒间空隙形成的通道在形状、大小和分布上也极不规则。因此,水在土壤通道中的流动十分复杂,要详细考察每个孔隙中的流动状况极为困难,一般也无此必要。工程中所关心的主要是渗流的宏观平均效果。因此,按照工程实际的需要对渗流加以简化:一是不考虑渗流的实际路径,只考虑它的主要流向;二是不考虑土壤颗粒,认为孔隙和土壤颗粒所占的空间之总和均为渗流所充满。在渗流场中取一个与主流方向成正交的微小面积 ΔA, ΔA 由孔隙和土壤颗粒组成,设通过孔隙面积 $m\Delta A$(m 为孔隙率,是孔隙面积与微小面积 ΔA 的比值)的渗流流量为 ΔQ,则渗流在足够多孔隙中的统计平均流速定义为

$$u' = \frac{\Delta Q}{m\Delta A} \tag{8.1}$$

它表征渗流在孔隙中的运动情况。

但是,在讨论渗流时,为了方便,可把渗流看作由许多连续的元流所组成的总流,定义

$$u = \frac{\Delta Q}{\Delta A} \tag{8.2}$$

为渗流模型流速,简称为渗流流速。这是一个虚拟流速,它与孔隙中的平均流速间的关系是

$$u = mu' \tag{8.3}$$

因为孔隙率 $m < 1.0$,所以 $u > u'$,即渗流模型流速小于真实流速。

这种虚构的渗流,称为渗流模型。由于用渗流模型替代实际渗流,可以将渗流区域中的流体运动看作连续介质运动。因此,以前关于流体运动的各种概念,如流线、元流、恒定流、均匀流等仍可适用于渗流。

8.2　渗流阻力定理

8.2.1　达西定律

早在 1852—1855 年,法国工程师达西(H. Darcy)在沙质土壤中进行了大量的实验研究,实验装置如图 8.1 所示。竖直圆筒内充填沙土,圆筒横截面面积为 A,沙层厚度为 l, 沙层由金属细网支托。水由稳压箱经水管 A 流入圆筒中,再经沙层由水管 B 流出,其流量由量筒 C 量测。

在沙层的上下两端侧面处装有测压管以测量渗流的水头损失,由于渗流的动能很小,可以忽略不计,因此测压管水头差 $H_1 - H_2$ 即为渗流在两断面间的水头损失 h_w。经大量实验后发现以下规律,即著名的达西渗流定律:

$$Q = kA\frac{h_w}{l} \text{ 或 } v = k\frac{h_w}{l} = kJ \tag{8.4}$$

式中, $v = Q/A$,为渗流模型的断面平均流速; k 为渗透系数,它是土壤性质和流体性质综合影响

渗流的一个系数,具有流速量纲;J 为流程长度范围内的平均测压管坡度,即水力坡度。

式(8.4)是以断面平均流速 v 来表达的达西定律。为了分析的需要,将它推广成用渗流流速 u 来表达的关系式。图8.2 表示处在两个不透水层中的有压渗流,ab 表示任一元流,在 M 点的测压管坡度为

$$J = -\frac{dh}{ds}$$

元流的渗流流速为 u,则根据式(8.4),有

$$u = kJ \qquad (8.5)$$

上述达西定律式(8.4)或式(8.5)表明:在某一均质介质的孔隙中,渗流流速与渗流水力坡度的一次方成正比。因此,达西定律也称为渗流线性定律。

本章仅限于研究符合达西定律的渗流,大多数工程的渗流问题,一般可用达西渗流定律来解决。

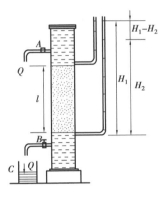

图8.1 达西实验装置

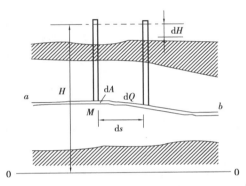

图8.2 有压渗流

8.2.2 渗透系数

渗透系数 k 是达西定律中的重要参数。k 值的确定正确与否关系到渗流计算结果的精确性。k 值的大小取决于多孔介质本身粒径大小、形状、分布情况以及水的温度等。因此,要准确地确定其数值是比较困难的。以下简述其测量方法和常见土壤的概值。

(1)经验公式法

这一方法是根据土壤粒径大小、形状、结构孔隙率和水温等参数所组成的经验公式来估算渗透系数 k。这类公式很多,可用以粗略估计,这里不作介绍。

(2)实验室方法

这一方法是在实验室利用类似图8.1 所示的渗流实验装置,并通过式(8.4)来计算 k。此法简单,但不易取得未经扰动的土样。

(3)现场方法

在现场利用钻井或原有井做抽水或灌水实验,根据井的产水量公式计算 k。

近似计算时,可采用表8.1 中的值。

表 8.1　水在土壤中的渗透系数的概值

土壤种类	渗透系数 $k/(\mathrm{cm \cdot s^{-1}})$	土壤种类	渗透系数 $k/(\mathrm{cm \cdot s^{-1}})$
黏土	6×10^{-6}	亚黏土	$6 \times 10^{-6} \sim 1 \times 10^{-4}$
黄土	$3 \times 10^{-4} \sim 6 \times 10^{-4}$	卵石	$1 \times 10^{-1} \sim 6 \times 10^{-1}$
细砂	$6 \times 10^{-6} \sim 1 \times 10^{-3}$	粗砂	$2 \times 10^{-2} \sim 6 \times 10^{-2}$

【例 8.1】 如图 8.3 所示,$M = 15$ m 厚度的含水层,用两个观测井(沿渗流方向的距离 $l = 200$ m),测得观测井 1 中水位为 64.22 m,观测井 2 中水位为 63.44 m。含水层由粗砂组成,已知渗透系数 $k = 45$ m/d,试求该含水层单位宽度的渗流量 q。

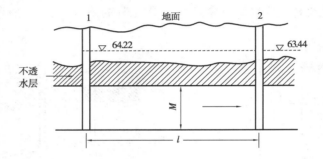

图 8.3　例 8.1 图示

【解】 这是有压(或称承压)的均匀渗流,应用达西公式 $u = kJ$ 计算流速,可知单宽流量

$$q = kMJ$$

式中,$J = \dfrac{64.22 - 63.44}{200} = 0.003\,9$,代入上式,得

$$q = 45 \times 15 \times 0.003\,9 = 2.63\,(\mathrm{m^2/d})$$

8.3　地下水的渐变渗流

8.3.1　杜比公式

一地下水的非均匀渐变渗流(仍以无压流为例)如图 8.4 所示。对于非均匀渐变渗流,由于各断面上动水压强仍服从静水压强的分布规律,又因各基元流束的曲度非常微小且近乎平行,1—1 及 2—2 两断面间各基元流束的长度可视为常数,均等于 $\mathrm{d}s$,于是在渐变流过流断面上各点的水力坡度 $J = -\dfrac{\mathrm{d}H}{\mathrm{d}s}$ 可视为常数。根据达西定律,在同一断面上任一点渗透流速为

$$u = kJ = -k\frac{\mathrm{d}H}{\mathrm{d}s} = 常量$$

在渐变渗流断面上渗透流速 u 也是均匀分布的,即

$$v = u = -k\frac{\mathrm{d}H}{\mathrm{d}s} \tag{8.6}$$

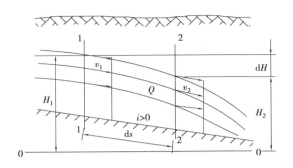

图 8.4 渐变渗流

必须指出,与明渠均匀流情况不同,在渐变渗流中,虽然在同一断面上 $J = -\dfrac{\mathrm{d}H}{\mathrm{d}s} = $ 常量,过流断面上渗透流速也是呈矩形分布的,但不同断面的 J 值是不一样的,即各断面上的流速大小及断面平均流速 v 是沿程变化的。

根据式(8.6),可得流量为

$$Q = Av = -kA\frac{\mathrm{d}H}{\mathrm{d}s} \tag{8.7}$$

式中,A 为过流断面面积。

式(8.6)和式(8.7)称为杜比(J. Dupuit)公式,是由法国学者杜比于 1857 年首先推导出来的。杜比公式为达西定律在渐变渗流中的引申。对于非均匀突变渗流,式(8.6)和式(8.7)并不成立。

8.3.2 渐变渗流的基本方程

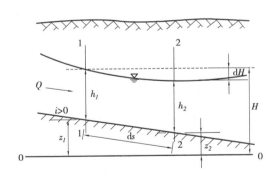

图 8.5 渐变渗流的基本方程的推导

一无压恒定渐变渗流如图 8.5 所示,假定在距起始断面为 s 的断面 1—1 处水深为 $h_1 = h$,测压管水头为 H,经过流程 $\mathrm{d}s$ 后的断面 2—2 处水深为 $h_2 = h_1 + \mathrm{d}h$,测压管水头为 $H + \mathrm{d}H$,其不透水层底坡为 i,由图中的几何关系有

$$-\mathrm{d}H = (z_1 + h_1) - (z_2 + h_2) = -\mathrm{d}h + i\mathrm{d}s$$

因此,微分流段内平均水力坡度为

$$J = -\frac{\mathrm{d}H}{\mathrm{d}S} = i - \frac{\mathrm{d}h}{\mathrm{d}S} \tag{8.8}$$

即在地下水无压渐变渗流中,任一断面的水力坡度都可以表示为式(8.8)的形式(式中 h 为任一断面的水深)。

根据杜比公式可得断面平均流速和渗透流量分别为

$$v = k\left(i - \frac{\mathrm{d}h}{\mathrm{d}s}\right) \tag{8.9}$$

$$Q = kA\left(i - \frac{\mathrm{d}h}{\mathrm{d}s}\right) \tag{8.10}$$

式(8.10)即为地下水无压恒定非均匀渐变渗流的基本微分方程式,利用该式就可以对浸润线(即水面线)进行定性分析和定量计算。

在非均匀渗流中,和一般明渠流动的水面线一样,浸润线可以是降水曲线也可以是壅水曲线。但由于地下水渗流时的动能极小,流速水头可忽略,断面比能 E_s 实际上就等于水深 h,故在地下水层流中不存在临界水深 h_K 的问题,临界底坡、缓坡、陡坡的概念不复存在,急流、缓流、临界流也不会出现。由于流速水头可忽略,渐变渗流的浸润线就是测压管水头线,也就是总水头线,因此浸润线各点的高程总是沿程下降的,而不可能沿程升高。

8.3.3　渐变渗流浸润曲线

不透水层分正坡、逆坡和平底(即 $i > 0$,$i < 0$ 和 $i = 0$)三种情况来讨论地下水无压渐变渗流的浸润线形式。将式(8.10)改写为以下形式:

$$\frac{\mathrm{d}h}{\mathrm{d}s} = i - \frac{Q}{kA} \tag{8.11}$$

1)正坡($i > 0$)地下水渗流浸润线

在正坡($i > 0$)情况下存在均匀流,非均匀渐变渗流流量可以用相应的均匀流流量公式来代替,即

$$Q = kA_0 i$$

将上式代入式(8.11),得

$$\frac{\mathrm{d}h}{\mathrm{d}s} = i\left(1 - \frac{A_0}{A}\right) \tag{8.12}$$

因正坡地下水均匀渗流有正常水深存在,可画出与底坡平行的正常水深线 N—N(图 8.6),N—N 线将水流划分为水深 $h > h_0$ 的 a 区和 $h < h_0$ 的 b 区。

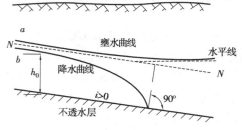

图 8.6　正坡浸润线

在 a 区,由于 $h > h_0$,故 $A > A_0$,$\frac{\mathrm{d}h}{\mathrm{d}s} > 0$,浸润线为壅水曲线。当 $h \to h_0$ 时,$A \to A_0$,$\frac{\mathrm{d}h}{\mathrm{d}s} \to 0$,即浸

润线在上游以 N—N 线为渐近线;当 $h \to \infty$ 时,$A \to \infty$,$\frac{\mathrm{d}h}{\mathrm{d}s} \to i$,即浸润线在下游渐趋水平。

在 b 区,由于 $h < h_0$,故 $A < A_0$,$\frac{\mathrm{d}h}{\mathrm{d}s} < 0$,浸润线为降水曲线。当 $h \to h_0$ 时,$A \to A_0$,$\frac{\mathrm{d}h}{\mathrm{d}s} \to 0$,即浸润线在上游仍以 N—N 线为渐近线;在下游端,当 $h \to 0$ 时,$A \to 0$,$\frac{\mathrm{d}h}{\mathrm{d}s} \to -\infty$,即浸润线与坡底有正交趋势,但此时已不是渐变渗流,不能应用式(8.12)分析。实际上,浸润线将以某一个不等于零的水深为终点,这个水深决定于具体边界条件。

若渗流过流断面为宽度为 b 的矩形断面,则单宽流量为

$$q = \frac{Q}{b} = k h_0 i \tag{8.13}$$

相应均匀流时的正常水深为 h_0,于是式(8.12)可改写为

$$\frac{\mathrm{d}h}{\mathrm{d}s} = i \left(1 - \frac{h_0}{h} \right) \tag{8.14}$$

2)平底($i=0$)地下水渗流浸润线

对于平底坡($i=0$)情况,由式(8.10),得

$$Q = -kA \frac{\mathrm{d}h}{\mathrm{d}s} \tag{8.15}$$

$$\frac{\mathrm{d}h}{\mathrm{d}s} = -\frac{Q}{kA} \tag{8.16}$$

因平底情况下不可能发生均匀流,不存在正常水深,根据式(8.16)可知,始终有 $\frac{\mathrm{d}h}{\mathrm{d}s} < 0$,浸润线只能是降水曲线,如图 8.7 所示。在曲线下游端,当 $h \to 0$ 时,$A \to 0$,$\frac{\mathrm{d}h}{\mathrm{d}s} \to -\infty$,即浸润线与底坡有正交趋势,如前所述,这是不符合实际的;在曲线上游端的极限情况下,当 $h \to \infty$ 时,$\frac{\mathrm{d}h}{\mathrm{d}s} \to 0$,即浸润线以水平线为渐近线。

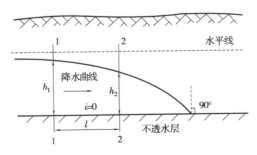

图 8.7 平底浸润线

对于矩形过水断面地下水渗流,$A = bh$,$Q = qb$,则式(8.16)变为

$$\frac{q}{k} \mathrm{d}s = -h \mathrm{d}h$$

从断面 1—1 到断面 2—2 积分得

$$\frac{q}{k}l = \frac{h_1^2 - h_2^2}{2}$$

或

$$q = \frac{k(h_1^2 - h_2^2)}{2l} \tag{8.17}$$

由式(8.17)可知,在 $i = 0$ 情况下的浸润线为二次抛物线。利用式(8.17)可进行平底渗流浸润线及其他有关计算。

3) 逆坡($i < 0$)地下水渗流浸润线

为研究逆坡情况下的渗流,可虚拟一个在底坡为 i' 的均匀渗流,令其流量和在底坡为 i 的逆坡非均匀流所通过的流量相等,其正常水深为 h_0',则

$$Q = kA_0' i_0' \tag{8.18}$$

式中,A_0' 为虚拟均匀渗流的正常水深所相应的过水断面面积。

将式(8.18)代入式(8.11),得

$$\frac{dh}{ds} = -i'\left(1 + \frac{A_0'}{A}\right) \tag{8.19}$$

由上式可知,始终有 $\frac{dh}{ds} < 0$,因此逆坡渗流浸润线只能是降水曲线。在曲线下游端,当 $h \to 0$ 时,$A \to 0$,$\frac{dh}{ds} \to -\infty$,即浸润线与坡底有正交趋势,如前所述,这是不符合实际的,仍应以某一定的水深为终点;在曲线上游端的极限情况下,当 $h \to \infty$ 时,$A \to \infty$,$\frac{dh}{ds} \to i$,即浸润线以水平线为渐近线,如图 8.8 所示。

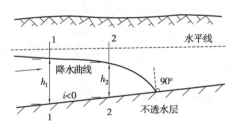

图 8.8 逆坡浸润线

8.4 井和井群

井是一种汲取地下水或排水用的集水建筑物。根据水文地质条件不同,井可分为普通井(无压井)和自流井(承压井)两种基本类型。普通井也称为潜水井,是指在地表含水层中汲取无压地下水的井。若井底直达不透水层,则称其为完全井或完整井;若井底未达到不透水层,则称其为非完全井或非完整井。承压井指穿过一层或多层不透水层,而在有压的含水层中汲取有压地下水的井,它也可视井底是否直达不透水层而分为完全井和不完全井。

8.4.1 普通完全井

水平不透水层上的普通完全井如图 8.9 所示,其含水层深度为 H,井的半径为 r_0。

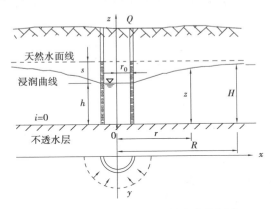

图 8.9 水平不透水层上的完全普通井

当不取水时,井内水面与原地下水的水位齐平。若从井内取水,则井中水位下降,四周地下水向井内渗流,形成与井中心垂直轴线对称的漏斗形浸润面。当含水层范围很大、从井中取水的流量不太大并保持恒定时,井中水位 h 与浸润面位置均保持不变,井周围地下水的渗流成为恒定渗流。这时流向水井的渗流过水断面,成为一系列同心圆柱面(仅在井壁附近,过水断面与同心圆柱面有较大偏差),通过井轴中心线沿径向的任意剖面上,流动情况均相同。于是对于井周围的渗流,可按恒定一元渐变渗流处理。

取半径为 r 并与井同轴的圆柱面为过水断面,设该断面浸润线高度为 z(以不透水层表面为基准面),则过水断面面积为 $A = 2\pi rz$,断面上各处的水力坡度为 $J = \dfrac{\mathrm{d}z}{\mathrm{d}r}$。根据杜比公式,该渗流断面平均流速为

$$v = k\frac{\mathrm{d}z}{\mathrm{d}r}$$

通过断面的渗流量为

$$Q = Av = 2\pi rzk\frac{\mathrm{d}z}{\mathrm{d}r} \tag{8.20}$$

即

$$2z\mathrm{d}z = \frac{Q}{k\pi}\frac{\mathrm{d}r}{r}$$

经过所有同轴圆柱面的渗流量都等于井的出水流量,从 (r,z) 积分到井壁 (r_0,h),得

$$2\int_h^z z\mathrm{d}z = \frac{Q}{k\pi}\int_{r_0}^r \frac{\mathrm{d}r}{r}$$

$$z^2 - h^2 = \frac{Q}{k\pi}\ln\frac{r}{r_0} \tag{8.21}$$

由式(8.21)可以绘制沿井的径向剖面的浸润线。

浸润线在离井较远的地方逐步接近原有的地下水位。为计算井的出水量,引入井的影响半径 R 的概念:在浸润漏斗面上有半径 $r = R$ 的圆柱面,在 R 范围以外的区域,地下水面不受井中

抽水影响，$z = h$，R 即称为井的影响半径。因此，普通完全井的产水量为

$$Q = \frac{\pi k (H^2 - h^2)}{\ln \dfrac{R}{r_0}} \tag{8.22}$$

式(8.22)中，井中水深 h 不易测量，当抽水时地下水水面的最大降落 $s = H - h$ 称为水位降深。式(8.22)可改写为

$$Q = \frac{2\pi k H S}{\ln \dfrac{R}{r_0}} \left(1 - \frac{S}{2H}\right) \tag{8.23}$$

当含水层很深时，$\dfrac{S}{2H} \ll 1$，式(8.23)可简化为

$$Q = \frac{2\pi k H S}{\ln \dfrac{R}{r_0}} \tag{8.24}$$

影响半径 R 最好使用抽水实验测定，在初步计算中，也可采用下列经验值估算：细粒土 $R = 100 \sim 200$ m、中粒土 $R = 250 \sim 700$ m、粗粒土 $R = 700 \sim 1\ 000$ m，还可采用经验公式

$$R = 3\ 000 S \sqrt{k} \tag{8.25}$$

来估算。

如果在井的附近有河流、湖泊、水库时，影响半径应采用由井至这些水体边缘的距离。对于极为重要的精确计算，最好用野外实测方法来确定影响半径。

除了抽水井外，工程中还存在将水注入地下的注水井(渗水井)。其主要应用于测定渗透系数和人工补给地下水以防止抽取地下水过多所引起的地面沉降。注水井与出水井的工作条件相反($h > H$)，浸润面成倒转漏斗形。对位于水平不透水层的普通完全井，其注水量公式与式(8.22)基本相同，只是将该式中的 $H^2 - h^2$ 换为 $h^2 - H^2$ 即可。

8.4.2 自流完全井

当含水层位于两个不透水层之间时，则这种含水层内的渗透压力将大于大气压力，从而形成了所谓的有压含水层(或承压层)。从有压含水层取水的水井，一般称为自流井，或称为承压井。

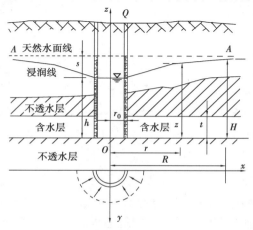

图 8.10 自流井

如图 8.10 所示为一自流井渗流层的纵断面,设渗流层具有水平不透水的基底和上顶,渗流层的均匀厚度为 t,完全井的半径为 r_0。当凿井穿过覆盖在含水层上的不透水层时,地下水位将上升到高度 H(图中的 A—A 平面),H 为承压含水层的天然总水头。当从井中抽水并达到恒定流状态时,井内水深由 H 降至 h,在井周围的测压管水头面将下降形成一个漏斗形曲面。此时,和普通完全井一样,渗流仍可按一维渐变渗流来处理。

离井轴距离为 r 处的过水断面面积为 $A = 2\pi rt$,过水断面上的平均流速为 $v = k\dfrac{\mathrm{d}z}{\mathrm{d}r}$,因此渗流流量为

$$Q = Av = 2\pi rtk\frac{\mathrm{d}z}{\mathrm{d}r}$$

式中,z 为半径为 r 的过水断面的测压管水头。

将上式分离变量并从 (r,z) 到井壁积分,得

$$z - h = \frac{Q}{2\pi kt}\ln\frac{r}{r_0} \tag{8.26}$$

或

$$z - h = 0.37\frac{Q}{kt}\lg\frac{r}{r_0} \tag{8.27}$$

此即自流井的测压管水头线方程。同样引入影响半径 R 的概念,设 $r = R$ 时,$z = H$,得自流完全井的出水量为

$$Q = \frac{2\pi kt(H - h)}{\lg\dfrac{R}{r_0}} = \frac{2\pi ktS}{\lg\dfrac{R}{r_0}} \tag{8.28}$$

影响半径 R 也可按照普通完全井的方法确定。

8.4.3　井群

多个单井组合成的抽水系统称为井群。井群用来汲取地下水或降低地下水水位。按井深和井所处的位置,井群可分为潜水井井群和承压井井群。井群各井之间的距离一般不大,当井群工作时,各井之间相互影响,渗透区将形成很复杂的浸润曲面,井群的水力计算也比单井复杂得多。这里利用势流叠加原理来研究完全普通井井群。

如图 8.11 所示,假设有 n 个普通完全井,距 A 点的距离分别为 $r_1,r_2,r_3,\cdots,r_n$,井半径分别为 $r_{01},r_{02},r_{03},\cdots,r_{0n}$,产水量分别为 $Q_1,Q_2,Q_3,\cdots,Q_n$,当各单井工作时,其流速势为

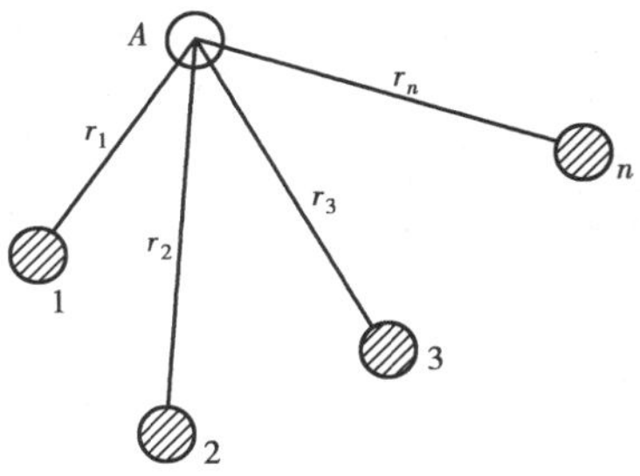

图 8.11　井群

$$\varphi_1 = \frac{kH_1^2}{2},\varphi_2 = \frac{kH_2^2}{2},\varphi_3 = \frac{kH_3^2}{2},\cdots,\varphi_n = \frac{kH_n^2}{2}$$

当井群工作时,其流速势符合平面势流叠加原理,即对各流速势求和,有

$$\varphi = \sum_i^n \varphi_i$$

若单井单独工作时,井内水深分别为 $h_1, h_2, \cdots, h_n$,它们的浸润线在 A 点的深度分别为 $z_1, z_2, z_3, \cdots, z_n$,由式(8.21),有

$$z_i^2 - h_i^2 = \frac{Q_i}{\pi k} \ln \frac{r_i}{r_{0i}} \tag{8.29}$$

井群工作时,必然有一个共有的浸润面,每个井抽水对 A 点的浸润线深度 z 都有影响,按势流叠加原理,即对 z 求和,得出普通井群对 A 点水位降深的计算公式为

$$z^2 = \sum_i^n z_i^2 = \sum_{i=1}^n \left(\frac{Q_i}{\pi k} \ln \frac{r}{r_{0i}} + h_i^2 \right) \tag{8.30}$$

若每个井的流量相同,即 $Q_1 = Q_2 = Q_3 = \cdots = Q_n = Q, Q_0 = nQ, Q_0$ 为总抽水量,则

$$z^2 = \frac{Q}{\pi k} \left[\ln(r_1 r_2 r_3 \cdots r_n) - \ln(r_{01} r_{02} r_{03} \cdots r_{0n}) \right] + nh^2 \tag{8.31}$$

若各井与 A 点相距较远 $r_1 = r_2 = r_3 = \cdots = r_n = R, z = H$,则式(8.31)改写为

$$H^2 = \frac{Q}{k\pi} \left[n \ln R - \ln(r_{01} r_{02} r_{03} \cdots r_{0n}) \right] + nh^2 \tag{8.32}$$

式(8.31)、式(8.32)都含有 nh^2,联立两式可得

$$z^2 - \frac{Q}{k\pi} \left[\ln(r_1 r_2 r_3 \cdots r_n) - \ln(r_{01} r_{02} r_{03} \cdots r_{0n}) \right] = H^2 - \frac{Q}{k\pi} \left[n \ln R - \ln(r_{01} r_{02} r_{03} \cdots r_{0n}) \right]$$

则

$$z^2 = H^2 - \frac{Q_0}{\pi k} \left[\ln R - \frac{1}{n} \ln(r_1 r_2 r_3 \cdots r_n) \right] \tag{8.33}$$

总抽水量公式为

$$Q_0 = nQ = \frac{\pi k (H^2 - z^2)}{\ln R - \frac{1}{n} \ln(r_1 r_2 r_3 \cdots r_n)} \tag{8.34}$$

式(8.33)可用来求解 A 点处的水位降深 $S = H - z$;式(8.34)可用来求解井群的抽水量。

本章小结

(1)渗流是指液体在孔隙介质中的流动。渗流模型假想渗流区全部空间都被液体所充满,渗流变为整个空间的连续介质运动,渗流问题即可利用研究管流、明渠水流时建立的理论处理。

(2)达西定律是通过实验总结出来的描述渗流运动的基本定律。达西定律只适用于层流渗流。

(3)非均匀渐变渗流断面上的渗透流速遵循杜比公式。正坡地下水渗流的浸润线有降水曲线和壅水曲线两种情况,平底和逆坡则只有降水曲线,可采用不同浸润线方程描述。

(4)普通井分类:若井底直达不透水层,称为完全井或完整井;若井底未达到不透水层,则称为非完全井或非完整井。

习 题

8.1 如图所示,两个容器之间连接一条圆滤管,管径 $d = 0.12$ m,管长 $l = 2$ m。管内前半段充填粗砂,其渗透系数为 $k_1 = 6 \times 10^{-4}$ m/s;后半段充填细砂,其渗透系数为 $k_2 = 3 \times 10^{-5}$ m/s。如果两容器的水深分别为 $H_1 = 0.86$ m,$H_2 = 0.38$ m,试求圆滤管的水流量 Q。

8.2 如图所示,一渠道与一河道相互平行,长 $l = 300$ m,不透水层的底坡 $i = 0.025$,透水层的渗透系数 $k = 2 \times 10^{-3}$ cm/s。当渠中水深 $h_1 = 2$ m,河中水深 $h_2 = 4$ m 时,求渠道向河道渗流的单宽渗流量。

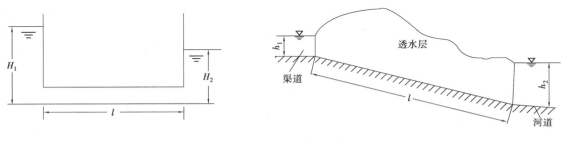

题 8.1 图   题 8.2 图

8.3 已知渐变渗流浸润线在某一过水断面上的坡度为 0.005,渗流系数为 0.004 cm/s,求过水断面上的点渗流流速及断面平均渗流流速。

8.4 如图所示,河边岸滩由两种土壤组成。已知河道水深为 5 m,不透水层底坡为 0。距离河道 250 m 处的地下水深为 12 m,试求距离河道为 50 m 处的地下水深。(已知砂卵石的渗透系数为 50 m/d,砂的渗透系数为 2 m/d)

8.5 如图所示,两个垂直含水层,渗透系数分别为 $k_1 = 2 \times 10^{-5}$ m/s,$k_2 = 2 \times 10^{-5}$ m/s,两个观察井的水位 $h_1 = 30$ m,$h_2 = 26$ m,已知 $l = 300$ m,求单宽渗流量。

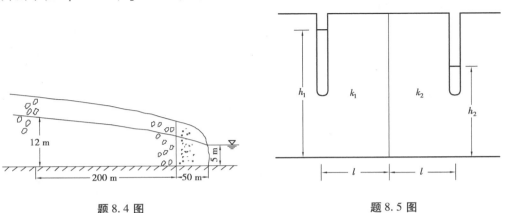

题 8.4 图   题 8.5 图

8.6 某工地用潜水为给水水源,钻探测知含水层为砂夹卵石层,含水层厚度 $H = 6$ m,渗流系数 $k = 0.0012$ m/s。现打一完全井,井的半径 $r_0 = 0.15$ m,影响半径 $R = 300$ m,求井中水位降深 $s = 3$ m 时的产水量。

8.7 如图所示,向有压井灌水,日灌水量 $Q = 74$ m³,承压含水层的渗透系数 $k = 2 \times 10^{-5}$ m/s,厚度 $D = 25$ m,自然地下水水位 $H_0 = 46$ m,井的水深 $h_0 = 48$ m,井半径 $r_0 = 0.2$ m,试求井的影响半径 R。

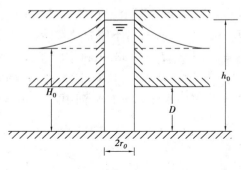

题 8.7 图

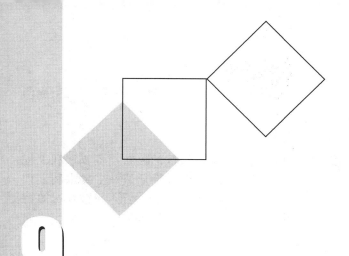

9 水文学基础

本章导读:

• **基本要求** 掌握水文调查与勘测的主要方法;了解河川水文现象的特性与分析方法;掌握水文统计的基本概念;掌握洪水频率与设计流量的概念;掌握经验累积频率曲线的绘制与应用;掌握求矩适线法和三点适线法;了解抽样误差的概念。

• **重点** 洪水频率与设计流量的概念;经验累积频率曲线的绘制与应用;求矩适线法和三点适线法。

• **难点** 经验累积频率曲线的绘制与应用;求矩适线法和三点适线法。

9.1 水文调查与勘测

水文调查与勘测的目的是了解河流的水文情况,为水文分析和计算提供基础资料。水文调查与勘测应根据工程设计要求和所在区域条件采用相应的方法,其主要内容应满足工程水文分析和计算的需要,对收集和调查的资料应作可靠性评价,勘测精度应符合规定。

9.1.1 水文调查

对于缺乏水文观测资料的河流,水文调查是获取桥涵等设计中所需水文资料常用的方法。对有实测资料的河流,水文调查也是获得补充资料的方法。

为进行水文观测、调查和水文分析计算而选定的河流横断面称为水文断面(又称为形态断面),一般选在有较可靠的洪水调查资料的河段内。有实测资料的水文站测流断面也属于水文断面的范畴。水文调查的步骤是先建立水文断面,通过洪水调查,确定各种洪水位和洪水比降,进而确定水文断面的流速和流量。

水文调查的内容主要有汇水区概况调查、桥位河段调查、洪水调查、冰凌调查、涉河工程调查等。

1)汇水区概况调查

汇水区概况调查应绘制沿线水系图,核实低洼内涝区、分(滞)洪区的分布及主要水利工程位置和形式,并从地形图上量绘沿线各汇水区面积、长度、宽度、坡度等特征值及主要水利工程控制的汇水面积,调查岩溶、泉水、泥石流等的分布和规模,土壤类型、地貌、地形、植被情况等特征资料以及各汇水区内对工程设计有影响的水利规划、编制单位及实施时间。

2)桥位河段调查

桥位河段调查包括以下几方面:

①收集河段历年变迁的图纸和资料,调查河湾发展及滩槽稳定情况。

②调查支流、分流、急滩、卡口、滑坡、塌岸和自然壅水等现象。

③调查水流泛滥宽度、河岸稳定程度、河床冲淤变化、上游泥沙来源、历史上淤积高度和下切深度、河道整治方案及实施时间;通过调查确定河段的稳定程度和变形特征,并分析预估演变发展的趋势。

④调查河堤设计标准、河道安全泄洪量及相应水位、航道等级、最低和最高通航水位、通航孔数,高、中、低水位的上、下行航线位置,筏运、漂浮物类型及尺寸。

⑤根据河床形态、泥沙组成、岸壁及植被情况确定河床各部分洪水糙率。

河床糙率 n 是用形态调查法计算流速、流量,推求水位的重要数据之一。河槽与河滩糙率定得是否准确,直接影响到计算的准确性,同时也影响到桥梁建筑高度和基础埋置深度。桥位附近如有水文站,或勘测时遇上洪水,可以进行水文观测,取得实测资料后用谢才公式反求糙率;如无实测资料,大、中桥可根据河段的平面及水流状态、河床泥沙的组成、河滩和河岸的植被等情况查表而得。

3)洪水调查

调查可靠的洪水水位并确定其发生的年代,在形态调查法的水力计算中有着非常重要的意义。所谓形态调查法,即利用洪水调查资料,并通过河道地形、纵横断面、洪痕高程及位置等形态资料的测量,再按水力学方法推算历史洪峰流量的方法,又称其为洪水调查方法。

该法通常是对历史洪水位和多年平均洪水位进行调查。历史洪水位是指历史上特大年洪峰流量时所对应的洪水位;多年平均洪水位是指多年来年洪峰流量的平均值所对应的洪水位。

(1)访问调查

在桥位附近或洪水调查点的河流两岸上下游一段范围内,通过访问群众,寻找洪水留下的各种痕迹(简称洪痕)加以辨认,确定洪水位。

注意调查各次大洪水发生的时间(包括年月)、大小以及洪水时的雨情、水情和灾情;调查洪水来源、发生原因、涨落幅度、洪水时的主流方向;调查有无漫流、分流、死水以及流域自然条件有无变化和人类活动影响等。

(2)洪痕调查

洪痕位置应由目击者亲自指画,同一洪痕需由几个人确认,同一次洪水至少要调查3~5个洪痕。在确认洪痕时,应注意留存洪痕的标志物有无变动,所反映的洪水位是否受到波浪、漂浮物、水流横向环流引起的水拱、决堤等影响,这些将影响洪痕的可靠程度。

在人烟稀少的地区,可结合当地具体情况,根据洪水淤积物,河岸受洪水冲刷痕迹,洪水对河岸所起的物理、化学及生物作用的标志,判断历史洪水或多年平均洪水位。

4）其他调查

其他调查主要有冰凌调查和既有涉河工程调查。

冰凌调查只在严寒地区有冰情的河段上进行，包括调查历年封冻及开河时间、最高和最低流冰水位、冰块尺寸、流冰速度和密度、冰塞和冰坝现象、历史上凌汛水害情况以及上下游建筑物对流冰的影响。

既有涉河工程调查包括桥位河段上既有桥梁和跨河管缆、河段堤坝、码头、上游和下游水库等沿河工业、交通、农田、水利、环保等部门的各种涉河工程设施。随着国民经济的发展，涉河工程不断增加，这直接影响到桥梁布设和设计工作。桥位河段上必须认真进行既有涉河工程调查，特别是对这些工程的水文资料和防洪标准要进行调查。

9.1.2 水文勘测

水文勘测的主要内容有水文断面测绘、河段比降测绘、河床质测定、冰凌观测等。

1）水文断面测绘

（1）水文断面的选择

水文断面应尽可能与流向垂直，宜选在洪痕分布较多、河段顺直、岸坡稳定、床面冲淤变化不大、泛滥宽度较小、断面比较规则、河槽在平面上无过大扩散或收缩、河床纵坡无急剧变化和无局部死水回流及壅水影响的地方。

大、中桥桥位上下游可各选一个水文断面。对河面不宽的中桥，可只选一个。当用形态调查法推求设计流量，而可靠的洪水调查点与桥位有一定距离时，可根据具体情况在洪水调查河段选 2～3 个水文断面，以便互相推算校核。

（2）水文断面的测绘

水文断面的测绘范围：平原宽滩河段可测至历史最高洪水泛滥线以外 50 m，山区应测至历史最高洪水位以上 2～5 m。河槽与河滩的划分应在现场确定。水文断面图比例尺参照表 9.1 选用。

表 9.1　水文断面比例尺

泛滥宽度	＜100 m	≤500 m	＞500 m
水平比例尺	1/200	1/500 或 1/1 000	1/1 000 或 1/2 000
垂直比例尺	1/20	1/50 或 1/100	1/100 或 1/200

水文断面绘制内容包括河床地面线、测时水位、施测时间、历史洪水位及发生年份、各种特征水位、滩槽分界线、植被和河床地质情况等。滩槽分界线在现场确定。

2）河段比降测绘

（1）河段比降的测绘

河段比降的测绘范围不小于水文断面下游 1 倍河宽、水文断面上游 2 倍河宽；测绘的内容包括河床比降线、测时水面比降线、历次洪水比降线、水文断面及桥位断面位置。

（2）洪水比降的确定

洪水比降是指某次洪水时中泓线上的水面纵坡度。桥位河段洪水比降图的绘制方法：可根据桥位地形图上洪痕位置和洪痕调查记录（主要是指此洪痕的高程和发生年月），向中泓线上垂直转移；然后用纵坐标表示洪痕高程、横坐标表示各洪痕在中泓线上沿水流方向的水平投影距离,分别连接同一洪水时的各个洪痕投影点,可得各次洪水的水面线,从而绘制出桥位河段洪水比降图,如图9.1所示。

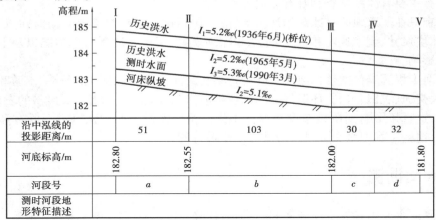

图9.1　桥位洪水比降

依据最可靠的两个洪痕高程 H_1 和 H_2,以及这两个洪痕水位在水流中泓线上的水平投影距离 L,以下式计算洪水比降 I。

$$I = \frac{H_1 - H_2}{L} \times 1\,000‰ \tag{9.1}$$

对于离桥位有一定距离的洪水调查点,其洪水比降的确定方法与桥位相同。但桥位设计洪水位需根据洪水调查点的有关水位用相关分析法进行推算,详见9.2.5。

3)河床质测定

河床质测定应根据地质勘探资料确定河床断面各层河床质的类别、性质和平均粒径;对表层河床质,可按《公路土工试验规程》(JTG E40—2007)规定,采集扰动土样进行颗粒分析或通过液、塑限实验确定。河槽内的土样采集数量,小桥涵不少于1个,中桥不少于2个,大、特桥不少于3个;河滩内的采集数量,视土质分布情况取1～2个。

4)冰凌观测

冰凌观测的内容为冰厚、冰温、冰块尺寸、流动速度和方向、冰层面积、沿水流方向的长度、冰层下的水流流速、水面比降、风速、风向、气温变化率以及冰压力计算所需的其他内容。观测期不宜少于一个凌期,每隔5日观测一次。

9.1.3　水文调查与勘测的成果整理

水文调查与勘测是一项复杂的工作,要求勘测设计人员深入现场,边调查、边勘测、边核实、边整理。

1)资料

工作结束后要提交的整理资料包括:水文资料,如水位、流量观测资料,水文要素相关曲线等;洪水调查资料,如历史洪峰流量推算和水文要素计算成果表,调查河段洪痕分布图,洪水比降图等;气象资料,主要是桥位河段附近气象台站的气温、降水、风速、风向及流域暴雨资料;文献资料,应编制历史洪水文献摘录汇总表。

对有特殊要求的特大桥及河道情况复杂的不稳定河段上的大、中桥,可根据工程需要提出桥位河段的河道调查报告。

2) 形态调查法流速、流量的确定

根据水文断面处比较可靠的洪水位,可按均匀流谢才公式和曼宁公式计算流速和流量。若是单式断面,可用式(9.2)、式(9.3)计算全断面的平均流速和流量;若是复式断面,可以用式(9.2)分别计算左、右河滩与河槽各过水断面的平均流速,然后用式(9.4)计算全断面的流量。复式断面的全断面平均流速用式(9.3)反算,此时的 A 为全断面的过水面积。

$$v = \frac{1}{n} R^{\frac{2}{3}} I^{\frac{1}{2}} \qquad (9.2)$$

$$Q = vA \qquad (9.3)$$

$$Q = v_c A_c + \sum v_t A_t \qquad (9.4)$$

式(9.4)中下标 c 表示河槽;下标 t 表示河滩。

【例 9.1】 由某桥位处水文资料推算得设计水位 $H_P = 135.00$ m,设计流量 $Q_P = 3\,500$ m³/s(以形态调查法计算的结果可与之比较)。据形态调查得:洪水比降 $I = 0.000\,5$;河滩部分表层土质为粗砂,$n_t = 0.025$;河槽部分表层土质为砾石,$n_c = 0.032$;沿桥轴线断面资料见表 9.2。试计算其洪峰流量和流速。

表 9.2　沿桥轴线断面资料

桩号	K5+500	+520	+560	+600	+620	+640	+680	+710	+760	+790
地面高程/m	140.00	133.00	131.50	131.00	125.00	124.00	129.50	129.00	132.00	136.00

【解】 天然河流的形状本不规则,过水断面沿流程变化,实属非均匀流。但是按水文断面要求而选择的断面,则近似均匀流断面,故可按谢才公式和曼宁公式计算。

(1)点绘水文断面(图 9.2)

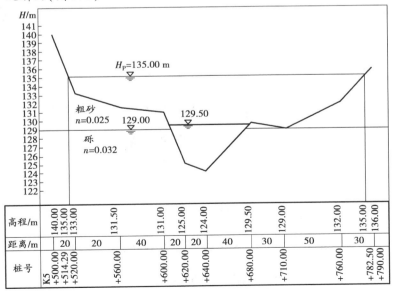

图 9.2　水文断面

（2）列表计算水力三要素（表9.3）

表9.3　计算水力三要素

里程桩号	河床高程/m	水深/m	平均水深/m	间距/m	湿周/m	过水面积/m²	累积面积/m²	合　计
+514.29	135.00	0					5.7	
			1.00	5.71	6.05	5.7		
+520.00	133.00	2.00					115.7	$A_{tz}=265.7\ \text{m}^2$
			2.75	40.00	40.03	110.0		$\chi_{tz}=86.08\ \text{m}$
+560.00	131.50	3.50					265.7	
			3.75	40.00	40.00	150.0		
+600.00	131.00	4.00					405.7	
			7.00	20.00	20.88	140.0		
+620.00	125.00	10.00					615.7	
			10.50	20.00	20.02	210.0		$A_c=680\ \text{m}^2$
+640.00	124.00	11.00					945.7	$\chi_c=81.28\ \text{m}$
			8.25	40.00	40.38	330.0		
+680.00	129.50	5.50					1 118.2	
			5.75	30.00	30.00	172.5		
+710.00	129.00	6.00					1 343.2	
			4.50	50.00	50.09	225.0		$A_{ty}=431.3\ \text{m}^2$
+760.00	132.00	3.00					1 377.0	$\chi_{ty}=102.79\ \text{m}$
			1.50	22.50	22.70	33.8		
+782.50	135.00	0						

（3）流速、流量计算

河槽部分：

$$R_c = \frac{A_c}{\chi_c} = \frac{680}{81.28} = 8.366(\text{m})$$

$$v_c = \frac{1}{n_c}R_c^{\frac{2}{3}}I^{\frac{1}{2}} = \frac{1}{0.032} \times 8.366^{\frac{2}{3}} \times 0.000\,5^{\frac{1}{2}} = 2.88(\text{m/s})$$

$$Q_c = v_c A_c = 2.88 \times 680 = 1\,958(\text{m}^3/\text{s})$$

河滩部分：

左滩

$$R_{tz} = \frac{A_{tz}}{\chi_{tz}} = \frac{265.7}{86.08} = 3.087(\text{m})$$

$$v_{tz} = \frac{1}{n_t}R_{tz}^{\frac{2}{3}}I^{\frac{1}{2}} = \frac{1}{0.025} \times 3.087^{\frac{2}{3}} \times 0.000\,5^{\frac{1}{2}} = 1.90(\text{m/s})$$

$$Q_{tz} = v_{tz} A_{tz} = 1.9 \times 265.7 = 505(\text{m}^3/\text{s})$$

右滩

$$R_{ty} = \frac{A_{ty}}{\chi_{ty}} = \frac{431.3}{102.79} = 4.195(\text{m})$$

$$v_{ty} = \frac{1}{n_t} R_{ty}^{\frac{2}{3}} I^{\frac{1}{2}} = \frac{1}{0.025} \times 4.195^{\frac{2}{3}} \times 0.0005^{\frac{1}{2}} = 2.33(\text{m/s})$$

$$Q_{ty} = v_{ty} A_{ty} = 2.33 \times 431.3 = 1005(\text{m}^3/\text{s})$$

全断面洪峰流量与流速:

$$Q_p = 1958 + 505 + 1005 = 3468(\text{m}^3/\text{s})$$

$$v = \frac{Q_p}{A} = \frac{3468}{1377} = 2.52(\text{m/s})$$

与已知流量值比较:

$$\frac{3500 - 3468}{3468} \times 100\% \approx 0.9\%$$

由计算结果可见,两值非常接近。

9.2　设计流量的推算

9.2.1　河川水文现象的特性与分析方法

1)河川水文现象的特性

河流中各种水文要素(流量、流速、水位、泥沙等)的一般变化规律,称为河川水文现象。河川水文现象受到各种因素(气候、地理条件、流域特征、人类活动等)的综合影响,情况极为复杂,归纳起来有以下三个特性:

①周期性:水文现象具有周期变化的性质。

②地区性:气候、地理和流域特征都因地区不同而各异,河川水文现象在这些因素的综合影响下,也具有随地区不同而变化的性质,这就是水文现象的地区性。

③随机性:影响河川水文现象的因素众多,各因素本身又随时间不断发生变化,并在变化过程中相互影响,而且各种因素相互之间的关系错综复杂。

2)河川水文现象的分析研究方法

根据河川水文现象的基本特性,按不同的目的和要求可将分析研究方法归纳为以下3类:

①成因分析法:研究河川水文现象的物理成因以及同其他自然现象(如气候因素、自然地理因素等)之间的相互关系,通过成因分析寻求水文现象的客观规律,建立水文现象各要素之间的定性、定量关系的方法。

②地区归纳法:根据河川水文现象的地区性特点,利用实测水文资料进行综合归纳,寻求水文现象区域性的分布规律的方法。

③水文统计法:又称为数理统计法,是利用河川水文现象的随机性特点,对实测水文资料进行统计分析,寻求水文现象的统计规律,预估其今后变化的方法。

9.2.2 水文统计的基本概念

1)随机事件和随机变量

（1）随机事件

由于水文现象具有随机性特点，所以各种水文要素具体数值的出现都属于随机事件。

（2）随机变量

在多次实验中，随机事件出现的种种结果称为随机变量。水文统计法就是将流量、水位、降雨量等实测水文资料作为随机变量，通过统计分析和计算，推求水文现象（随机事件）客观规律性的方法。

随机变量分为两类：一类是随机变量在某个区间之内，可以取任意数值，称为连续型随机变量；另一类是随机变量只能取某些间断的数值，称为不连续型（或离散型）随机变量。水文资料都属于连续型随机变量，如流量、水位、降雨量等实测水文资料，均可能在最大值和最小值之间任何数值中出现。

许多随机变量组成的一列数值，称为随机变量系列，简称为系列，其范围可以是有限的，也可以是无限的。水文资料一般都是无限系列。例如，某河流的年最大流量值所组成的随机变量系列即年最大流量系列，应包含河流过去和未来无限长久年代中所有的每年最大洪峰流量值，这就是一个无限系列。

2)概率与频率

概率（又称为然率）是指随机系列的总体中，某一事件在客观上出现的可能性。频率是指在一系列重复的独立实验中，某一事件出现的次数与总实验次数（样本的容量）之比，它是一个经验值。水文现象是极其复杂的随机事件，无法事先知道其概率，人们只能借助于已观测到的资料（实验结果）计算其频率，并将频率作为概率的近似估计值。因此，搜集的实测资料系列越多，则用频率来推断各水文要素特征值的概率也就越可靠。

3)总体和样本

在很多情况下，总体是不需要或不可能取得的，因而在实际工作中最常用的是随机样本。因为样本是总体的一个组成部分，如果样本具有足够的代表性，则可以在一定程度上反映总体的特征，因此可借助样本的规律性推断总体的规律性，推断结果的可靠性与样本对总体的代表程度直接相关。由于水文现象的总体都是无限的，只能将已有的水文资料作为总体的样本，以推断总体的规律，因而要求所使用的水文资料必须具有足够的代表性。

从总体中抽取样本的方法称为抽样（或选样）。用水文统计法推算设计流量时，最常用的抽样方法是年最大值法，即从水文站历年流量（或水位）测量资料中，每年选取一个洪水成因相同的（同为降雨洪水或同为融雪洪水）最大洪峰流量（或水位），n 年的观测资料中可抽出 n 个年最大洪峰流量值（或水位），这样就组成一个有 n 项容量的随机样本。

根据样本所推断的规律，不完全是总体的客观真实情况，存在着一定的误差，这种利用样本推算总体的参数值而引起的误差，在数理统计中称为抽样误差。

4)频率分布及其特性

在一个随机变量系列中，每一个随机变量的取值都对应着一定的概率，变量与概率之间的对应关系,即不同变量对应的概率变化,称为概率分布。它反映了随机变量出现的客观规律。水文现象都是复杂的随机事件,通常是利用已有的实测水文资料组成一个样本(随机变量系列)推求变量的频率分布,来近似地代替概率分布。

5)累积频率与重现期

在水文计算中,大于某一数值的水文要素特征值(流量、水位等)出现的次数与总次数的比值,称为该特征值的累积频率,通常以符号 P 表示。

在桥位设计中,设计流量的选取是以等于或大于某个设计洪水频率的流量来取值的,所以它是累积频率的计算问题。水文统计法经常使用的是分布曲线,习惯上称为频率曲线,同时把累积频率也简称为频率,一般以百分数表示(如 2% ,1% 等),有时也用分数表示(如 1/50, 1/100 等)。

在水文计算中,常把频率与重现期联系起来。重现期是指在很长时期内,平均若干年遇到一次大于或等于(或小于或等于)某值的洪水(或枯水)的时间,用 T 表示,以年为单位。

重现期 T 与累积频率 P 的关系为:

①当 $P \leqslant 50\%$ 时,对洪水而言

$$T = \frac{1}{P} \tag{9.5}$$

②当 $P \geqslant 50\%$ 时,对枯水而言

$$T = \frac{1}{1 - P} \tag{9.6}$$

式中,P 为累积频率。

式(9.5)用于防洪工程中考虑大洪水流量的情况;式(9.6)用于研究小流量和低水位的情况。例如:频率 $P = 5\%$ 时,$T = 20$ 年,称为 20 年一遇的洪水;频率 $P = 95\%$ 时,$T = 20$ 年,称为 20 年一遇的枯水。

由于水文要素只具有非严格周期的循环变化性质,因此重现期并非周期,它指的是在很长的年代里,平均多少年出现一次。例如,百年一遇的洪水并不意味着每 100 年一定出现一次,事实上有可能在某一个 100 年中出现几次,也有可能在另一个 100 年一次也不出现。

6)设计洪水频率

桥涵及附属工程的基本尺寸,都取决于设计流量的大小。求得的设计流量偏大将造成浪费,偏小则不安全。如何合理选择设计流量,需要一个设计标准。目前,桥涵工程上均采用一定的洪水累积频率作为设计标准,这称为设计洪水频率。

设计标准通常是根据国家的经济条件和工程的安全要求,由国家统一制定。公路桥涵工程,采用 2014 年颁布的《公路工程技术标准》(JTG B01—2014)中规定的设计洪水频率。对应于设计洪水频率的洪峰流量,就是桥涵工程的设计流量。水文统计法就是根据频率曲线推算对应于设计洪水频率的流量,并以此作为桥涵的设计流量。

7)经验频率曲线

在水文计算中,一般采用频率曲线来表示水文要素与其对应的频率之间的关系,从而确定某指定频率 P 对应的水文要素特征值。

频率曲线分为两种:一种是根据实测水文资料直接点绘的频率曲线,称为经验频率曲线;另

一种是为了配合经验频率点群外延频率而提供的一种用数学方程式表示的频率曲线,称为理论频率曲线。

在工程实际中,由于已有的水文观测资料大多年限较短,而水文现象属于无限总体,现有的资料只能是它的一个样本,因此,需要寻求一种方法,能够利用已有的实测水文资料系列(样本)绘制出接近于水文现象总体的频率曲线。

(1)经验频率曲线的绘制

根据实测水文资料绘制频率曲线,首先需要解决频率的计算方法。

将实测水文资料作为随机变量,从大到小按递减次序排列,则系列中各变量的顺序号不仅表示变量大小的先后次序,而且还表示等于和大于该变量的累积出现次数。根据洪水频率的定义,可以利用相应的公式推断出各顺序号样本的频率。

古典概率公式为

$$P(A) = \frac{m}{n} \tag{9.7}$$

式中,n 为实验结果的总数,m 为随机事件 A 出现的次数。

式(9.7)只有在样本容量无穷大时才是合理的,否则会出现极不合理的结果。对于样本频率的计算,我国目前广泛采用的是数学期望公式(均值公式)。它的计算结果偏于安全,而且公式简单,意义明显,又有一定的理论根据。该公式为

$$P = \frac{m}{n+1} \times 100 \tag{9.8}$$

式中,P 为频率(即累积频率),%;m 为系列按递减次序排列时,随机变量的顺序号;n 为资料总项数(若用年最大值选样法,则为水文资料观测的总年数)。

选定了经验频率计算公式后,可按下列步骤绘制经验频率曲线。

①将搜集的实测水文资料按照从大到小递减的顺序排列并从 1 开始编号(确定资料的总项数 n 以及各变量的序号 m),即 $x_1, x_2, \cdots, x_m, \cdots, x_n$;

②利用公式 $P = \frac{m}{n+1} \times 100$ 计算各项的经验频率 $P_1, P_2, \cdots, P_n (m = 1, 2, \cdots, n)$;

③以 P 为横坐标,随机变量 x 为纵坐标,在坐标纸上绘出经验频率点据,依据点群的趋势,目估绘出一条光滑曲线,这条曲线就称为经验频率曲线,如图 9.3 所示。

(2)经验频率曲线的外延

若资料系列不长,欲求小频率的流量值,需要将频率曲线延长。由于经验频率曲线是按点群趋势目估描绘的,往往因人而异,所得曲线可能差别很大。另外,在普通直角坐标方格纸上,点绘的经验频率曲线呈 S 形[图 9.3(a)],曲线两端陡峭,外延时的任意性较大,所求得的结果会产生较大的差异。为了改善曲线外延的条件,可按一定的规则将横坐标中间压缩,两端放大,使频率曲线接近于一条直线,常用的是海森几率格纸,如图 9.3(b)所示。海森几率格纸的纵坐标按均匀分格或对数分格,横坐标是中间密两侧渐疏的不均匀分格,其特征是把正态分布的频率曲线在坐标纸中呈现为一条直线。但由于年洪峰资料多为偏态分布,则点绘的频率曲线在海森几率格纸上仍将是曲线,只是曲率小得多。

当有足够长的实测水文资料时,其经验频率曲线的高低和形状基本上是稳定的,因此,利用足够多的实测水文资料绘出的经验频率曲线,可近似地作为总体的频率曲线,然后用内插或外

延的方法推算对应于设计洪水频率的流量,即设计流量。

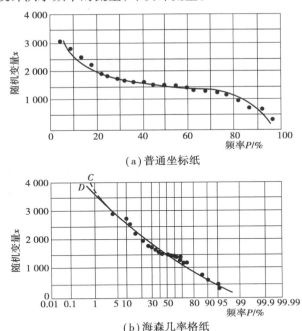

（a）普通坐标纸

（b）海森几率格纸

图9.3　经验频率曲线

利用实测水文资料推求桥涵的设计流量时,常常需要将频率曲线的头部外延很远,尽管采用了海森几率格纸,仍有较大的任意性,如图9.3(b)所示。由于外延趋势不同,同一频率出现了两种结果(C 和 D),其数值相差很多,显然,这样就必须进一步寻求绘制和外延频率曲线的方法。

9.2.3　统计参数

在水文计算中,由于所掌握的实测资料是样本系列,由此可求出样本的统计参数,这样的统计参数也只能代表该样本系列的分布。当实测资料较多时(样本系列较长),样本系列的统计参数趋于稳定,这样就可以用样本的统计参数近似估计总体的统计参数,从而估计总体的分布特征。水文计算中常用的统计参数有均值$\bar{x}$、变差系数 C_v 和偏态系数 C_s。

1）均值$\bar{x}$、中值$\tilde{x}$、众值$\hat{x}$

均值、中值和众值均代表系列中随机变量大小的情况,反映其频率分布曲线的位置特征。

（1）均值$\bar{x}$

均值是系列中随机变量的算术平均值,以$\bar{x}$表示。

系列中各个变量与均值的比值,称为模比系数(或变率),以 K_i 表示。

在水文统计法中,最常用的是均值,它表示系列总水平的高低。对于年最大流量系列,其均值为多年平均洪峰流量(简称平均流量),用$\bar{Q}$表示,$\bar{Q} = \dfrac{1}{n}\sum\limits_{i=1}^{n} Q_i$, n 为观测总年数。实践证明:当实测系列较长时,均值趋于稳定,接近于常数,因此可以利用实测水文资料系列(样本系列)

的均值近似地代替总体的均值。必须注意的是,极端值对均值有较大的影响,若系列中有特大值,则需修正其计算方法。

(2)中值$\check{x}$

将系列中的各变量(等权时)按大小递减次序排列,位置居中的那个变量称为中值,以$\check{x}$表示。

(3)众值$\hat{x}$

系列中出现次数最多的那个变量称为众值。

由上所述,均值、中值和众值只代表系列的平均情况,当系列中随机变量的取值比较集中(或频率分布比较集中)时,它们对系列的代表性就比较强;反之,系列越分散,它们的代表性就越差。除了频率分布的位置特征以外,还需要知道频率分布的分散(或集中)程度。

2)均方差 σ 和变差系数 C_v

均方差和变差系数都是反映随机变量系列对其均值离散程度的参数,表明系列分布对均值是比较分散还是比较集中。

系列中各随机变量x_i对其均值$\bar{x}$的差称为离差,用Δ_i表示,$\Delta_i = x_i - \bar{x}$,它表示各变量与均值偏离的大小。由于$\sum\limits_{i=1}^{n} \Delta_i = 0$,所以不能说明系列中各随机变量整体对均值的离散情况,故应该引入方差。方差是离差的平方和$\sum\limits_{i=1}^{n} \Delta_i^2 = \sum\limits_{i=1}^{n} (x - \bar{x})^2$,可以用来表示系列总的离散程度。为了使量纲一致,通常采用均方差 σ 表示各随机变量对其均值的平均离散程度。

在水文计算中,利用样本资料推算总体的变差系数可采用下式,即

$$C_v = \frac{\sigma}{\bar{x}} = \sqrt{\frac{\sum\limits_{i=1}^{n} (x_i - \bar{x})^2}{(n-1)\bar{x}^2}} \tag{9.9}$$

或

$$C_v = \frac{\sigma}{\bar{x}} = \sqrt{\frac{\sum\limits_{i=1}^{n} (K_i - 1)^2}{n-1}} = \sqrt{\frac{\sum\limits_{i=1}^{n} K_i^2 - n}{n-1}} \tag{9.10}$$

当C_v较小时,表示系列的离散程度较小,即变量间的变化幅度较小,频率分布比较集中;反之,当C_v较大时,系列的离散程度较大,频率分布比较分散。

我国河流的C_v值大多为$0.2 \sim 1.5$,由于C_v值只能表示系列资料分布相对均值的分散与集中,还需要知道更具体的分布情况(如正态、正偏态或负偏态分布),才能比较完整地描述频率分布的特征。

3)偏态系数 C_s

偏态系数是反映随机变量系列中各随机变量对其均值对称性的参数,它表明系列分布对均值是对称的还是不对称的,是正偏态还是负偏态,反映频率分布对均值的偏斜程度,用C_s表示。

对于总体:$C_s = \dfrac{\sum\limits_{i=1}^{n} (x_i - \bar{x})^3}{n\bar{x}^3 C_v^3}$ $\tag{9.11}$

对于样本：$C_s = \dfrac{\sum\limits_{i=1}^{n}(x_i - \overline{x})^3}{(n-3)\,\overline{x}^3 C_v^3}$　　　　　　　　　　　　　　　　　(9.12)

偏态系数 C_s 的绝对值越大，频率分布偏离均值越大。对于年最大流量系列，C_s 一般不会出现负值，多呈正偏态分布。这表明大于均值 $\overline{Q}$ 的流量出现的机会少，而小于均值 $\overline{Q}$ 的流量出现的机会多，平均流量 $\overline{Q}$ 的频率总是小于50%。

4）统计参数与密度曲线及频率曲线的关系

统计参数描述了随机变量系列的频率分布特征，也同时反映了随机变量系列的密度曲线和频率曲线（即分布曲线）的形状特征。

（1）统计参数 $\overline{x}$，C_v，C_s 与密度曲线形状的关系

统计参数 $\overline{x}$，C_v，C_s 与密度曲线形状的关系如图9.4所示。

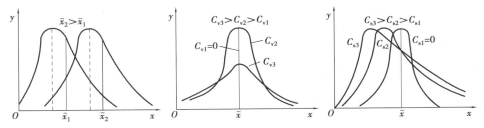

图9.4　$\overline{x}$，C_v 和 C_s 与密度曲线的关系

①均值 $\overline{x}$ 反映密度曲线的位置变化。若 C_v，C_s 均不变化，则曲线形状基本不变，曲线的位置随 $\overline{x}$ 的变化而沿 x 轴移动。

②变差系数 C_v 反映密度曲线的高矮情况。若 $\overline{x}$，C_s 不变化，C_v 越大，频率分布越分散，则曲线越显得矮而胖；反之，C_v 越小，曲线越瘦而高，当 $C_v = 0$ 时，将成为一条垂线（$x = \overline{x}$），而且 C_v 无负值。

③偏态系数 C_s 反映曲线的偏斜程度。若 $\overline{x}$，C_v 保持不变，则 $C_s > 0$ 时，曲线的峰值偏左（为正偏态）；当 $C_s < 0$ 时，曲线的峰值偏右（为负偏态）；当 $C_s = 0$ 时，曲线的峰居中，两侧对称（为正态分布）。$|C_s|$ 越大，峰值偏离越明显。年最大流量系列的 C_s 无负值，密度曲线总是峰值偏左，为正偏态。

（2）统计参数 $\overline{x}$，C_v，C_s 与频率曲线形状的关系

统计参数 $\overline{x}$，C_v，C_s 与频率曲线形状的关系如图9.5所示。

①均值 $\overline{x}$ 反映频率曲线的位置高度。若 C_v 及 C_s 值不变，则 $\overline{x}$ 越大，曲线越高。

②变差系数 C_v 反映频率曲线的陡坦程度。若 $\overline{x}$ 及 C_s 值不变，则 C_v 值越大，曲线越陡；C_v 值为零时，为一条水平线（纵坐标 $x = \overline{x}$）而且 C_v 无负值，曲线总是左高右低。

③偏态系数 C_s 反映频率曲线的曲率大小。若 $\overline{x}$ 及 C_v 值不变，则 $C_s > 0$ 时，随着 C_s 值的增大，曲线头部变陡，尾部变缓而趋平；当 $C_s = 0$ 时，为正态分布，其频率曲线在海森几率格纸上将成为一条直线；当 $C_s < 0$ 时，随着 C_s 值的减小，曲线头部趋平而尾部变陡。年最大流量系列的 C_s 无负值，频率曲线总是头部较陡尾部平缓。

根据上述分析，对一个已知系列，可以用它的统计参数来描述频率分布和频率曲线的特征。水文统计法就是利用实测水文资料系列（样本）推求近似总体的统计参数，并用以确定总体的

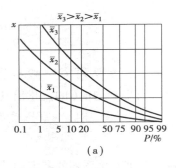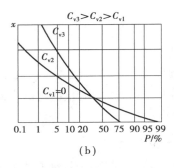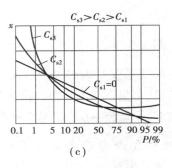

图 9.5　$\bar{x}, C_v$ 和 C_s 与频率曲线的关系

频率分布和频率曲线，求得设计洪水流量。

9.2.4　理论频率曲线

根据各国的实际经验，一般认为皮尔逊Ⅲ型曲线比较符合各国多数地区水文现象的实际情况，因此在水文统计法中，大多采用皮尔逊Ⅲ型曲线作为近似于水文现象总体的频率曲线线型。在实际计算中，通常是根据样本（实测资料），选择与经验频率点群配合最好的皮尔逊Ⅲ型（P-Ⅲ）曲线作为总体的理论频率曲线，用以满足实际水文计算的需要。

1）P-Ⅲ型曲线

皮尔逊（K. Pearson，英国生物学家）于 1895 年为随机现象提出并建立了一种概括性的曲线簇，其概率分布曲线的一般微分方程式为

$$\frac{dy}{dx} = \frac{(x+d)y}{b_0 + b_1 x + b_2 x^2} \tag{9.13}$$

式中，b_0, b_1, b_2 为系数；d 为均值到纵值的距离，即 $d = |\bar{x} - \hat{x}|$。

随着 b_0, b_1, b_2 取正、负或零，上式可以有 13 种类型，其中 $b_2 = 0$ 时为第三种，称为皮尔逊Ⅲ型曲线（P-Ⅲ），即

$$\frac{dy}{dx} = \frac{(x+d)y}{b_0 + b_1 x} \tag{9.14}$$

其曲线形状如图 9.6（a）所示，为一端有限、一端无限的偏态曲线。正偏态时，一般为左端有限、右端无限的偏斜形曲线，基本上符合水文现象的变化规律，此时坐标原点取在 $\bar{x}$ 值处。

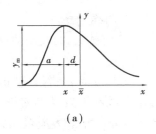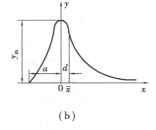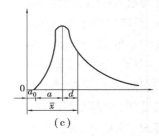

图 9.6　P-Ⅲ型曲线

若将坐标原点移至众值处时，如图 9.6（b）所示，则 P-Ⅲ型曲线（密度曲线）的方程式（密度函数）为

$$y = y_\text{m} \left[1 + \left(\frac{x}{a} \right)^{\frac{a}{d}} \right] \mathrm{e}^{-\frac{x}{d}} \tag{9.15}$$

式中,y_m 为众值处的纵坐标值,即曲线的最大纵坐标值;a 为曲线左端起点到众值点的距离;d 为均值到众值点的距离,即 $d = |\bar{x} - \hat{x}|$。

由方程式可知,y_m,a,d 是曲线的三个参数,如果确定了这三个参数,就可以绘出曲线。曲线的这三个参数经过适当换算,可以用系列的三个统计参数——均值 $\bar{x}$、变差系数 C_v 及偏态系数 C_s 来表示。它们的关系式为

$$a = \frac{C_\text{v}(4 - C_\text{s}^2)}{2C_\text{s}} \tag{9.16}$$

$$d = \frac{C_\text{v}C_\text{s}}{2} \bar{x} \tag{9.17}$$

$$y_\text{m} = \frac{a^{\frac{a}{d}}}{d^{\frac{a}{d}+1} + \mathrm{e}^{\frac{a}{d}}\Gamma\left(\frac{a}{d} + 1\right)} \tag{9.18}$$

式中,$\Gamma\left(\frac{a}{d} + 1\right)$ 为 Γ 函数,其他符号意义同前。

如图 9.6(c)所示,若将坐标原点移至水文资料系列的实际零点,则 P-Ⅲ 型曲线的方程式的密度函数为

$$y = \frac{\beta^\alpha}{\Gamma(\alpha)}(x - a_0)^{\alpha-1} \mathrm{e}^{-\beta(x-a_0)} \tag{9.19}$$

式中,a_0 为曲线左端起点到系列零点的距离,$a_0 = \bar{x} - (a + d)$;α,β 为曲线的参数,$\alpha = \frac{a}{d} + 1$,$\beta = \frac{1}{d}$;$\Gamma(\alpha)$ 为 Γ 函数。

曲线的三个参数 α,β,a_0 经过换算也可以用系列的三个统计参数 $\bar{x}$,C_v 和 C_s 来表示,其关系式为

$$\alpha = \frac{4}{C_\text{s}^2} \tag{9.20}$$

$$\beta = \frac{2}{C_\text{v}C_\text{s}\bar{x}} \tag{9.21}$$

$$a_0 = \frac{C_\text{s} - 2C_\text{v}}{C_\text{s}}\bar{x} \tag{9.22}$$

因此,若已知三个统计参数 $\bar{x}$,C_v 和 C_s,则 P-Ⅲ 型曲线及其方程式就可以确定,也就是确定了密度曲线及密度函数。

2)P-Ⅲ 型曲线的应用

水文统计法所需要的是频率曲线及相应的方程式,并用以推求指定频率的变量或某一变量的频率。频率曲线亦即分布曲线,其相应的方程式即为分布函数,可以由密度函数积分而得。因此,将 P-Ⅲ 型曲线的方程式进行一定的积分运算,就可以得到频率曲线纵坐标值 x_P 的计算公式,即频率曲线的方程式(分布函数)为

$$x_\text{P} = (\Phi C_\text{v} + 1)\bar{x} = K_\text{P}\bar{x} \tag{9.23}$$

式中,x_P 为频率为 P 的随机变量;Φ 为离均系数,$\Phi = \dfrac{K_P - 1}{C_v} = \dfrac{x_P - \bar{x}}{C_v \bar{x}} = \dfrac{x_P - \bar{x}}{\sigma} = f(P, C_s)$,它是频率 P 和偏态系数 C_s 的函数;K_P 为模比系数,$K_P = \dfrac{x_P}{\bar{x}} = \Phi C_v + 1$;其他符号意义同前。为便于实际应用,已制成离均系数 Φ 值表(表9.4),可供查阅。另外,根据拟订的比值 C_s/C_v 已制成模比系数 K_P 值表,可查阅公路桥涵设计手册《桥位设计》等。

对于年最大流量系列,式(9.23)可写成

$$Q_P = (\Phi C_v + 1) \bar{Q} = K_P \bar{Q} \tag{9.24}$$

式中,Q_P 为频率为 P 的洪峰流量,$\mathrm{m^3/s}$;$\bar{Q}$ 为平均流量,$\mathrm{m^3/s}$。

显然,根据已知的三个统计参数 $\bar{x}$、C_v 和 C_s,就可以利用上述公式推求任一频率的变量值,并能绘出理论频率曲线(P-Ⅲ型)。可见,理论频率曲线的绘制主要是由三个统计参数确定的。

表9.4 P-Ⅲ型曲线的离均系数 Φ 值表

C_s \ P/%	0.01	0.1	0.2	0.33	0.5	1	2	5	10	20	50	75	90	95	99
0.0	3.72	3.09	2.88	2.71	2.58	2.33	2.05	1.64	1.28	0.84	0.00	-0.67	-1.28	-1.64	-2.33
0.1	3.94	3.23	3.00	2.82	2.67	2.40	2.11	1.67	1.29	0.84	-0.02	-0.68	-1.27	-1.62	-2.25
0.2	4.16	3.38	3.12	2.92	2.76	2.47	2.16	1.70	1.30	0.83	-0.03	-0.69	-1.26	-1.59	-2.18
0.3	4.38	3.52	3.24	3.03	2.86	2.54	2.21	1.73	1.31	0.82	-0.05	-0.70	-1.24	-1.55	-2.10
0.4	4.61	3.67	3.36	3.14	2.95	2.62	2.26	1.75	1.32	0.82	-0.07	-0.71	-1.23	-1.52	-2.03
0.5	4.83	3.81	3.48	3.25	3.04	2.68	2.31	1.77	1.32	0.81	-0.08	-0.71	-1.22	-1.49	-1.96
0.6	5.05	3.96	3.60	3.35	3.13	2.75	2.35	1.80	1.33	0.80	-0.10	-0.72	-1.20	-1.45	-1.88
0.7	5.28	4.10	3.72	3.45	3.22	2.82	2.40	1.82	1.33	0.79	-0.12	-0.72	-1.18	-1.42	-1.81
0.8	5.50	4.24	3.85	3.55	3.31	2.89	2.45	1.84	1.34	0.78	-0.13	-0.73	-1.17	-1.38	-1.74
0.9	5.73	4.39	3.97	3.65	3.40	2.96	2.50	1.86	1.34	0.77	-0.14	-0.73	-1.15	-1.35	-1.66
1.0	5.96	4.53	4.09	3.76	3.49	3.02	2.54	1.88	1.34	0.76	-0.16	-0.73	-1.13	-1.32	-1.59
1.1	6.18	4.67	4.20	3.86	3.58	3.09	2.58	1.89	1.34	0.74	-0.18	-0.74	-1.10	-1.28	-1.52
1.2	6.41	4.81	4.32	3.95	3.66	3.15	2.62	1.91	1.34	0.73	-0.19	-0.74	-1.08	-1.24	-1.45
1.3	6.64	4.95	4.44	4.05	3.784	3.21	2.67	1.92	1.34	0.72	-0.21	-0.74	-1.06	-1.20	-1.38
1.4	6.87	5.09	4.56	43.15	3.83	3.27	2.71	1.94	1.33	0.71	-0.22	-0.73	-1.04	-1.17	-1.32
1.5	7.09	5.23	4.68	4.24	3.91	3.33	2.74	1.95	1.33	0.69	-0.24	-0.73	-1.02	-1.13	-1.26
1.6	7.31	5.37	4.80	4.34	3.99	3.39	2.78	1.96	1.33	0.68	-0.25	-0.73	-0.99	-1.10	-1.20
1.7	7.54	5.50	4.91	4.43	4.07	3.44	2.82	1.97	1.32	0.66	-0.27	-0.72	-0.97	-1.06	-1.14
1.8	7.76	5.64	5.01	4.52	4.15	3.50	2.85	1.98	1.32	0.64	-0.28	-0.72	-0.94	-1.02	-1.09
1.9	7.98	5.77	5.12	4.61	4.23	3.55	2.88	1.99	1.31	0.63	-0.29	-0.72	-0.92	-0.98	-1.04

C_s \ $P/\%$	0.01	0.1	0.2	0.33	0.5	1	2	5	10	20	50	75	90	95	99
2.0	8.21	5.91	5.22	4.70	4.30	3.61	2.91	2.00	1.30	0.61	−0.31	−0.71	−0.895	−0.949	−0.989
2.1	8.43	6.04	5.33	4.79	4.37	3.66	2.93	2.00	1.29	0.59	−0.32	−0.71	−0.869	−0.914	−0.945
2.2	8.65	6.17	5.43	4.88	4.44	3.71	2.96	2.00	1.28	0.57	−0.33	−0.70	−0.844	−0.879	−0.905
2.3	8.87	6.30	5.53	4.97	4.51	3.76	2.99	2.00	1.27	0.55	−0.34	−0.69	−0.820	−0.849	−0.867
2.4	9.08	6.42	5.63	5.05	4.58	3.81	3.02	2.01	1.26	0.54	−0.35	−0.68	−0.795	−0.820	−0.831
2.5	9.80	6.55	5.73	5.13	4.65	3.85	3.04	2.00	1.25	0.52	−0.36	−0.67	−0.772	−0.791	−0.800
2.6	9.51	6.67	5.82	5.20	4.72	3.89	3.06	2.01	1.23	0.50	−0.37	−0.66	−0.748	−0.764	−0.769
2.7	9.72	6.79	5.92	5.28	4.78	3.93	3.09	2.01	1.22	0.48	−0.37	−0.65	−0.726	−0.736	−0.740
2.8	9.93	6.91	6.01	5.36	4.84	3.97	3.11	2.01	1.21	0.46	−0.38	−0.64	−0.702	−0.710	−0.714
2.9	10.14	7.03	6.10	5.44	4.90	4.01	3.13	2.01	1.20	0.44	−0.39	−0.63	−0.680	−0.687	−0.690
3.0	10.35	7.15	6.20	5.51	4.96	4.05	3.15	2.00	1.18	0.42	−0.39	−0.62	−0.658	−0.665	−0.667
3.1	10.56	7.26	6.30	5.59	5.02	4.08	3.17	2.00	1.16	0.40	−0.40	−0.60	−0.639	−0.644	−0.645
3.2	10.77	7.38	6.39	5.66	5.098	4.12	3.19	2.00	1.14	0.38	−0.40	−0.59	−0.621	−0.624	−0.625
3.3	10.97	7.49	6.48	5.74	5.14	4.15	3.21	1.99	1.12	0.36	−0.41	−0.58	−0.604	−0.606	−0.606
3.4	11.17	7.60	6.56	5.80	5.20	4.18	3.22	1.98	1.11	0.34	−0.41	−0.57	−0.587	−0.588	−0.588
3.5	11.37	7.72	6.65	5.86	5.25	4.22	3.23	1.97	1.09	0.32	−0.41	−0.55	−0.570	−0.571	−0.571
3.6	11.57	7.83	6.73	5.93	4.30	4.25	3.24	1.96	1.08	0.30	−0.41	−0.54	−0.555	−0.556	−0.556
3.7	11.77	7.94	6.81	5.99	6.35	4.28	3.25	1.95	1.06	0.28	−0.42	−0.53	−0.540	−0.541	−0.541
3.8	11.97	8.05	6.89	6.05	5.40	4.31	3.26	1.94	1.04	0.26	−0.42	−0.52	−0.526	−0.526	−0.526
3.9	12.16	8.15	6.97	6.11	5.45	4.34	3.27	1.93	1.02	0.24	−0.41	−0.506	−0.513	−0.513	−0.513

3）抽样误差

水文统计法中的误差主要有以下三个方面：一是在水文资料的观测、整编过程中造成的误差；二是因参数的计算方法有问题引起的误差——计算误差；三是利用样本推算总体规律而引起的误差——抽样误差。前两类误差将随着科学技术的不断发展、计算方法的继续改进以及对资料的认真审查而减小到最低程度；抽样误差是统计方法本身造成的，只能通过延长观测年限、增大样本的容量、增强样本的代表性等措施逐步减小。

水文统计法中所寻求的是总体的规律，水文现象是一个无限总体，无论水文资料的观测年限多么长，终究是一个有限的样本。利用样本推算总体的参数值，计算结果总是存在一定的抽样误差。

总体包含无限多个随机样本，每一样本（容量为 n）推算的参数均不一定相等，这些参数与总体参数之差称为参数的抽样误差，它也是一个随机变量。以 x 为例，设 $\bar{x}$ 为总体的均值，$\bar{x}_i$ 为由某一样本计算出的均值,则 $\Delta \bar{x}_i = \bar{x}_i - \bar{x} \cdot \Delta \bar{x}_i$ 可能是各种不同数值,每一数值都是一个随机变量,它的出现都对应着一定的概率,也有其概率分布——抽样误差的概率分布。其分布规律是在总体均值 $\bar{x}$ 附近出现的次数多,而距 $\bar{x}$ 越远出现的次数越少,一般近似地认为是正态分布。

抽样误差是总体中许多样本推算结果的误差的平均值,并不能确定某个样本的实际误差以及误差的正负,所以水文统计法中计算的抽样误差,只能知道总体参数的误差平均情况和波动范围,可用以检验推算结果的准确程度,判断样本的代表性好坏,或作为修正总体参数值的参考。

利用样本推算总体的统计参数,都存在一定的抽样误差,尤其 C_s 的误差特别大,而且各项误差与样本容量 n 的平方根($\sqrt{n}$)成反比,$\sqrt{n}$ 越小误差越大,所以常用延长系列(增大 n)的方法来增强样本的代表性以减小误差。在水文统计法中,根据目前水文观测的实际情况,$\bar{Q}$(即均值 $\bar{x}$)和 C_v 尚可用公式计算,但要求实测水文资料具有足够长的观测年限,而且代表性较好,数据可靠,否则仍会产生很大的误差;而 C_s 由于误差过大,不宜直接利用公式计算,通常都是采用适线法来选 C_s 值。

4)适线法

适线法是选定统计参数的一种方法。它以绘制的理论频率曲线与实测资料配合得最好的情况作为选定统计参数的原则,所以也是一种绘制理论频率曲线的方法。

(1)适线法的一般步骤

适线法一般按下列步骤进行:

①将已知的随机变量系列按大小递减次序排列,计算各项变量的经验频率,并在海森几率格纸上点绘出经验频率点,必要时目估绘出经验频率曲线。

②根据初步估计的 $\bar{x}$,C_v 和 C_s 值(初试值),在绘有经验频率点(或经验频率曲线)的同一几率格纸上,绘出理论频率曲线。

③目测检查所绘理论频率曲线与经验频率点群的符合程度,应特别注意曲线上端(频率小的特大流量)二者的符合程度,反复调整统计参数值,直到使它们符合得最好为止,即可确定统计系数 $\bar{x}$,C_v 和 C_s 的采用值。

在适线过程中,一般只调整偏态系数 C_s 值。若适当调整 C_v 和 $\bar{x}$ 值,能够得到更为满意的结果,也可以对 C_v 和 $\bar{x}$ 值作少量调整。统计参数值的调整范围一般不应超过其抽样误差的计算值。调整的方法可以参照前述统计参数与频率曲线的关系(图9.5),根据理论频率曲线与经验频率点群的实际符合情况而定。例如,若频率曲线头部偏左而尾部偏低,可以适当增大 C_s 值;若频率曲线头部偏右而尾部偏高,可适当增大 C_v 值;若频率曲线普遍偏低,则可适当增大 $\bar{x}$ 值。

采用适线法推算桥涵的设计流量时,主要是利用频率曲线的头部推算频率较小的大流量,故应着重使曲线的上段与经验频率点群符合得最好,并应按有关规范的要求进行。

(2)两种常用的适线法

水文统计法中目前有多种适线法,这里介绍两种常用的方法:求矩适线法和三点适线法。

①求矩适线法:在本章中介绍的计算 $\bar{x}$,C_v 和 C_s 的式在数理统计法中称为矩法公式。例如,$\bar{x}$ 称为一阶零点矩、C_v 称为二阶中心矩。如果利用矩法公式计算 $\bar{x}$ 和 C_v 值,并假定 C_s 值,作为三个统计参数的初始值,并通过适线来确定最后的统计参数采用值,这种方法称为求矩适线法。根据我国的实践经验,C_s 值一般可以在 $(2 \sim 4)C_v$ 的范围内假定一个数值。

②三点适线法:在经验频率曲线上任选三个点,利用该三点处的流量值和相应的频率,推求三个统计参数的初试值,再通过适线确定三个统计参数的采用值,称为三点适线法。相对于求矩适线法,三点适线法推算统计参数的计算量大大减小,适用于 C_v 值较小的情况。

其基本原理是利用已知的三个流量和相应的频率,列出三个方程,求解三个统计参数 $\overline{Q}$, C_v 和 C_s。若三个流量值 Q_1, Q_2 和 Q_3 相应的离均系数为 $\varPhi_1$, $\varPhi_2$ 和 $\varPhi_3$,则根据式(9.23)可得

$$\left. \begin{array}{l} Q_1 = (\varPhi_1 C_v + 1)\overline{Q} \\ Q_2 = (\varPhi_2 C_v + 1)\overline{Q} \\ Q_3 = (\varPhi_3 C_v + 1)\overline{Q} \end{array} \right\}$$

联立求解,可得

$$S = \frac{\varPhi_1 + \varPhi_3 - 2\varPhi_2}{\varPhi_1 - \varPhi_3} = \frac{Q_1 + Q_3 - 2Q_2}{Q_1 - Q_3} \tag{9.25}$$

$$\overline{Q} = \frac{Q_3 \varPhi_1 - Q_3 \varPhi_3}{\varPhi_1 - \varPhi_3} \tag{9.26}$$

$$C_v = \frac{Q_1 - Q_3}{Q_3 \varPhi_1 - Q_1 \varPhi_3} \tag{9.27}$$

式中,S 为偏度系数,可根据已知的 Q_1, Q_2 和 Q_3 计算得出。

由 S 与 $\varPhi$ 的关系可知,S 也是频率 P 和偏差系数 C_s 的函数,若已知 S 和 P,则可求得 C_s 值,而 $\overline{Q}$ 和 C_v 值也就可以按上述公式计算而得。所得的 $\overline{Q}$,C_v 和 C_s 值,即可作为三个统计参数初试值进行适线。为了便于计算,可预先制定 S 与 C_s 值关系表以供查阅。在经验频率曲线上选取的三个点,应尽量使其间距大一些,但也不宜超过实测范围过多,一般可根据实测范围选用 $P_{1\text{-}2\text{-}3} = 1\% \text{-}50\% \text{-}99\%$,$P_{1\text{-}2\text{-}3} = 3\% \text{-}50\% \text{-}97\%$,$P_{1\text{-}2\text{-}3} = 5\% \text{-}50\% \text{-}95\%$,$P_{1\text{-}2\text{-}3} = 10\% \text{-}50\% \text{-}90\%$ 等各种频率组合。三点适线法计算比较简便,但所依据的经验频率曲线为目估绘制,任意性较大。其计算方法和步骤详见下面的实例。

9.2.5 相关分析及其应用

在数理统计法中,把变量之间近似的或平均的关系称为相关关系,把研究这种关系的方法称为相关分析。

变量之间的关系,有的比较密切,有的不甚密切,可以分为三种情况:完全相关、零相关、统计相关。统计相关是指变量之间虽不是各自独立、互不影响的,但彼此之间的关系也不是非常密切,它们介于完全相关和零相关之间,或简称为相关。

两个变量之间的相关称为简单相关,而多个变量之间的相关则称为复杂相关。简单相关又分为直线相关与曲线相关。

1) 直线相关的回归方程式

简单相关中的直线相关,就是两个变量之间可以近似地配成一条直线。通常是根据两系列中随机变量的各对应值,在坐标纸上绘出相应的点据,称为散点图或相关图。如果这些点据呈直线趋势分布,就说明两系列的变量之间存在着直线相关。然后通过点群绘制一条与这些点据

配合最佳的直线,这条直线就称为两变量的回归线,该直线的方程式则称为两变量的回归方程式。

建立两变量间的回归方程式作为绘制回归线的依据,可以避免目估的任意性,以满足实际工作的需要。以 x_i, y_i 分别表示两个相关系列中随机变量的对应值,n 表示其对应值的个数,可以在坐标纸上点绘出 n 个相应点据,通过这些点据可以得到一条直线,即相关直线。根据最小二乘法原理,若要直线与各个点据配合最佳,就应使离差的平方和为最小,即

$$\sum_{i=1}^{n} (y_i - y)^2 = 最小值$$

由此,通过变换可得直线 y 与 x 的回归方程式为

$$y - \overline{y} = \frac{\sum_{i=1}^{n} (x_i - \overline{x})(y_i - \overline{y})}{\sum_{i=1}^{n} (x_i - \overline{x})^2} (x - \overline{x}) \tag{9.28}$$

式中,$\overline{y}$ 和 $\overline{x}$ 分别为两系列中对应随机变量值的平均值。

由式(9.28)可看出,该直线通过点 $(\overline{x}, \overline{y})$,而点 $(\overline{x}, \overline{y})$ 恰好是点群的重心位置,所以回归直线必然通过点群的重心。

由回归方程式的推导原理可知,对于任意一组点据,都可以按式(9.28)求得一个直线方程式并绘出一条直线。对于不呈直线趋势分布的或分布非常散乱的点据,说明两个变量之间不存在直线相关,所求出的直线及其方程式就不能代表两变量之间的关系,也就没有任何实际意义。所以,回归方程式仅仅是一种计算工具,不能说明两变量之间存在着何种相关及其相关的密切程度。因此,还需要一个判别标准,用来说明两变量之间是否存在线性相关以及相关的密切程度。

2) 相关系数

在数理统计法中,一般采用相关系数 r 来描述和判别两变量之间的相关程度。相关程度即回归线与点据之间的密切程度,对线性相关来说是指直线与点据之间关系的密切程度。

(1)相关系数 r

相关系数 r 可以按下列公式计算,即

$$r = \frac{\sum_{i=1}^{n} (x_i - \overline{x})(y_i - \overline{y})}{\sqrt{\sum_{i=1}^{n} (x_i - \overline{x})^2 \sum_{i=1}^{n} (y_i - \overline{y})^2}} \tag{9.29}$$

或

$$r = \frac{\sum_{i=1}^{n} K_{xi} K_{yi} - n}{\sqrt{\left(\sum_{i=1}^{n} K_{xi}^2 - n\right)\left(\sum_{i=1}^{n} K_{yi}^2 - n\right)}} \tag{9.30}$$

式中,K_{xi}, K_{yi} 分别为两系列中随机变量对应值的模比系数,$K_{xi} = \dfrac{x_i}{x}$,$K_{yi} = \dfrac{y_i}{y}$。

(2)相关系数 r 的性质

①若 $\sum_{i=1}^{n} (y_i - \overline{y})^2 = 0$,则各点据与直线(回归线)的离差为零,表明所有点据都恰好位于

一条直线(回归线)上,即两变量之间存在着线性函数关系,为完全相关。此时,相关系数 $r = \pm 1$。

②若两个变量之间不存在线性相关,则为零相关,此时相关系数 $r = 0$。

③当相关系数 r 介于 0 与 ± 1 之间时,表明两变量之间存在着线性相关,为统计相关,而且 r 的绝对值越接近 1,相关程度越高。相关系数 $r > 0$ 时称为正相关,$r < 0$ 时称为负相关。

需要指出的是,当相关系数 r 很小或接近于零时,只说明两变量之间的线性相关程度很差或不存在,但也可能存在某种曲线相关。

3) 相关分析的误差

在统计相关中,两变量之间不是函数关系,回归线只是实际点或数据的一条最佳适合线,所以相关分析也有一定的误差。在回归直线上任一 x 值所对应的 y 值,只是实际变量取值 y_i 的一个最佳估计值,亦即理论上的平均值,而实际上每一个 x 值($x = x_i$)都可能对应着很多个 y_i 值。因此,对于线性相关,实有点据并不完全位于一条直线上,而分散于直线的两侧。直线与实有点据之间,也就是依据直线所得 y 值与实际变量 y_i 值之间,存在着一定的误差,这就是回归线(或回归方程式)的误差。按正态分布考虑(两变量 x 和 y 均为正态分布时),其误差可用均方误差 S_y 表示。S_y 可按下式计算,即

$$S_y = \sigma_y \sqrt{1 - r^2} \tag{9.31}$$

散点图中的数据,落在 $y \pm S_y$ 范围内的约占全部数据的 68.26%,而落在 $y \pm 3S_y$ 范围内的则约占 99.73%。也可以说,实际变量 y_i 值在 $y - S_y$ 或 $y + S_y$ 之间的可能性为 68.26%,而落在 $y - 3S_y$ 与 $y + 3S_y$ 之间的可能性则为 99.73%。由于水文现象一般都不是正态分布,所以上述误差分析在水文计算中只能作为参考。

在相关分析中,相关系数 r 也是利用样本推算的,所以必然存在一定的抽样误差。其抽样误差若以均方误差 σ_r 表示,可按下式估算:

$$\sigma_r \approx \frac{1 - r^2}{\sqrt{n}} \tag{9.32}$$

相关系数的抽样误差若以随机误差 E_r 表示,则有

$$\left. \begin{array}{l} E_r = \pm 0.674\,5\sigma_r = \pm 0.674\,5\dfrac{1 - r^2}{\sqrt{n}} \\[3mm] 4E_r \approx \pm 2.698\dfrac{1 - r^2}{\sqrt{n}} \end{array} \right\} \tag{9.33}$$

而且

$$\left. \begin{array}{l} P(r - E_r \leqslant r \leqslant r + E_r) = 50\% \\[2mm] P(r - 4E_r \leqslant r \leqslant r + 4E_r) = 99.3\% \end{array} \right\} \tag{9.34}$$

由式(9.34)可知,利用样本推算的总体相关系数 r,基本上全部落在 $r \pm 4E_r$ 范围内(其概率为 99.3%),落在该范围之外的可能性仅为 0.7%。因而一般就认为,当 $|r| > |4E_r|$ 时,相关系数 r 不改变正负号,表明两变量之间存在线性相关(不会出现 $r = 0$ 而呈零相关),但是其线性相关的密切程度尚需视相关系数的大小而定,只有相关系数足够大时,才能表明相关程度密切。因此,还需要一个相关系数 r 的最低界限,作为相关程度的判别数。在桥涵水文计算中,采用 $|r| > 0.8$,即以 0.8 作为相关系数的最低界限值。

4)相关分析在水文计算中的应用

在实际工作中,能够搜集到的实测水文资料往往观测年限较短,有时还可能在观测期间有缺测年份。若能找到与它有客观联系的长期连续观测资料,就可以利用两个实测资料系列之间变量的统计相关进行相关分析,对短期观测资料进行插补和延长,减小抽样误差,提高水文统计的精度。因此,相关分析也是水文计算的一种重要工具。

9.2.6 水文断面处设计流量的推算

水文断面包括水文站实测断面、洪水调查处断面以及路线轴线与水流正交时的桥位断面。水文断面处设计流量 Q_P 的推算,应按《公路工程水文勘测设计规范》(JTG C30—2015)的要求,根据所掌握的资料情况,选择适当的计算方法。

对于大、中河流,当可搜集足够多的水文站年最大流量系列资料(连续系列或不连续系列)时,可应用 P-Ⅲ型曲线作为理论频率曲线,进行频率分析计算,合理、快捷地确定设计流量或指定频率的流量;当缺少甚至没有水文观测资料时,可用全国水文分区经验公式推算设计流量。

1)根据观测资料推算设计流量

当能够搜集并整理得到水文断面多年的年最大洪水流量资料(经相关分析插补、延长后,具有20年以上观测资料)时,可应用9.2.4介绍的适线法,推算水文断面处设计洪水流量,但在计算经验频率和频率曲线的统计参数时,要将年最大洪水流量资料系列分连续系列(即无特大值系列)和不连续系列(即有特大值系列)两种情况分别处理。

(1)经验频率的计算

经验频率的计算要根据搜集的年最大洪水流量资料的情况分别选用以下方法。

①连续系列经验频率的计算。当搜集的年最大洪水流量资料系列具有20年以上观测资料且不存在特大洪水时,样本系列为简单随机样本,此系列称为连续系列,可按前述的维泊尔公式计算经验频率。

$$P_m = \frac{m_i}{n+1} \times 100 \tag{9.35}$$

式中,P_m 为实测系列洪峰流量的经验频率,% ;m_i 为实测洪峰流量系列按递减次序排列的序位;n 为实测洪峰流量系列项数(年数)。

②不连续系列经验频率的计算。不连续系列指具有20年以上观测资料,同时具有洪水调查(或文献考证)资料时,资料系列中存在特大洪水,此时,样本系列为非简单随机样本,必须对特大洪水(x_N)进行处理。

a.特大洪水 x_N。水利部门通常将洪水分为常遇洪水、大洪水、特大洪水三个等级。在水文统计计算时,对于特大洪水并没有明确定量的标准,通常指比一般洪水大得多的洪水,即稀遇频率相应的流量 Q_N。

b.特大洪水 x_N 发生的三种情况:实测系列之内,由观测得到;实测系列之外,由调查或考证得到;一部分在实测系列之内,一部分在实测系列之外。

c.特大洪水 x_N 处理的目的:因其数值特别突出,与系列一般值严重脱节,而构成了一个非连续系列。这说明该突出点的重现期比系列项数大,处理之后可提高代表性,与别的实测资料构成连续系列。

d. 特大洪水 x_N 处理的内容:经验频率的计算(P_M 为特大洪水频率、P_m 为实测洪水频率);处理后统计参数 Q,C_v,C_s 的计算。

e. 不连续系列(即有特大值系列)的经验频率可按分别处理法和统一处理法估算。

2)频率曲线统计参数的计算

矩法公式是在 P-Ⅲ型曲线的基础上发展起来的,适用于连续系列和不连续系列。因此,可采用矩法推算理论频率曲线的统计参数。

(1)连续系列统计参数的计算

$$\bar{Q} = \frac{1}{n}\sum_{i=1}^{n} Q_i \tag{9.36}$$

$$C_v = \sqrt{\frac{\sum_{i=1}^{n}(K_i - 1)^2}{n-1}} \text{ 或 } C_v = \sqrt{\frac{\sum_{i=1}^{n}K_i^2 - n}{n-1}} \tag{9.37}$$

式中,$\bar{Q}$ 为洪峰流量均值,m^3/s;Q_i 为历年最大洪峰流量值,m^3/s;n 为观测系列的项数,即年数;C_v 为变差系数;K_i 为系列中每一流量与平均流量的比值,$K_i = \dfrac{Q_i}{\bar{Q}}$。

偏态系数 C_s 值可通过适线法或参照地区经验选定 C_s/C_v 数值后求得。

(2)不连续系列统计参数的计算

如在迄今为止的 N 年中,已查明的 a 项特大洪水 $Q_j(j=1,2,\cdots,a)$,其中 l 项发生在实测与插补后的 n 年系列中,假定$(n-l)$年系列均值和均方差与除去特大洪水后$(N-a)$年系列的均值和均方差相等,即$\bar{x}_{N-a} = \bar{x}_{n-l}$,$\sigma_{N-a} = \sigma_{n-l}$,则有

$$\bar{Q} = \frac{1}{N}\left[\sum_{j=1}^{a} Q_j + \frac{N-a}{n-l}\sum_{i=l+1}^{n} Q_i\right] \tag{9.38}$$

$$C_v = \frac{1}{\bar{Q}}\sqrt{\frac{1}{N-1}\left[\sum_{j=1}^{a}(Q_j - \bar{Q})^2 + \frac{N-a}{n-l}\sum_{i=l+1}^{n}(Q_i - \bar{Q})^2\right]} \tag{9.39}$$

式中,Q_j 为特大洪峰流量,$j=1,\cdots,a$;Q_i 为实测期一般年最大洪峰流量,$i=l+1,\cdots,n$。

偏态系数 C_s 值也可通过适线法或参照地区经验选定 C_s/C_v 数值后求得。

9.2.7 桥位断面处设计流量、设计水位的推算

上节所述为水文断面处的设计流量推算,在桥位设计中需要的是桥位断面的设计流量或设计水位,当水文断面与桥位断面不在同一处时(图9.7),必然要进行两断面之间流量或水位的换算。

设 Q 为水文断面处历史洪峰流量或多年平均洪峰流量,以实测或调查时所得的资料而定。H 则为与流量 Q 对应的水文断面处历史洪水位或多年平均的洪水位。

Q'_P 为水文断面处由设计桥涵规定频率的设计流量,H'_P 则为与 Q'_P 相对应的水文断面处规定频率的设计水位。

Q_P 为桥位断面规定频率的设计流量,H_P 则为桥位断面的设计水位。

Q 与 H 是同一水文断面上对应的流量与水位,Q'_P 与 H'_P 也是同一水文断面上,但是由桥涵规定频率制约的对应流量与水位,因此纵向相互间都可用谢才公式来计算,并且都符合同一断面的 H-A-V-Q 曲线规律,可绘制此曲线并用以校核。

Q 与 Q'_P 之间的联系,可通过作经验频率曲线和理论频率曲线,依据桥涵的规定通过频率间转换来完成。而 Q'_P 与 Q_P 之间则通过位置转移,进行相互间的流量推算。

H 与 H'_P 都在同一水文断面上,而 H'_P 与 H_P 之间则通过位置转移,进行相互间的水位推算。

这里介绍已知 Q'_P 及 H'_P 的前提下,如何进行位置转移推算 Q_P 及 H_P 的方法。

1)桥位断面处设计流量的推算

①如图 9.7 所示,若水文断面与桥位断面处的流域面积差 $\left|\dfrac{F'_P - F_P}{F_P}\right| \times 100 \leqslant 5\%$ 时,则水文断面处的流量 Q'_P 可直接作为桥位断面处的设计流量,即 $Q_P = Q'_P$。

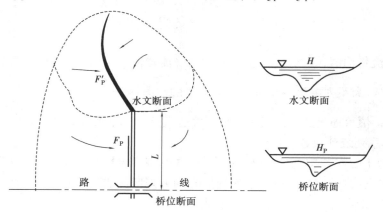

图 9.7　水文断面与桥位断面

②若水文断面处与桥位断面处的流域面积相差不大于 20% 时,可按下式计算:

$$Q_P = \left(\frac{F_P}{F'_P}\right)^n Q'_P \tag{9.40}$$

式中,F'_P,Q'_P 分别为水文断面处的流域面积和规定频率流量;F_P,Q_P 分别为桥位断面处的流域面积和设计流量;n 为指数,由本河或邻近类似河流的实测资料统计而得,一般取 0.5~0.7。

③若水文断面处与桥位断面处的流域面积相差大于 20% 时,式(9.40)计算的结果误差较大,应结合实际情况,经分析后谨慎选用。

2)桥位断面处设计水位的推算

①在水文断面与桥位断面处两者的流域面积相差不超过 5% 时,可利用水文断面处规定频率流量 Q'_P 所对应的水位 H'_P,通过洪水比降法推算桥位断面的设计水位。

$$H_P = H'_P \pm I \cdot L \tag{9.41}$$

式中,I 为洪水比降,以小数计(当水文断面在上游、桥位在下游时取负号计算,当桥位在上游、水文断面在下游时取正号计算);L 为水文断面至桥位断面沿河流中泓线上的水平投影距离。

②根据桥位处的实测断面水文资料,绘制水位-流量关系曲线,利用已知设计流量反推设计水位;同时应结合上下游的历史洪水位和河段洪水比降调查资料进行分析修正。

③当桥位上下游的卡口、人工建筑物等对水位有影响时,可利用第 5 章中的河段水面曲线计算法推算桥位断面处的设计水位。

本章小结

（1）通过水文调查与勘测得到水文资料、洪水调查资料、气象资料和文献资料等,选择合适的水文断面并进行绘制;当用形态调查法确定流速、流量时,可按均匀流谢才公式和曼宁公式计算。

（2）了解河川水文现象的特性与分析方法。水文统计法是根据河川水文现象具有随机性的特点,对实测水文资料进行统计分析,寻求水文现象的统计规律,预估其今后变化的一种水文分析计算方法。

（3）设计洪水频率应根据国家颁布的规范确定,对应于设计洪水频率的洪峰流量是桥涵工程的设计流量。水文统计法就是根据频率曲线推算对应于设计洪水频率的流量,并以此作为桥涵的设计流量。

（4）掌握经验频率曲线的绘制方法,若资料系列不长,欲求小频率的流量值时,需要将频率曲线外延。直接应用经验频率曲线外延的方法推求稀遇频率的流量具有很大的任意性,因此在水文统计法中大多采用 P-Ⅲ型曲线作为近似于水文现象总体的频率曲线。

习　题

9.1　何谓水文断面? 水文断面的选择应注意哪些条件? 工程实际中应如何考虑水文断面的具体位置和数量?

9.2　进行历史洪水调查时,应完成哪几项调查内容?

9.3　何谓洪水比降? 简述绘制桥位河段洪水比降图的步骤。

9.4　什么叫抽样误差? 如何减少抽样误差?

9.5　试述累积频率与重现期的含义及关系。

9.6　什么是理论频率曲线? 它的作用是什么? 为什么说理论频率曲线仍具有一定的经验性?

9.7　简述根据观测资料推算设计流量的步骤。

9.8　当缺乏观测资料时,如何推算设计流量?

9.9　某水文站有 22 年不连续的年最大流量资料（见表）,试绘制该站的经验频率曲线,并目估延长,推求洪水频率为 2%,1% 和 0.33% 的流量。

题 9.9 表　　　　　　　　　　　　　　　　　　　　单位:m³/s

序号	1	2	3	4	5	6	7	8	9	10	11
年份	1988	1989	1990	1991	1992	1993	1994	1995	1996	1997	1998
流量	2 000	2 380	2 100	2 600	2 950	2 500	1 000	1 100	1 360	1 480	2 250
序号	12	13	14	15	16	17	18	19	20	21	22
年份	1999	2000	2001	2002	2003	2004	2005	2006	2007	2008	2009
流量	600	1 530	2 170	1 650	1 300	1 850	900	1 900	1080	1 010	1 700

9.10 利用习题 9.9 中的年最大流量资料,计算三个统计参数 $\overline{Q}$,C_v,C_s,绘制理论频率曲线(P-Ⅲ型),并推算洪水频率为 2%,1% 和 0.33% 的流量。

9.11 某水文站有 32 年连续的年最大流量资料(见下表)。用求矩适线法确定其统计参数 $\overline{Q}$,C_v 和 C_s,推算洪水频率为 2%,1% 和 0.33% 的流量,并计算 $\overline{Q}$,C_v,C_s 和 $Q_{1\%}$ 的抽样误差。

题 9.11 表 单位:m^3/s

序号	1	2	3	4	5	6	7	8	9	10	11
年份	1951	1952	1953	1954	1955	1956	1957	1958	1959	1960	1961
流量	767	1 781	1 284	1 507	2 000	2 380	2 100	2 600	2 950	3 145	2 500
序号	12	13	14	15	16	17	18	19	20	21	22
年份	1962	1963	1964	1965	1966	1967	1968	1969	1970	1971	1972
流量	1 000	1 100	1 360	1 480	2 250	3 408	2 088	600	1 530	2 170	1 650
序号	23	24	25	26	27	28	29	30	31	32	
年份	1973	1974	1975	1976	1977	1978	1979	1980	1981	1982	
流量	840	2 854	1 300	1 850	900	3 773	1 900	1 080	1 010	1 700	

9.12 利用习题 9.11 中的年最大流量资料,用三点适线法确定其统计参数据 $\overline{Q}$,C_v 和 C_s。

9.13 某水文站经过插补延长后有 32 年连续年最大流量资料(见下表),用求矩适线法推求规定洪水频率为 2%,1% 的流量。

题 9.13 表 单位:m^3/s

序号	1	2	3	4	5	6	7	8	9	10	11
年份	1964	1965	1966	1967	1968	1969	1970	1971	1972	1973	1974
流量	2 000	2 100	767	1 781	1 284	1 507	2 145	2 380	2 170	1 700	2 500
序号	12	13	14	15	16	17	18	19	20	21	22
年份	1975	1976	1977	1978	1979	1980	1981	1982	1983	1984	1985
流量	2 408	2 088	600	1 080	840	2 950	2 253	2 250	1 100	1 480	2 600
序号	23	24	25	26	27	28	29	30	31	32	
年份	1986	1987	1988	1989	1990	1991	1992	1993	1994	1995	
流量	1 900	1 650	1 300	1 000	1 360	3 614	900	1 010	1 850	1 530	

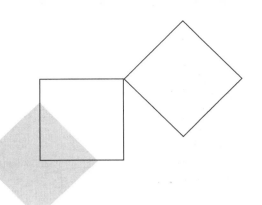

10 桥位处水力水文计算

本章导读：

● **基本要求** 掌握小桥孔径的水力计算方法；理解桥位选择的一般知识和桥位调查的内容；掌握桥孔布设原则和桥孔长度计算；掌握桥面中心和引道路堤的最低高程的推算；理解并掌握桥下最大冲刷深度及墩台基础的最小埋置深度的计算方法。

● **重点** 小桥孔径的水力计算；最佳桥位的选择；确定合适的桥孔位置、桥孔长度和高度；推算桥面中心和引道路堤的最低高程；桥下最大冲刷深度及墩台基础的最小埋置深度的计算。

● **难点** 最佳桥位的选择；桥孔的布设；推算桥面中心和引道路堤的最低高程；计算桥下最大冲刷深度及墩台基础的最小埋置深度。

10.1 小桥孔径计算

小桥的底板一般与渠底齐平，并无底槛隆起（$P=0$），如图 10.1 所示。但在缓流河道中由于受桥墩或桥边墩侧向收缩的影响，水流的过水断面变小，造成局部阻力。水流在桥孔前水位壅高，进入桥孔后流速增加，造成水面第一次跌落；当水流流出桥孔后，由于水面变宽，又产生局部阻力，使水面第二次跌落。这种水流变化过程与宽顶堰水流类似，因此，宽顶堰流的计算公式可应用于小桥的水力计算中。与宽顶堰流一样，小桥孔径过流也分自由出流和淹没出流。

1）自由出流

当桥的下游水位不影响小桥的过水能力时，水面有明显的两次跌落，这时的小桥出流为自由出流。一般桥的下游水深 $h \leqslant 1.3 h_K$（h_K 是桥下渠道的临界水深，此判别准则是经验数据）

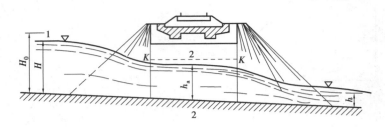

图 10.1　小桥桥孔过流

时,水流处于急流状态。

对桥的上游断面和桥孔断面建立能量方程,有

$$H + \alpha_0 \frac{v_0^2}{2g} = h_a + \alpha \frac{v^2}{2g} + \xi \frac{v^2}{2g} \tag{10.1}$$

令

$$H_0 = H + \alpha_0 \frac{v_0^2}{2g} \tag{10.2}$$

式中,h_a 为小桥水深,$h_a = \psi h_K$(ψ 称为垂向收缩系数,且 $\psi < 1$),垂向收缩系数 ψ 的具体数据由小桥进口形状确定:平滑进口 $\psi = 0.80 \sim 0.85$、非平滑进口 $\psi = 0.75 \sim 0.80$;v_0 为桥上游断面流速;v 为桥孔断面流速,其计算式为

$$v = \varphi \sqrt{2g(H_0 - h_a)} \tag{10.3}$$

则流量 Q 为

$$Q = mbh_a \sqrt{2g(H_0 - h_a)} \tag{10.4}$$

式中,φ 为小桥流速系数,$\varphi = 1/\sqrt{\alpha + \xi}$,小桥流量系数与流速系数一致,即 $m = \varphi$。考虑到小桥有侧向收缩,引入侧向收缩系数 ε,则

$$Q = \varepsilon \cdot mbh_a \sqrt{2g(H_0 - h_a)} \tag{10.5}$$

系数 φ 和 ε 的经验值见表 10.1。

表 10.1　小桥孔径的收缩系数和流速系数

桥台形状	流速系数 φ	侧收缩系数 ε
单孔,有锥体填土(锥体护坡)	0.90	0.90
单孔,有八字翼墙	0.90	0.85
多孔,无锥体填土多孔,桥台伸出锥体之外	0.85	0.80
拱脚浸水的拱桥	0.80	0.75

2)淹没出流

当小桥的下游水深 $h \geqslant 1.3h_K$ 即下游水位将影响桥孔过流能力时,此流动称为淹没出流(图 10.2),桥孔水流水面只发生一次跌水。如忽略水流在流出桥孔过程中的流速变化而造成的水深变化,则桥下的水深可认为与下游水深一致,水流处于缓流,淹没出流的水力计算公式为

$$v = \varphi \sqrt{2g(H_0 - h)} \tag{10.6}$$

$$Q = mbh \sqrt{2g(H_0 - h)} \tag{10.7}$$

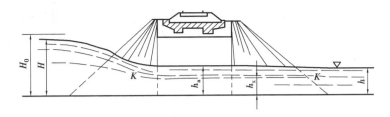

图 10.2 小桥孔径的淹没出流

【**例 10.1**】 小桥设计流量 $Q = 30 \text{ m}^3/\text{s}$，下游水深 $h = 1.0 \text{ m}$，由相关规范得知，桥前允许的壅水高度 $H' = 2 \text{ m}$，桥下允许流速 $v' = 3.5 \text{ m/s}$。小桥进口形式为平滑进口单孔有八字翼墙，相应的各项系数为 $\varphi = 0.90$ 和 $\varepsilon = 0.85$，并取 $\psi = 0.80$。试计算小桥的孔径。

【**解**】 (1)计算临界水深

$$h_K = \sqrt[3]{\frac{\alpha Q^2}{(\varepsilon b)^2 g}}$$

流量 $Q = v'(\varepsilon b) h_a = v'(\varepsilon b) \psi h_K$，$\varepsilon$ 为收缩系数，εb 为实际流动宽度。整理得

$$h_K = \frac{\alpha \psi^2 v'^2}{g} = \frac{1 \times 0.8^2 \times 3.5^2}{9.8} = 0.8 \text{(m)}$$

经计算得 $1.3 h_K = 1.04 \text{ m} > h = 1.0 \text{ m}$，此小桥过流为自由出流。

(2)孔径计算

$$b = \frac{Q}{\varepsilon \psi h_K v'} = 15.8 \text{ m}$$

取标准值 $b = 16 \text{ m}$，相应临界水深 $h_K = 0.792 \text{ m}$，$1.3 h_K > h$，仍为自由出流。桥孔的实际流速

$$v = \frac{Q}{\varepsilon \psi h_K} = 3.48 \text{ m/s} < v'$$

结果满足桥下允许流速的要求。

(3)验算桥前水深

$$H \approx H_0 = h + \frac{\left(\dfrac{v}{\varphi}\right)^2}{2g} = 1.76 \text{ m} < H'$$

结果满足规范壅水高度的要求。

10.2 大、中桥桥位设计

10.2.1 桥位选择和桥位调查

1)桥位选择的一般规定

①桥位选择应对各个可比选方案进行详细的调查和勘测，对复杂的大桥、特大桥，应进行必要的物探和钻探，既应考虑当前现状，也应征求有关部门的意见，经全面分析论证，确定推荐方案。

②桥位选择应从国民经济发展和国防需要出发,并在整体布局上宜与铁路、水利、航运、城建等方面的规划互相协调配合;注意保护文物、环境和军事设施等,同时还要照顾群众利益,少占良田,少拆迁有价值的建筑物。

③高速公路和一级公路的特大、大、中桥桥位线形应符合路线布设要求。一般公路上的桥位,原则上应服从路线走向,桥、路综合考虑,注意位于弯、坡、斜处的桥梁设计和施工的难度。在适当的范围内,根据河段水文、地形、工程地质条件等特点进行综合比较后再确定。

④对水文、工程地质和技术复杂的特大桥桥位,应在已定路线大方向的前提下,根据河流的形态特征、水文、工程地质、通航要求和施工条件以及地方工农业发展规划等,在较大范围内进行全面的技术、经济比较后确定。

⑤跨河位置、布孔方案等应征求水利、航运等部门的意见。

2)桥位选择的要求和特点

①一般地区桥位选择在水文、地形地貌、工程地质和通航等方面的要求见表10.2。

表10.2　一般地区桥位选择要求

相关类别	桥位选择要求
水文	(1)应选择在河道顺直、稳定,滩地较高、较窄且河槽能通过大部分设计流量的河段上,不宜选在不稳定的河汊,河床冲淤严重,汇流口,急弯,卡口,古河道以及易形成流冰、流木阻塞的河段上; (2)应注意河道的演变和避免因建桥对天然河道的影响; (3)桥位轴线宜与中、高洪水位时的流向正交,如不可能正交,当斜角大于5°时,则应在孔径和基础设计时考虑其影响; (4)桥位与水流斜交,应避免在引道上游形成水袋;若不可避免时,应采取相应措施
地形地貌	(1)应尽量选在两岸有山嘴或高地等河岸稳固、便于接线的较开阔的河段; (2)上下游不应有山嘴、石梁、沙洲等,以免影响水流畅通; (3)应尽量避免地面、地下有重要设施拆迁; (4)应考虑施工场地布置、材料运输等方面的要求
工程地质	(1)应选在基岩和坚硬土层外露或埋藏较浅、地质条件简单、地基稳定处; (2)不宜选在活动性断层、滑坡、泥石流、强岩溶等不良地质的地段
通航	(1)应选在通航比较稳定、顺直且具有足够通航水深的河段上,如航道不稳定,应考虑河道变迁的影响; (2)应离开险滩、浅滩、急弯、卡口、汇流口和水工设施、码头、港口作业区和船舶锚地,其离开的距离参照有关规范规定; (3)在通航期内,桥轴线应与主流正交,如斜交时,桥轴线的法线与主流交角不宜大于5°,否则应增大通航孔的跨径

②在山区河流、山前区河流、平原区河流等不同的河流类型和河段类型上的桥位选择应与各类河段特点相适应,与桥孔布设相配合。

③除此之外,桥位选择应从国民经济发展、生态环境保护等需要出发,在整体布局上应与铁路、航运、水利、环境保护等方面相互配合,应配合水文、地形、地质、通航等方面的要求,同时还要兼顾群众利益,少占农田、少拆迁、少淹没等。

3）桥位调查

桥位调查主要包括桥位测量、水文调查、工程地质调查、涉河工程调查4个方面的内容。

（1）桥位测量

为了选择桥位和布置桥孔、桥头引道、调治构造物、施工场地轮廓等需要，应测绘桥位平面图。桥位平面图包括桥位总平面图和桥址地形图，对于河面不宽的中桥可将二者绘在同一张图上。桥位总平面图的测绘范围应能满足桥位比选、桥头引道、调治构造物和施工场地布置等的需要；桥址地形图的测绘范围应能满足桥梁孔径、桥头引道和调治构造物的平面设计需要。

（2）水文调查

水文调查主要包括水文观测、历史洪水调查和文献考证等有关资料的搜集和分析（具体方法见第9章）。此外，水文调查还应向气象部门收集风向、风速、气温、降水量和冰雪覆盖厚度等资料，向航运部门调查河道的有关通航情况。

（3）工程地质调查

为了查清桥位及附近的地质构造、查明河床土壤抗冲刷的能力、提供决定桥梁墩台的形式及埋置深度的依据、检验引道路堤及调治构造物的稳定性，工程地质调查中根据墩台初拟设置的情况，结合实地勘察，按规范的要求确定钻孔位置、数目和深度。

如考虑就地取材建桥，还应在桥位附近对工程所需的当地材料进行来源调查。

（4）涉河工程调查

桥位河段存在的其他涉河工程状况，也应调查清楚。

10.2.2　桥孔长度和桥孔布设

桥涵分类（表10.3）有以下两个指标：

①单孔跨径 L_K，用以反映技术复杂程度；

②多孔跨径总长 L，用以反映建设规模。

表10.3　桥涵分类

桥涵分类	多孔跨径总长 L/m	单孔跨径 L_K/m
特大桥	$L > 1\,000$	$L_K > 150$
大　桥	$100 \leqslant L \leqslant 1\,000$	$40 \leqslant L_K \leqslant 150$
中　桥	$30 < L < 100$	$20 \leqslant L_K < 40$
小　桥	$8 \leqslant L \leqslant 30$	$5 \leqslant L_K < 20$
涵　洞	—	$L_K < 5$

注：①单孔跨径是指标准跨径。

　　②梁式桥、板式桥的多孔跨径总长为多孔标准跨径的总长；拱式桥为两岸桥台内起拱线间的距离；其他形式为桥面系车道长度。

　　③管涵及箱涵不论管径或跨径大小、孔数多少，均称为涵洞。

　　④标准跨径：梁式桥、板式桥以两桥墩中线间距离或桥墩中线与台背前缘间距为准；拱式桥和涵洞以净跨径为准。

1)桥孔最小净长 L_j 的计算

桥孔长度的确定,首先应满足排洪和输沙的要求,即保证设计洪水以内的各级洪水及其所挟带的泥沙能从桥下顺利通过,并满足通航、流冰、流木及其他漂浮物通过的要求。从安全和经济两方面着眼,同时应综合考虑桥孔长度、桥前壅水和桥下冲刷的相互影响。

沿着设计水位的水面线,两桥台前缘之间(埋入式桥台则为两桥台护坡坡面之间)的水面宽度,称为桥孔长度 L;扣除全部桥墩宽度(仍沿原水面线)后的桥孔长度,则称为桥孔净长 L_j。

《公路工程水文勘测设计规范》(JTG C30—2015)中规定,对于峡谷型河段上的桥梁,仅要求按地形布置桥孔,一般可不作桥孔长度计算;对其他各类河段上的桥梁,可按以下公式计算桥孔最小净长 L_j。

①开阔、顺直微弯、分汊、弯曲河段及滩、槽可分的不稳定河段,按下式计算:

$$L_j = K \left(\frac{Q_P}{Q_c} \right)^n B_c \tag{10.8}$$

式中,L_j 为最小桥孔净长,m;Q_P 为设计流量,m^3/s;Q_c 为设计水位下天然河槽流量,m^3/s;B_c 为天然河槽宽度,m;K,n 分别为系数和指数,其值按表10.4采用。

表 10.4　K,n 值表

河段类型	K	n
开阔、顺直微弯河段	0.84	0.90
分汊、弯曲河段	0.95	0.87
滩、槽可分的不稳定河段	0.69	1.59

②宽滩河段,按下式计算:

$$L_j = \frac{Q_P}{\beta q_c} \tag{10.9}$$

$$\beta = 1.19 \left(\frac{Q_c}{Q_t} \right)^{0.10} \tag{10.10}$$

式中,q_c 为河槽平均单宽流量,$\text{m}^3/(\text{s} \cdot \text{m})$;$\beta$ 为水流压缩系数;Q_t 为河滩流量,m^3/s。

③滩、槽难分的不稳定河段,按下式计算:

$$L_j = C_P \cdot B_0 \tag{10.11}$$

$$B_0 = 16.07 \left(\frac{\overline{Q}^{0.24}}{\overline{d}^{0.3}} \right) \tag{10.12}$$

$$C_P = \left(\frac{Q_P}{Q_{2\%}} \right)^{0.33} \tag{10.13}$$

式中,B_0 为基本河槽宽度,m;$\overline{Q}$ 为年最大流量平均值,m^3/s;$\overline{d}$ 为河床泥沙平均粒径,m;C_P 为洪水频率系数;$Q_{2\%}$ 为频率为2%的洪水流量,m^3/s。

④桥孔设计长度,除应满足上述公式计算的最小净长外,还应结合桥位地形、桥前壅水、冲刷深度和河床地质等情况,作出不同桥长的技术经济比较,综合论证后确定。

2)桥孔布设

从河流和水文的角度考虑,必须针对河段特点布设桥孔,但公路勘测设计时,桥孔布设还要和路线方案及公路平、纵断面设计统一考虑。

①桥孔布设应与天然河流断面流量分配相适应。在稳定性河段上,左右河滩桥孔长度之比应近似与左右河滩流量之比相当;在次稳定和不稳定河段上,桥孔布设必须考虑河床变形和流量分布变化趋势的影响。桥孔不宜压缩河槽,可适当压缩河滩。

②在内河通航的河段上,通航孔布设应符合通航净空的要求,并应充分考虑河床演变和不同水位所引起的航道变化。通航海轮桥梁的桥孔布设应符合《通航海轮桥梁通航标准》(JTJ 311—1997)的规定。

③河流中泓线上不宜布设桥墩,在断层、陷穴、溶洞、滑坡等不良地质地段也不宜布设墩台。

④在有流冰、流木的河段上,桥孔应适当加大,并应增设防冰撞措施。

⑤山区河流的桥孔布设宜符合以下要求:

a. 峡谷河段:一般宜单孔跨越峡谷急流。桥面高程根据设计洪水位结合两岸地形和路线等条件确定。

b. 开阔河段:可适当压缩河滩。河滩路堤宜与洪水主流流向正交,否则应增设调治工程。

c. 山区沿河纵向桥:宜提高线位,将沿河纵向桥设置在山坡坡脚,避开水面或少占水面。

⑥平原河流的桥孔布设应符合以下要求:

a. 顺直微弯河段:桥孔和墩台布设应考虑河槽内边滩下移、主槽在河槽内摆动的影响。

b. 弯曲(蜿蜒)河段:通过河床演变调查,预测河湾发展和深泓变化,考虑河槽凹岸水流集中冲刷发展和凸岸淤积等对桥孔及墩台的影响。

c. 分汊河段:在滩槽较稳定的分汊河段上,若多年流量分配基本稳定,可考虑布设一河多桥。桥孔布设应预计各汊流流量分配比例的变化,设置同流量分配相对应的导流构造物。

d. 宽滩河段:可根据桥位上下游主流趋势及深泓线摆动范围布设桥孔,并可适当压缩河滩,但应注意壅水对上游的影响。若河汊稳定又不宜导入桥孔时,可考虑修建一河多桥。

e. 游荡河段:桥孔不宜过多压缩河床,应结合当地治理规划,辅以调治工程。

⑦山前区河流桥孔布设应符合以下要求:

a. 冲积漫流河段:桥孔宜在河流上游狭窄段或下游收缩段跨越。若在河床宽阔、水流具有显著分支处跨越时,可采用一河多桥方案,并应在各桥间采用相应的分流和防护措施。桥下净空应考虑河床淤积影响。

b. 变迁性河段:允许桥孔较大地压缩河滩,但要辅以适当的调治工程。桥轴线应与河岸线或洪水总趋势正交,河滩路堤不宜设置小桥和涵洞。当采用一河多桥方案时,应堵截邻近主河槽的支汊。

【例10.2】　接例9.1资料,南方地区该桥位地处开阔河段,河道顺直。桥梁上部拟采用标准跨径为13 m的钢筋混凝土简支梁,净跨径$L_0 = 11.8$ m,梁高1 m(包括桥面铺装层)。下部为单排双柱钻孔桩墩,墩径$d = 1.2$ m,采用U形桥台,台长为6 m。试选择公式计算最小桥孔长度,并进行桥孔布设。

【解】　开阔河段,河道顺直,用式(10.8)计算最小桥孔净长,已知设计流量$Q_P = 3\ 468$ m³/s,天然河槽流量$Q_c = 1\ 958$ m³/s,河槽宽度$B_c = 680 - 600 = 80$(m);

查表10.4,可得$K = 0.95, n = 0.87$,则

$$L_j = 0.95 \times \left(\frac{3\ 468}{1\ 958}\right)^{0.87} \times 80 = 124.97(\text{m})$$

套用标准跨径,采用 12 孔方案,即两桥台前缘之间的距离

$$L_d = 11.8 \times 12 + 1.2 \times 11 = 154.8(m)$$

桥梁两端桥台台尾间的距离(即全桥长)

$$L'_d = 154.8 + 2 \times 6.0 = 166.8(m)$$

具体桥孔布设如图 10.3 所示。

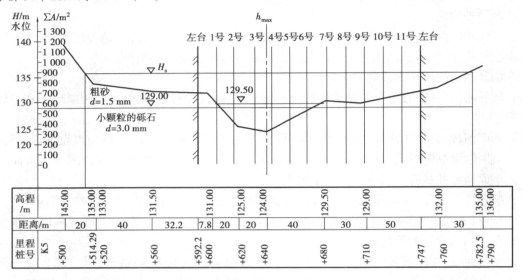

图 10.3 桥孔布设

10.2.3 桥面中心和引道路堤最低设计高程

桥面中心和引道路堤最低设计高程,是从水力学、水文学角度提出的最低建筑高程界限。至于桥面设计高程和引道路堤设计高程,应综合考虑桥面纵向坡度、排水和两岸路线接线高程等因素后分别确定,但必须高于或等于本节确立的桥面中心最低高程和引道路堤最低设计高程。

1) 桥面中心最低高程

桥面中心最低高程按河流不通航和通航两种情况分别确定。

对于不通航河流,当按设计水位推算桥面中心最低高程时,需考虑桥孔压缩水流后的桥下壅水、波浪高度、水拱、局部股流壅高、河湾超高和河床淤积等引起的桥下水位增高。关于流冰、水拱、局部股流壅高、河湾超高和河床淤积等引起的桥下水位增高,目前尚无成熟的计算公式,可根据调查和实测确定。在计算中必须详细分析影响桥下水位增高的各个因素是否确实存在。

(1)不通航河流

①按设计水位计算桥面中心最低高程:

$$H_{min} = H_P + \sum \Delta h + \Delta h_j + \Delta h_0 \tag{10.14}$$

式中,H_{min} 为桥面中心最低高程,m;H_P 为设计水位高程,m;$\sum \Delta h$ 为根据河流的具体情况,酌情考虑壅水、浪高、水拱或局部股流壅高(水拱与局部股流壅高不能同时考虑,取其大者)、河湾超

高、床面淤高、漂浮物等诸因素的总和(具体确定方法见后),m;Δh_j为桥下净空安全值,见表10.5所列;Δh_0为桥梁上部构造建筑安全值(包括桥面铺装高度),m,由上部构造设计或标准图定。

②按流冰水位计算桥面中心最低高程(北方寒冷地区):

$$H_{\min} = H_{PB} + \Delta h_j + \Delta h_0 \tag{10.15}$$

式中,H_{PB}为设计最高流冰水位,m,应考虑床面淤高;其他符号意义同前。

表 10.5　不通航河流桥下净空安全值 Δh_j

桥梁部位	按设计水位要求计算的桥下净空安全值/m	按最高流冰水位计算的桥下净空安全值/m
梁　底	0.50	0.75
支座垫石顶面	0.25	0.50
拱　脚	按注①要求处理	0.25

注:①无铰拱的拱脚,允许被洪水淹没,淹没高度一般不超过拱圈矢高的2/3;拱顶底面至设计水位的净高不小于
　　1 m。
②山区河流水位变化大,桥下净空安全值可适当加大。

(2)通航河流

通航河流的桥面中心最低高程除应满足不通航河流的要求外,同时还应满足下式要求:

$$H_{\min} = H_{tn} + H_M + \Delta h_0 \tag{10.16}$$

式中,H_{tn}为设计最高通航水位,m,采用表10.6规定的各级洪水重现期水位;H_M为通航净空高度,m,见表10.7中航道等级的第Ⅱ行"( )"中编号对应船队尺度,也可查公路桥涵设计手册《桥位设计》;其他符号意义同前。

表 10.6　天然河流设计最高通航水位标准

航道等级	一、二、三	四、五	六、七
洪水重现期/a	20	10	5

注:①山区河流如经多年水文资料查证,出现高于设计最高通航水位历时很短,则根据具体情况,三级航道标准可降为
　　10年一遇,四、五级航道可降为5年一遇,六、七级航道可按2~3年一遇标准执行。
②设计最低通航水位参见《内河通航标准》(GBJ 139—2014)确定。

表 10.7　水上过河建筑物通航净空尺度

航道等级		天然及渠化河流/m				限制性航道/m			
		净高 H_M	净宽 B_M	上底宽 b	侧高 h	净高 H_M	净宽 B_M	上底宽 b	侧高 h
Ⅰ	(1)	24	160	120	7.0				
	(2)	18	125	95	7.0				
	(3)		95	70	7.0				
	(4)		85	65	8.0	18	130	100	7.0

续表

航道等级		天然及渠化河流/m				限制性航道/m			
		净高 H_M	净宽 B_M	上底宽 b	侧高 h	净高 H_M	净宽 B_M	上底宽 b	侧高 h
Ⅱ	(1)	18	105	80	6.0				
	(2)		90	70	8.0				
	(3)	10	50	40	6.0	10	65	50	6.0
Ⅲ	(1)								
	(2)	10	70	55	6.0	10			
	(3)		60	45	6.0		85	65	6.0
	(4)		40	30	6.0		50	40	6.0
Ⅳ	(1)	8	60	50	4.0				
	(2)		50	41	4.0	8	80	66	3.5
	(3)		35	29	5.0		45	37	4.0
Ⅴ	(1)	8	46	38	4.0				
	(2)		38	31	4.5	8	75～77	62	3.5
	(3)	8.5	28～30	25	5.5、3.5	8.5	38	32	5.0、3.5
Ⅵ	(1)					4.5	18～22	14～17	3.4
	(2)	4.5	22	17	3.4				
	(3)	6	18	14	4.0	6	25～30	19	3.6
	(4)						28～30	21	3.4
Ⅶ	(1)					3.5	18	14	2.8
	(2)	3.5	14	11	2.8		18	14	2.8
	(3)	4.5	18	14	2.8	4.5	25～30	19	2.8

注:①桥下净高 H_M 是从设计最高通航水位起算,桥下净宽 B_M 是指设计最低通航水位时桥墩之间的净距。

②在平原河网地区建桥遇特殊困难时,可根据具体条件研究确定。

③桥墩(柱)侧如有显著的紊流,则通航孔桥墩(柱)间的净宽应为本表的通航宽加两侧紊流区的宽度。

④航行条件较差或弯曲河段上的桥梁,其通航净宽应在表列数值基础上根据船舶航行安全的需要适当放宽。

2)引道路堤最低设计高程

建桥后,上游近桥位处出现最高壅水断面,然后水面呈漏斗状,沿水流方向从最大壅水值处向桥位断面降落,沿桥轴断面方向从泛滥边界向桥孔呈水平线或呈斜直线逐渐降落。降落方式与有无导流堤及其形式有关。引道路堤最低设计高程正是按不同的导流堤设置和上游水面降落情况建立公式计算确定的。计算图式如图 10.4 所示,引道路堤最低设计高程分别按下述办法确定。

在图 10.4 中:

a 为桥前最大壅水高度,m。

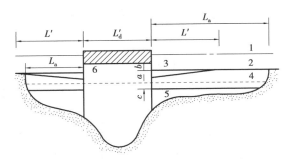

图 10.4　桥头河滩路堤上、下游水位示意图

1—路肩线；2—上游无封闭式导流堤时的水位线；3—上游无导流堤或有梨形堤时的水位线；
4—建桥前天然设计水位线；5—下游水位线；6—桥梁

b 为路堤上游边坡沿路堤的最大壅水高度，m。当 $L_a > L'$ 时，$b = SI_0$；当 $L_a < L'$ 时，$b = \dfrac{SI_0}{L'}L_a$。

（I_0 为桥位河段天然水面比降）

L_a 为桥头路堤起点（桥台台尾起算，有时近似以桥台前缘起算）至同一端岸边的距离，m。

L'_d 为桥梁两岸桥台台尾间的距离，m。

L' 为桥头路堤起点沿桥轴向至路堤上游侧形成最大壅水处的距离，m。

$$L' = AS - 0.5L'_d \tag{10.17}$$

其中，S 为桥轴线至桥前最大壅水处的距离，m。

$$S = K_s(1 - M)B \tag{10.18}$$

其中，M 为天然状态下桥孔范围内通过的流量与设计流量之比，即 $M = \dfrac{Q_{0M}}{Q_P}$；B 为设计洪水的水面宽度，m；K_s 为系数，按表 10.8 查取。

A 为系数，按表 10.9 查取。

c 为路堤下游水位降低高度 ΔH_X，$\Delta H_X = K_j \overline{h}_{0d}$。其中，$K_j$ 为水位降低系数，可按表 10.10 查用；$\overline{h}_{0d}$ 为计算端河滩引道路堤范围内当处于设计水位时的平均水深，m。

表 10.8　K_s 值表

M 值	K_s 值	M 值	K_s 值
0.8	0.45	0.6	0.53
0.7	0.48	0.5	0.59

表 10.9　A 值表

A \ E'	M				A \ E'	M			
	0.5	0.6	0.7	0.8		0.5	0.6	0.7	0.8
0	1.43	1.93	2.80	4.60	0.6	1.85	2.35	3.23	5.16
0.1	1.44	1.94	2.81	4.64	0.7	1.98	2.52	3.47	5.57
0.2	1.48	1.95	2.82	4.68	0.8	2.14	2.73	3.79	6.16
0.3	1.55	2.00	2.83	4.72	0.9	2.31	2.97	4.16	6.92
0.4	1.63	2.09	2.90	4.77	1.0	2.52	3.23	4.56	7.54
0.5	1.73	2.20	3.03	4.87					

注：表中 E' 为桥孔偏置系数，$E' = 1 - Q'_{t1}/Q'_{t2}$，Q'_{t1} 和 Q'_{t2} 分别为桥两端河滩路堤阻挡的流量，其中 Q'_{t1} 为阻挡流量较小者，Q'_{t2} 为较大者。当桥梁只有一端有路堤阻挡时，$Q'_{t1} = 0$，$E' = 1.0$。

表 10.10　水位降低系数 K_j

E' 　 Q'_t/Q'_P	河滩路堤阻挡流量较大一端						河滩路堤阻挡流量较小一端					
	0	0.2	0.4	0.6	0.8	1.0	0	0.2	0.4	0.6	0.8	1.0
0	0.00	0.00	0.00	0.00	0.00	0.00	0.00	0.00	0.00	0.00	0.00	0.00
0.1	0.07	0.08	0.10	0.12	0.13	0.14	0.07	0.07	0.07	0.06	0.06	0.06
0.2	0.13	0.17	0.20	0.23	0.25	0.26	0.13	0.13	0.12	0.12	0.11	0.11
0.3	0.19	0.25	0.29	0.33	0.35	0.36	0.19	0.19	0.18	0.18	0.18	0.17
0.4	0.25	0.33	0.38	0.41	0.43	0.44	0.25	0.24	0.24	0.23	0.23	0.22
0.5	0.30	0.40	0.44	0.46	0.48	0.48	0.30	0.29	0.28	0.27	0.26	0.24
0.6	0.33	0.42	0.47	0.49	0.51	0.51	0.33	0.32	0.30	0.29	0.28	0.26
0.7	0.36	0.44	0.49	0.51	0.52	0.52	0.34	0.32	0.30	0.28	0.28	0.27

注:①表列 K_j 可内插计算;

②表中 Q'_t 为全桥河滩路堤所阻挡的流量。

①当上游无导流堤或有梨形导流堤时,引道路堤任意点路肩最低设计高程可按以下方法计算[设 L_X 为路堤计算点距桥台尾部(路堤起点)的距离]:

当 $L_X < L'$ 时(建筑限界为斜直线)

$$H_{min} = H_P + \Delta Z + L_X \frac{SI_0}{L'} + \Delta h_P + 0.50 \qquad (10.19)$$

当 $L_X \geqslant L'$ 时(建筑界限为水平线)

$$H_{min} = H_P + \Delta Z + SI_0 + \Delta h_P + 0.50 \qquad (10.20)$$

式中,H_P 为设计水位,m;ΔZ 为桥前最大壅水高度,m;Δh_P 为除了桥前壅水高度以外的各种水位附加高度,m,包括波浪侵袭高度(斜水流局部冲高)和河床淤积高(波浪侵袭高度与斜水流局部冲高取两者之较大者);其他符号意义同前。

②当上游有非封闭式导流堤时,路堤任意点处路肩的最低设计高程可按以下方法计算:

当 $L_a \geqslant L'$ 时(建筑界限为水平线),H_{min} 可按式(10.20)计算。

当 $L_a < L'$ 时(建筑界限为水平线)

$$H_{min} = H_P + \Delta Z + L_a \frac{SI_0}{L'} + \Delta h_P + 0.50 \qquad (10.21)$$

式中符号意义同前。

③当上游有封闭式导流堤且封闭式导流堤不会被洪水破坏时,引道路堤的最低设计高程由路堤下游水位控制,可按以下方法计算:

$$H_{min} = H_P + \Delta H_X + \Delta h_e + 0.50 \qquad (10.22)$$

式中,Δh_e 为自静水面算起的波浪侵袭高度,m,具体确定方法见后述内容;ΔH_X 为引道路堤下游侧水位较设计水位的降低值,m;其他符号意义同前。

而当封闭式导流堤可能被洪水破坏时,引道路堤的最低设计高程按式(10.20)或式(10.21)计算。

位于壅水范围内的桥位、河湾附近的桥位、有股流壅高和水拱现象的桥位等,河滩引道路堤高程应根据实际情况考虑增高值。

3)桥下壅水计算

壅水值的大小与桥孔设计关系密切,建桥后桥前壅水高度应不危及两岸农田、村镇和堤坝的安全。

(1)桥前最大壅水高度 ΔZ

水流通过桥孔时,由于桥梁墩台和桥头引道对过水面积的压缩,从而形成了桥前壅水。桥前壅水最大值的位置:有导流堤时,在导流堤上游端部附近;无导流堤时,在桥前1倍桥长处,或按式(10.18)计算。

有导流堤时桥前最大壅水高度 ΔZ 可按下式计算:

$$\Delta Z = \eta(\bar{v}_M^2 - \bar{v}_0^2) \tag{10.23}$$

式中,η 为系数,与水流进入桥孔的阻力有关,见表10.11;$\bar{v}_M$ 为桥下平均流速,m/s,可按表10.12采用;$\bar{v}_0$ 为天然断面平均流速,m/s,$\bar{v}_0 = \dfrac{Q_P}{A}$。

表 10.11 η 值表

河滩路堤阻断流量与设计流量 Q_P 比值/%	< 10	11 ~ 30	31 ~ 50	> 50
η	0.05	0.07	0.10	0.15

表 10.12 桥下平均流速

土质	土壤类别	桥下平均流速
松软土	淤泥、细砂、淤泥质黏土	$\bar{v}_M = \bar{v}_{0M}$
中等土	粗砂、砾石、小卵石、亚黏土和黏土	$\bar{v}_M = \dfrac{1}{2}\left(\dfrac{Q_P}{A_j} + \bar{v}_{0M}\right)$
密实土	大卵石、大漂石、黏土	$\bar{v}_M = \dfrac{Q_P}{A_j}$

(2)桥下壅水高度 $\Delta Z'$

桥下壅水高度 $\Delta Z'$ 是桥面中心最低高程计算公式(10.14)中 $\sum \Delta h$ 的一部分,一般情况下可采用 $\Delta Z' = \dfrac{1}{2}\Delta Z$ 计算。当河床坚实不易冲刷时,$\Delta Z' = \Delta Z$;当河床松软易于冲刷时,$\Delta Z' = 0$。

(3)壅水曲线全长

壅水曲线全长

$$L = \frac{2\Delta Z}{I} \tag{10.24}$$

式中,I 为洪水比降,以小数计;其他符号意义同前。

4)波浪高度和波浪侵袭高度

在确定桥面中心和引道路堤最低设计高程时,应考虑波浪和波浪侵袭高度的影响。波浪是指在风力作用下水面的波动现象,波浪的几何要素有波峰、波谷、波高、波长等(图10.5)。波峰顶与波谷底之间的高差 Δh_2 称为波浪高度。波浪从静水位沿斜坡爬升的最大高度 Δh_e 称为波浪侵袭高度。

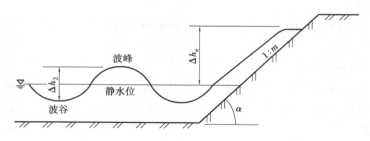

图 10.5　波浪示意图

（1）波浪高度 Δh_2 的计算

波浪高度一般可在桥位现场调查取得,调查有困难时可按下述方法计算确定。

①在水库、湖泊、港湾等局部水域或设计洪水持续时间较长的河流上,波浪高度按下式计算：

$$\Delta h_2 = K_F \overline{\Delta h_2} \tag{10.25}$$

$$\frac{g\,\overline{\Delta h_2}}{v_W^2} = 0.13\,\text{th}\left[0.7\left(\frac{g\overline{h}}{v_W^2}\right)^{0.7}\right]\text{th}\left\{\frac{0.001\,8\left(\frac{gF_f}{v_W^2}\right)^{0.45}}{0.13\,\text{th}\left[0.7\left(\frac{g\overline{h}}{v_W^2}\right)^{0.7}\right]}\right\} \tag{10.26}$$

式中, Δh_2 为波浪计算高度,m; $\overline{\Delta h_2}$ 为波浪平均高度,m; K_F 为波列累积频率换算系数,当 $\frac{\overline{\Delta h_2}}{\overline{h}} <$ 0.1 时取2.42,当 $\frac{\overline{\Delta h_2}}{\overline{h}} \geqslant 0.1$ 时取2.30;th 为双曲正切函数,$\text{th } x = \frac{e^x - e^{-x}}{e^x + e^{-x}}$; v_W 为计算点设计水位以上10 m 高度处,多年测得的洪水期间自记2 min 平均最大风速的平均值,当无风速资料时可根据调查按风力查表10.13 参考确定; $\overline{h}$ 为沿计算风向断面上设计水位时的平均水深,（当计算水域内水深变化较大时采用水域平均水深）,m; F_f 为风区浪程,即风吹生成波浪的水面距离,m。

表 10.13　蒲福风级表

风力等级	陆地地面物的征象	相当风速/(m·s⁻¹)	
		范　围	中　数
0	静,烟直上	0～0.2	0.1
1	烟能表示风向	0.3～0.5	0.9
2	人面感觉有风,树叶不微响	1.6～3.3	2.5
3	树叶及微枝动摇不息,旌旗展开	3.4～5.4	4.4
4	能吹起地面灰尘和纸张,树的小枝动摇	5.7～7.9	6.7
5	有叶的小树摇动,内陆的水面有小波	8.0～10.7	9.4
6	大树枝摇动,电线呼呼有声,举伞困难	10.8～13.8	12.4

风力等级	陆地地面物的征象	相当风速/(m·s⁻¹)	
		范 围	中 数
7	全树摇动,大树枝弯下来,迎风步行感觉不便	13.9~17.1	15.5
8	可折毁树枝,人向前行感觉阻力甚大	17.2~20.7	19.0
9	烟囱及平房顶受到损坏,小屋受到破坏	20.8~24.4	22.6
10	陆上少有,有则可使树木拔起或将建筑物摧毁	24.5~28.4	26.5
11	陆上少有,有则必有重大损毁	28.5~32.6	30.6
12	陆上极少,其摧毁力极大	>32.6	>30.6

②风区(浪程)长度的计算方法:对于开阔水域,一般可沿波浪计算方向,从地形图上量取波浪计算点至设计水位泛滥边缘的距离确定,当最大风区的方向与风向之间的夹角不超过22.5°时,可认为两者重合。图 10.6 为利用当地气象站的实测风向和风速资料绘制的汛月风玫瑰图,结合此图可查出桥位上游最大浪程方向的风速。

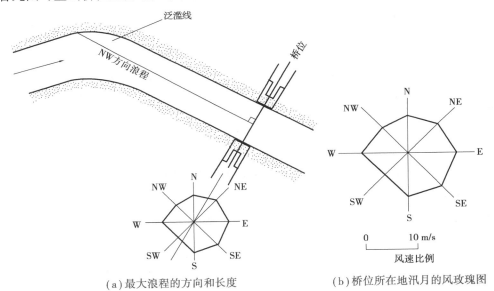

（a）最大浪程的方向和长度   （b）桥位所在地汛月的风玫瑰图

图 10.6　浪程示意图

考虑浪高影响,推求桥面中心最低高程时,取 2/3 波浪高度计入。

（2）波浪侵袭高度

波浪侵袭高度的大小与波浪的特性、边岸坡度、坡面粗糙度以及透水性等因素有关,应尽量根据本地区的观测和调查资料确定,缺乏资料时可根据以下经验公式确定:

$$\Delta h_e = K_A \cdot K_V \cdot R_0 \cdot \Delta h_2 \qquad (10.27)$$

式中,Δh_e 为波浪侵袭高度(自静水位起算),m;K_A 为边坡糙渗系数,查表 10.14 确定;K_V 为风速影响系数,查表 10.15 确定;R_0 为相对波浪侵袭高度系数,即 $K_A = 1.0$,$K_V = 1.0$,$\Delta h_2 = 1.0$ m 时的波浪侵袭高度,查表 10.16 确定;Δh_2 为波浪计算高度,m。

表 10.14　边坡糙渗系数 K_A

边坡 护面类型	整片光滑不透水护面 （沥青混凝土）	混凝土及浆砌片石护面 与光滑土质护坡	干砌片石 及植草皮	一、二层 抛石加固	抛石组成 的建筑物
K_A	1.0	0.9	0.75 ~ 0.80	0.6	0.50 ~ 0.55

表 10.15　风速影响系数 K_V

风速/(m · s^{-1})	5 ~ 10	10 ~ 20	20 ~ 30	> 30
K_V	1.0	1.2	1.4	1.6

表 10.16　相对波浪侵袭高度系数 R_0

边坡系数	1.00	1.25	1.50	1.75	2.00	2.50	3.00
R_0	2.16	2.45	2.52	2.40	2.22	1.82	1.50

有下列情况之一时,可不考虑波浪侵袭高度的影响:

①洪峰历时短促的河流;

②浪程短于 200 m;

③水深小于 1 m;

④靠近路堤的河滩上,生长有高于水深加半个波浪高度的成片灌木丛。

当桥台和引道路堤受到波浪斜向侵袭时,侵袭高度有所减弱。当边坡系数 $m > 1$ 和斜向角度 $\beta \geqslant 30°$ 时,可用下式计算值代替引道路堤最低设计高程计算中所考虑的 Δh_e。

$$\Delta h'_e = \frac{1 + 2 \sin \beta}{3} \cdot \Delta h_e \qquad (10.28)$$

式中,$\Delta h'_e$ 为修正后的波浪侵袭高度,m;β 为构造物边坡上水边线与浪射线之间的夹角,(°)。

5)水流局部冲击高度

山区或山前区河流上,当河滩引道路堤轴线与水流流向不平行或者水流急转弯时,在路堤边坡上形成斜水流局部冲击高度,同样在桥台和桥墩前形成局部股流壅高。显然这是水流流速水头 $\frac{v_0^2}{2g}$ 被路堤、桥台、桥墩阻挡转换成压强水头高度所致。水流局部冲击高度与流速水头和迎水面边坡大小有关,可按下式计算:

$$\Delta h = \frac{v_g^2 \sin \beta}{g \sqrt{1 + m^2}} \qquad (10.29)$$

式中,Δh 为水流局部冲击高度,m;v_g 为冲向路堤、墩台的水流或股流平均流速,m/s;β 为水流流向与路堤、墩、台轴线间所成的平面夹角,(°);m 为迎水面边坡系数。

在桥墩、台和靠近桥台附近引道路堤计算时,v_g 可取桥下流速 $\bar{v}_M$;而在河滩引道路堤计算时,v_g 可取设计水位下天然河道河滩范围内的平均流速 v_t 的 0.7 倍。

6)河湾超高

在山区或山前区河流上,当弯道急、流速大时,水流受离心力作用形成较大的水面超高,其

计算公式为

$$\Delta h = \frac{\bar{v}^2 B}{gR} \qquad (10.30)$$

式中,Δh 为河湾两岸水位高差,m;B 为河湾水面宽度(如滩地有丛林或死水时,该部分水面宽应予以扣除),m;R 为河湾曲率半径,$R \approx \frac{R_0 + r_0}{2}$($R_0$ 为凹岸曲率半径、r_0 为凸岸曲率半径),m。

在确定桥面中心最低高程时,河湾水位超高可取 $\frac{\Delta h}{2}$。由于桥位处河湾并非理想的圆曲线,且河流急弯处水流干扰很大,流向紊乱不定,故公式计算出的河湾超高值应与现场调查进行核对。

7)水拱和河床的淤高

河流涨水时,流速逐渐增加,同一断面的主槽流速比两侧河滩大,主槽水位比河滩水位上涨快,从而形成水流中间高、两边低的水拱现象。

在水拱严重的河段上建桥,确定桥面中心最低高程时应考虑水拱影响。水拱高度目前尚无合适的计算方法,在桥位设计时可通过现场调查确定。

在河床逐年淤积抬高的河流上,桥下净高应考虑河床淤高而适当加大,河床淤高值的估算可通过水文站多年实测断面资料推算。

【例10.3】 按例10.2资料,河槽内为中等密实的砾石,$d_{50} = 2.5$ mm。汛期沿浪程向(垂直桥轴线和引道路堤)为八级风,桥前浪程 2 km,沿浪程平均水深 $\bar{h}$ 为 4.0 m,无水拱和河床淤积影响,不通航,无导流堤,桥头路堤边坡 1:1.5,并采用干砌片石护面,要求桥前最大壅高不超过0.6 m,试推断桥面中心和桥头引道路堤的最低设计高程。

【解】 (1)各墩台桩号和水深的计算

为了便于各设计高程和以后的各墩台冲刷计算,结合例10.2,列于表10.17中。

表 10.17 计算数据

所处位置	左滩	河 槽						
墩台编号	左台	1 号	2 号	3 号	h_{max}	4 号	5 号	6 号
桩 号	+592.20	+604.60	+617.60	+630.60	+640.00	+643.60	+656.60	+669.60
原地面高程/m	131.10	129.62	125.72	124.47	124.00	124.49	126.28	128.07
水深/m	3.90	5.38	9.28	10.53	11.00	10.51	8.72	6.93

所处位置	河 槽					右 滩	
墩台编号	7 号	8 号	9 号	10 号	11 号	右台	
桩 号	+682.60	+695.60	+708.60	+721.60	+734.60	+747.00	
原地面高程/m	129.46	129.24	129.02	129.70	130.48	131.22	
水深/m	5.54	5.76	5.98	5.30	4.52	3.78	

(2)壅水高度的计算

结合例9.1的表9.3可计算出左滩被阻挡的过水面积

$$A'_{tz} = 5.7 + 110 + \left(\frac{3.50 + 3.90}{2}\right) \times 32.2 = 234.8(\text{m}^2)$$

右滩被阻挡的过水面积

$$A'_{ty} = 33.8 + \left(\frac{3.78 + 3.00}{2}\right) \times 13 = 77.9(\text{m}^2)$$

河滩路堤阻挡流量

$$Q'_t = v_{tz} \cdot A'_{tz} + v_{ty} \cdot A'_{ty} = 1.9 \times 234.8 + 2.33 \times 77.9$$
$$= 446.1 + 181.5 = 627.6(\text{m}^3/\text{s})$$

在天然状态下,桥下通过流量

$$Q_{0M} = Q_P - Q'_t = 3468 - 627.6 = 2840.4(\text{m}^3/\text{s})$$

桥下过水面积

$$A_{0M} = 1377 - 234.8 - 77.9 = 1064.3(\text{m}^2)$$

在天然状态下,桥下平均流速

$$\bar{v}_{0M} = \frac{Q_{0M}}{A_{0M}} = \frac{2840.4}{1064.3} = 2.67(\text{m/s})$$

桥墩阻水面积

$$A'_S = (5.38 + 9.28 + 10.53 + 10.51 + 8.72 + 6.93 + 5.54 + 5.76 +$$
$$5.98 + 5.30 + 4.52) \times 1.2$$
$$= 94.1(\text{m}^2)$$

桥下净过水面积

$$A_j = A_{0M} - A'_D = 1064.3 - 94.1 = 970.2(\text{m}^2)$$

由式 $\Delta Z = \eta(\bar{v}_M^2 - \bar{v}_0^2)$ 计算壅水高度,有

$$\frac{Q'_t}{Q_P} = \frac{627.6}{3468} = 0.181 = 18.1\%$$

查表 10.11 得 $\eta = 0.07$;查表 10.12,当土质为中等密实的砾石时,用式 $\bar{v}_M = \frac{1}{2}\left(\frac{Q_P}{A_j} + \bar{v}_{0M}\right)$ 计算桥下平均流速

$$\bar{v}_M = \frac{1}{2} \times \left(\frac{3468}{970.2} + 2.67\right) = 3.12(\text{m/s})$$

由例 9.1 可得全断面平均流速 $\bar{v}_0 = 2.52$ m/s。

桥前最大壅水高度

$$\Delta Z = \eta(\bar{v}_M^2 - \bar{v}_0^2)0.07 \times (3.12^2 - 2.52^2) = 0.24(\text{m}) < [\Delta Z] = 0.6(\text{m})$$

本题河床属一般情况,有

$$\Delta Z' = \frac{1}{2}\Delta Z = \frac{0.24}{2} = 0.12(\text{m})$$

(3)波浪高度和波浪侵袭高度的计算

由式(10.26)和式(10.27)计算波浪高度,查表 10.13,八级风的风速 $\bar{v}_W = 19$ m/s。

已知浪程为 2000 m,$\bar{h} = 4.0$ m,取 $K_F = 2.30$,则波浪高度

$$\Delta h_2 = \frac{2.3 \times 0.13\ \text{th}\left[0.7\left(\frac{g\overline{h}}{\overline{v}_W^2}\right)^{0.7}\right]\text{th}\left\{\dfrac{0.001\ 8\left(gF_f/\overline{v}_W^2\right)^{0.45}}{0.13\ \text{th}\left[0.7\left(g\overline{h}/\overline{v}_W^2\right)^{0.7}\right]}\right\}}{g/\overline{v}_W^2}$$

$$= \frac{2.3 \times 0.13\ \text{th}\left[0.7 \times \left(\frac{9.81 \times 4}{19^2}\right)^{0.7}\right]\text{th}\left\{\dfrac{0.001\ 8 \times \left(9.81 \times 2\ 000/19^2\right)^{0.45}}{0.13\ \text{th}\left[0.7 \times \left(9.81 \times 4/19^2\right)^{0.7}\right]}\right\}}{9.81/19^2}$$

$$= 0.83\,(\text{m})$$

查表 10.14, 当边坡护面类型干砌片石时, $K_A = 0.75$; 查表 10.15, 当风速 $\overline{v}_W = 19$ m/s 时, $K_V = 1.2$; 查表 10.16, 当边坡为 1:1.5 时, $R_0 = 2.52$。由式(10.27)计算波浪侵袭高度

$$\Delta h_e = K_A \cdot K_V \cdot R_0 \cdot \Delta h_2 = 0.75 \times 1.2 \times 2.52 \times 0.83 = 1.88\,(\text{m})$$

(4)水流局部冲击高度计算

本题水流流向与墩台、路堤轴线间所成的平面夹角 $\beta = 90°$, $\sin\beta = 1$, 桥墩台处(局部股流壅高)取 $v_g = \overline{v}_M = 2.86$ m/s, 迎水面直立 $m = 0$。由式(10.29)可得

$$\Delta h = \frac{v_g^2 \sin\beta}{g\sqrt{1+m^2}} = \frac{2.86^2 \times 1}{9.81 \times \sqrt{1+0^2}} = 0.83\,(\text{m})$$

河滩引道路堤处, $v_g = 0.7v_t$, 则

左引道路堤　　$v_g = 0.7 \times 1.9 = 1.33\,(\text{m/s})$

$$\Delta h = \frac{1.33^2 \times 1}{9.81 \times \sqrt{1+1.5^2}} = 0.10\,(\text{m})$$

右引道路堤　　$v_g = 0.7 \times 2.33 = 1.63\,(\text{m/s})$

$$\Delta h = \frac{1.63^2 \times 1}{9.81 \times \sqrt{1+1.5^2}} = 0.15\,(\text{m})$$

(5)推算桥面中心最低高程

不通航河流由式(10.14)计算。查表 10.5, 取梁底净空安全值 $\Delta h_j = 0.50$ m, 由例 10.2 题知 $\Delta h_0 = 1.00$ m。

$$\sum \Delta h = \Delta Z' + \frac{2}{3}\Delta h_2 + \Delta h = 0.12 + \frac{2}{3} \times 0.83 + 0.83 = 1.50\,(\text{m})$$

$$H_{\min} = H_P + \sum \Delta h + \Delta h_j + \Delta h_0 = 135.00 + 1.50 + 0.50 + 1.00 = 138.00\,(\text{m})$$

(6)推算引道路堤最低设计高程

结合例 10.2 可知, 桥梁两端桥台尾间的距离(5K +586.20—5K +753.00) $L'_d = 166.8$ m。本题无导流堤, 应按式(10.19)和式(10.20)计算引道路堤最低设计高程。

$$M = \frac{Q_{0M}}{Q_P} = \frac{2\ 840.4}{3\ 468} = 0.819 \approx 0.8$$

查表 10.8 得, $K_s = 0.45$。

由例 9.1 和表 9.3 可得设计洪水时水面宽度

$$B = 782.50 - 514.29 = 268.21\,(\text{m})$$

用式(10.18)计算由桥轴线至桥前最大壅高处的距离

$$s = K_s(1-M)B = 0.45 \times (1-0.819) \times 268.21 = 21.85(\text{m})$$

本桥位右滩阻挡流量为较小者，$Q'_{t1} = 181.5 \text{ m}^3/\text{s}$；左滩阻挡流量为较大者，$Q'_{t2} = 446.1 \text{ m}^3/\text{s}$。桥孔偏置系数

$$E' = 1 - \frac{Q'_{t1}}{Q'_{t2}} = 1 - \frac{181.5}{446.1} = 0.593$$

查表 10.9，用内插法可得：$A = 5.14$。

由式(10.17)计算桥头路堤起点至上游侧形成最大壅水处的距离

$$L' = As - 0.5L'_d = 5.14 \times 21.85 - 0.5 \times 166.8 = 28.91(\text{m})$$

桥台台尾至同一端岸边距离为 L_a，可得

左路堤　$L_a = 586.20 - 514.29 = 71.91(\text{m})$

右路堤　$L_a = 782.50 - 753.00 = 29.50(\text{m})$

两端 L_a 均大于 L'，都必须分两段($0 \leqslant L_X < L'$)和($L' \leqslant L_X$)计算引道路堤最低设计高程。

左路堤波浪侵袭高度 $\Delta h_e = 2.177$ m，水流局部冲高 $\Delta h = 0.10$ m，取大者，本桥位无河床淤高，故水位附加高度 $\Delta h_P = 2.177$ m。

右路堤 $\Delta h_e = 2.177$ m，$\Delta h = 0.15$ m，同理取 $\Delta h_P = 2.177$ m。

由例 9.1 得 $I_0 = 0.0005$，由式(10.19)，有

$$H_{\min} = H_P + \Delta Z + L_X \cdot \frac{sI_0}{L'} + \Delta h_P + 0.50$$
$$= 135.00 + 0.24 + 0 + 2.177 + 0.50 = 137.92(\text{m})$$

当 $L_X = L'$ 时即用式(10.20)计算。在 $0 \leqslant L_X < L'$ 时建筑界限为斜直线。

用式(10.20)计算，当 $L_a \geqslant L'$ 时(即左路堤起点 5K + 557.29 之前和右路堤 5K + 781.91 之后)，界限为水平线。

$$H_{\min} = H_P + \Delta Z + sI_0 + \Delta h_P + 0.50$$
$$= 135.00 + 0.24 + 21.85 \times 0.0005 + 2.177 + 0.5 = 137.93(\text{m})$$

以上计算出的各最低高程，是从水力学、水文学角度提出的最低建筑高程界限，桥面和引道路堤的设计高程应综合考虑排水、纵向坡度和两岸路线接线高程等因素后，分别以高于或等于各最低高程来确定。

10.2.4　桥梁墩台冲刷计算

冲刷计算的目的是确定桥下最大冲刷深度，并确定桥梁墩台基础最小埋置深度，从水力学、水文学的角度，为既安全又经济的墩台基础设计提供重要的依据。

桥梁墩台冲刷深度应根据地区特点、河段特性、水文与泥沙特征、河床地质等情况采用相应的公式计算，必要时可利用实测、调查资料验算，分析论证后选用合理的计算成果。

桥梁墩台冲刷包括河床自然演变冲刷、一般冲刷和局部冲刷三部分。在确定基础埋深时，应根据桥位河段情况，取其不利组合作为基础埋深的依据。

河床演变是十分复杂的自然过程，自然演变冲刷到目前尚无可靠的定量计算方法，可通过断面资料分析确定。对于河床逐年自然下切引起的变形，可通过调查或利用各年河床断面、河

段地形图等资料,分析逐年下切程度,估算桥梁使用期内自然下切的深度。对于河槽横向变动引起的自然演变冲刷,宜在桥位河段内选用对计算冲刷不利的断面作为计算断面,而对于既有涉河工程引起的河床变形,可收集已有分析资料、动床模型实验成果预测,或采用相应公式计算确定。

冲刷不但与河段特性、水文与泥沙特征、河床地质抗冲能力有关,而且与墩形系数、承台位置高低和施工方案等密切相关,因此,水文与泥沙条件复杂或墩形系数难以确定的特殊大桥,冲刷深度可通过水工模型实验确定。

1)桥下一般冲刷

在河上建桥后,由于桥梁压缩水流,致使桥下流速增大,水流挟沙能力增强,在桥下产生冲刷。随着冲刷的发展,桥下河床加深,过水面积加大,流速逐渐下降;待达到新的输沙平衡状态,或桥下流速降低到河床质的允许不冲刷流速时,冲刷即行停止。这种由于建桥后压缩水流而在桥下河床全断面内发生的普通冲刷,称为一般冲刷。一般冲刷深度 h_P 是指桥下河床在一般冲刷完成后从设计水位算起的最大垂线水深。

(1)非黏性土河床一般冲刷

1964 年,中国土木工程学会桥梁冲刷计算学术会议推荐了桥下一般冲刷计算公式——64-1 计算式和 64-2 计算式。64-1 计算式是根据我国各类河段 52 座桥梁 118 个站点年实测洪水冲刷资料,参照国外同类公式,根据水力学的连续性原理和当一般冲刷停止时桥下最大水深与桥下断面最大单宽流量之间的关系,依据冲止流速的概念建立的一般冲刷计算公式。64-2 计算式是根据我国桥梁实测洪水冲刷观测资料,参照国外同类公式,依据桥下河槽输沙平衡原理建立的。该式具有坚实的理论和实践基础,比较符合我国河流桥下一般冲刷的实际情况。但该式综合系数计算较繁,多年来较少应用。

《公路工程水文勘测设计规范》(JTG C30—2015)对 64-2 计算式予以简化,形成了 64-2 简化式。同样,新规范对 64-1 计算式进行了修正,形成了 64-1 修正式。

①河槽部分:

a.64-2 简化式为

$$h_P = 1.04 \times \left(A_d \frac{Q_2}{Q_c} \right)^{0.90} \left[\frac{B_c}{(1-\lambda)\mu B_{cg}} \right]^{0.66} \cdot h_{cm} \qquad (10.31)$$

式中,h_P 为桥下一般冲刷后的最大水深,m。Q_2 为桥下河槽部分通过的设计流量,m^3/s。当桥下河槽能扩宽至全桥(桥孔压缩水流很大且河滩土质易冲刷)时,$Q_2 = Q_P$;当桥下河槽不能扩宽时,$Q_2 = \dfrac{Q_c}{Q_c + Q_{1t}} Q_P$[$Q_c$ 为天然状态下河槽流量(m^3/s),Q_{1t} 为天然状态下桥下河滩部分通过的流量(m^3/s)]。B_{cg} 为建桥后桥下断面河槽宽度,m。一般情况下,$B_{cg} = L$(两桥台前缘间的桥孔长度);只有当桥孔压缩部分河滩,而桥下河槽又不能扩宽时,$B_{cg} = B_c$。B_c 为天然状态下河槽宽度,m。λ 为设计水位下,桥墩阻水总面积与过水面积的比值。μ 为桥墩水流侧向压缩系数,按表 10.18 确定。h_{cm} 为桥下河槽最大水深,m。A_d 为单宽流量集中系数,可按式(10.32)计算。对变迁、游荡、宽滩河段,当 $A_d > 1.8$ 时,其值可采用 1.8。

$$A_d = \left(\frac{\sqrt{B_z}}{H_z} \right)^{0.15} \qquad (10.32)$$

式中,B_z,H_z 分别为造床流量下的河槽宽度和平均水深,m,对复式河床可取平滩水位时河槽宽度和河槽平均水深。

表 10.18　桥墩水流侧向压缩系数 μ 值表

设计流速	单孔净跨径/m								
$v_P/(\mathrm{m \cdot s^{-1}})$	≤ 10	13	16	20	25	30	35	40	45
<1	1.00	1.00	1.00	1.00	1.00	1.00	1.00	1.00	1.00
1.0	0.96	0.97	0.98	0.99	0.99	0.99	0.99	0.99	0.99
1.5	0.96	0.96	0.97	0.97	0.98	0.98	0.98	0.99	0.99
2.0	0.93	0.94	0.95	0.97	0.97	0.98	0.98	0.98	0.98
2.5	0.90	0.93	0.94	0.96	0.96	0.97	0.97	0.98	0.98
3.0	0.89	0.91	0.93	0.95	0.96	0.96	0.97	0.97	0.98
3.5	0.87	0.90	0.92	0.94	0.95	0.96	0.96	0.97	0.97
≥ 4.0	0.85	0.88	0.91	0.93	0.94	0.95	0.96	0.96	0.97

注:①系数 μ 是指墩台侧面因旋涡形成滞流区而减少过水面积的折减系数。

②当单孔净跨径大于 45 m 时,可按 $\mu = 1 - 0.375 \dfrac{v_P}{L_0}$ 计算,L_0 为单孔净跨径。对不等跨的桥孔可采用各孔 μ 值的平均值。单孔净跨径大于 200 m 时,取 $\mu \approx 1.0$。

b. 64-1 修正式为

$$h_P = \left[\frac{A_d \dfrac{Q_2}{\mu B_{cj}} \left(\dfrac{h_{cm}}{h_{cq}} \right)^{\frac{5}{3}}}{E \, \overline{d}^{-\frac{1}{6}}} \right]^{\frac{3}{5}} \tag{10.33}$$

式中,B_{cj} 为桥下河槽部分桥孔过水净宽(当桥下河槽扩宽至全桥时即为全桥桥孔过水净宽),m;h_{cq} 为桥下冲刷前河槽平均水深,m;$\overline{d}$ 为河槽泥沙平均粒径,mm;E 为与汛期含沙量有关的系数,按表 10.19 选用。

表 10.19　E 值表

含沙量 $\rho/(\mathrm{kg \cdot m^{-3}})$	<1.0	1 ~ 10	>10
E	0.46	0.66	0.86

注:含沙量 ρ 采用历年汛期月最大含沙量平均值。

②河滩部分:

$$h_P = \left[\frac{\dfrac{Q_1}{\mu B_{tj}} \left(\dfrac{h_{tm}}{h_{tq}} \right)^{\frac{5}{3}}}{v_{H1}} \right]^{\frac{5}{6}} \tag{10.34}$$

式中,Q_1 为桥下河滩部分通过的设计流量,$\mathrm{m^3/s}$;h_{tm} 为桥下河滩最大水深,m;h_{tq} 为桥下河滩平均水深,m;B_{tj} 为河滩部分桥孔净长,m;v_{H1} 为河滩水深 1 m 时非黏性土不冲刷流速,m/s,按表

10.20 选用。

表 10.20　水深 1 m 时非黏性土不冲刷流速表

分类		$\overline{d}/\text{mm}$	$v_{H1}/(\text{m} \cdot \text{s}^{-1})$	分类		$\overline{d}/\text{mm}$	$v_{H1}/(\text{m} \cdot \text{s}^{-1})$
砂	细	0.05 ~ 0.25	0.35 ~ 0.32	卵石	小	20 ~ 40	1.50 ~ 2.00
	中	0.25 ~ 0.50	0.32 ~ 0.40		中	40 ~ 60	2.00 ~ 2.30
	粗	0.50 ~ 2.00	0.40 ~ 0.60		大	60 ~ 200	2.30 ~ 3.60
圆砾	小	2 ~ 5	0.60 ~ 0.90	漂石	小	200 ~ 400	3.60 ~ 4.70
	中	5 ~ 10	0.90 ~ 1.20		中	400 ~ 800	4.70 ~ 6.00
	大	10 ~ 20	1.20 ~ 1.50		大	>800	>6.00

（2）黏性土河床的一般冲刷

①河槽部分：

$$h_P = \left[\frac{A_d \dfrac{Q_2}{\mu B_{cj}} \left(\dfrac{h_{cm}}{h_{cq}} \right)^{\frac{5}{3}}}{0.33 \left(\dfrac{1}{I_L} \right)} \right]^{\frac{5}{8}} \tag{10.35}$$

式中，A_d 为单宽流量集中系数，取 $A_d = 1.0 \sim 1.2$；I_L 为冲刷坑范围内黏性土液性指数，适用范围为 $0.16 \sim 0.19$；其他符号意义同前。

②河滩部分：

$$h_P = \left[\frac{A_d \dfrac{Q_1}{\mu B_{tj}} \left(\dfrac{h_{tm}}{h_{cq}} \right)^{\frac{5}{3}}}{0.33 \left(\dfrac{1}{I_L} \right)} \right]^{\frac{6}{7}} \tag{10.36}$$

（3）桥台冲刷

当桥前无导流堤而河滩引道路堤阻挡流量较大时，河滩水流在桥台附近集中，形成偏斜冲刷。桥台最大冲刷深度可参照有关公式计算（公路桥涵设计手册《桥位设计》），结合桥位河床特征、压缩程度等情况，分析比较后确定。桥台的最大冲刷深度，不应小于一般冲刷最大深度。对于桥台冲刷计算，目前我国尚无成熟的研究成果可供使用，以下仅介绍苏联的公式。

$$h'_P = P \left[(h_{cm} - h) \frac{h}{h_{cm}} + h \right] \tag{10.37}$$

式中，h'_P 为桥台冲刷后水深，m；P 为冲刷系数，$P = \dfrac{A}{A_j}$，即桥下需要的过水面积 A 与净过水面积 A_j 之比；h 为桥台冲刷前水深，m，通常左右桥台各以前缘计；其他符号意义同前。

2）墩台局部冲刷

流向桥墩的水流受到桥墩阻挡，桥墩周围的水流结构发生急剧变化，水流的绕流使流线严重弯曲，床面附近形成螺旋形水流，剧烈冲刷桥墩周围，特别是迎水面的河床泥沙，形成冲刷坑的现象，称为局部冲刷。引起局部冲刷的水流结构如图 10.7 所示。

根据模型实验和观测资料可知,桥墩局部冲刷深度与涌向桥墩的流速 v 有关。当流速 v 逐渐增大到一定数值时,桥墩迎水面两侧的泥沙开始被冲走,产生冲刷,这时涌向桥墩的垂线平均流速称为墩前河床泥沙的起冲流速 v_0'。当 v 继续增大时,冲刷坑逐渐加深和扩大,冲刷坑深度 h_b 与涌向桥墩的流速 v 近似呈直线关系。流速 v 增大到河床泥沙的起动流速 v_0 时,床面泥沙大量起动,上游来的泥沙有些将滞留在冲刷坑内。因此,当 $v > v_0$ 时,冲刷坑的发展因有大量泥沙补给而减缓,冲刷坑深度 h_b 与流速呈曲线关系,如图 10.8 所示。

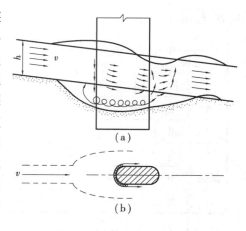

图 10.7 桥墩局部冲刷示意

与此同时,冲刷坑内发生了土壤粗化现象,留下的粗粒泥沙覆盖在冲刷坑表面上,增大了抗冲能力和粗糙度,一直到水流对河床泥沙的冲刷作用与河床泥沙抗冲作用达到平衡时,冲刷停止。这时,冲刷坑外缘与坑底的最大高差就是这一次水流最大局部冲刷深度 h_b。

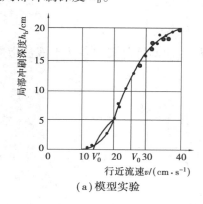

（a）模型实验

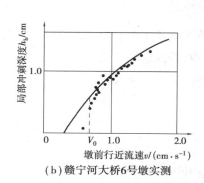

（b）赣宁河大桥6号墩实测

图 10.8 桥墩局部冲刷深度与行近流速(h_b-v)关系的实验曲线

局部冲刷深度通常是以一般冲刷完成后的高程起算,所表示的是桥墩垂线上的冲刷坑深度。目前对桥墩局部冲刷有两类计算公式:一类是用于非黏性土河床的式65-2 修正式和65-1 修正式;另一类是黏性土河床的桥墩局部冲刷公式。

影响局部冲刷的主要因素有流速、墩形、墩宽、水深和床沙粒径等,这些因素与冲刷深度之间的关系十分复杂。1964 年,我国公路、铁路部门根据我国各类河段 52 座桥梁 99 个站点各年的观测资料和模型实验资料,制定了式 65-1 和式 65-2 的局部冲刷计算公式。实践表明:这两个公式结构较为合理,反映了冲刷深度随行近流速的变化关系,并考虑了底沙运动对冲刷深度的影响,计算数值较为稳定可靠。

随着我国经济建设的迅速发展,近年来在大江、大河和海湾上修建了不少大跨径的公路特大桥梁,出现了一些新式墩形。在桥位设计时,因无切合实际的墩形系数,致使桥墩局部冲刷计算可靠度得不到保证。为满足生产上的应用,铁道部科学研究院对近年来出现的具有代表性的两种墩形做了水力模型对比实验,补充了"墩形系数表"。《公路桥位勘测设计规范》(JTJ 062—

1991)曾对式 65-1 和式 65-2 作了修正。式 65-2 的修正式形式简单、结构合理,但在墩前行近流速大于泥沙起动流速 v_0 后,局部冲刷深度计算值与实测值相比偏于不安全状态,所以《公路工程水文勘测设计规范》(JTG C30—2002)又改用原式 65-2,现行的 2015 版规范也沿用 2002 版的修正式。

（1）非黏性土河床的桥墩局部冲刷

①式 65-2 的修正式:

当 $v \leqslant v_0$ 时

$$h_b = K_\xi K_{\eta 2} B_1^{0.6} h_P^{0.15} \left(\frac{v - v_0'}{v_0} \right) \tag{10.38}$$

当 $v > v_0$ 时

$$h_b = K_\xi K_{\eta 2} B_1^{0.6} h_P^{0.15} \left(\frac{v - v_0'}{v_0} \right)^{n_2} \tag{10.39}$$

式中,h_b 为桥墩局部冲刷深度,m;K_ξ 为墩形系数,查表 10.21;B_1 为桥墩计算宽度,m,查表 10.21;$K_{\eta 2}$ 为河床颗粒影响系数,$K_{\eta 2} = \dfrac{0.0023}{\bar{d}^{2.2}} + 0.375 \bar{d}^{0.24}$ ($\bar{d}$ 为河床泥沙平均粒径,mm);h_P 为一般冲刷后的最大水深,m;v 为一般冲刷后墩前行近流速,m/s;v_0 为河床泥沙起动流速,m/s,$v_0 = 0.28(\bar{d} + 0.7)^{0.5}$;$v_0'$ 为墩前泥沙起冲流速,m/s,$v_0' = 0.12(\bar{d} + 0.5)^{0.55}$;$n_2$ 为指数,$n_2 = \left(\dfrac{v_0}{v} \right)^{0.23 + 0.19 \lg \bar{d}}$。

表 10.21　墩形系数及桥墩宽度计算表

序号	墩形示意图	墩形系数 K_ξ	桥墩计算宽度 B_1
1		1.00	$B_1 = d$
2		不带连系梁:$K_\xi = 1.00$ 带连系梁: <table><tr><td>α</td><td>0°</td><td>15°</td><td>30°</td><td>45°</td></tr><tr><td>K_ξ</td><td>1.00</td><td>1.05</td><td>1.10</td><td>1.15</td></tr></table>	$B_1 = d$

续表

序号	墩形示意图	墩形系数 K_ξ	桥墩计算宽度 B_1
3			$B_1 = (L-b)\sin\alpha + b$
4		与水流正交时各种迎水角系数 θ: 45° 60° 75° 90° 120° K_ξ: 0.70 0.84 0.90 0.95 1.10 迎水角 $\theta = 90°$ 与水流斜交时的系数 K_ξ 	$B_1 = (L-b)\sin\alpha + b$ (为了简化可按圆端墩计算)
5			与水流正交： $B_1 = \dfrac{b_1 h_1 + b_2 h_2}{h}$ 与水流斜交： $B_1 = \dfrac{B_1' h_1 + B_2' h_2}{h}$ $B_1' = L_1 \sin\alpha + b_1 \cos\alpha$ $B_2' = L_2 \sin\alpha + b_2 \cos\alpha$
6		$K_\xi = K_{\xi 1} K_{\xi 2}$ 	与水流正交： $B_1 = \dfrac{b_1 h_1 + b_2 h_2}{h}$ 与水流斜交： $B_1 = \dfrac{B_1' h_1 + B_2' h_2}{h}$ $B_1' = (L_1 - b_1)\sin\alpha + b_1$ $B_2' = L_1 \sin\alpha + b_2 \cos\alpha$

序号	墩形示意图	墩形系数 K_ξ	桥墩计算宽度 B_1
7			与水流正交： $B_1 = \dfrac{b_1 h_1 + b_2 h_2}{h}$ 与水流斜交： $B_1 = \dfrac{B_1' h_1 + B_2' h_2}{h}$ $B_1' = (L_1 - b_1)\sin\alpha + b_1$ $B_2' = L_2 \sin\alpha + b_2 \cos\alpha$
8		采用与水流正交时的墩形系数	与水流正交： $B_1 = b$ 与水流斜交： $B_1 = (L - b)\sin\alpha + b$
9		$K_\xi' = K_\xi' K_{m\phi}$ K_ξ'——单桩形状系数,按序号1,2,3,5墩形确定(如多为圆桩,$K_\xi' = 1.0$ 可省略); $K_{m\phi}$——桩群系数,$K_{m\phi} = 1 + 5\left[\dfrac{(m-1)\phi}{B_m}\right]^2$; B_m——桩群垂直水流方向的分布宽度; m——桩的排数	$B_1 = \phi$
10		桩承台桥墩局部冲刷计算方法: ①当承台底面低于一般冲刷线时,按上部实体计算; ②承台底面高于水面按排架墩计算,承台底面相对高度在 $0 \leqslant h_\phi/h \leqslant 1.0$ 时,冲刷深度 h_b 按下式计算: $h_b = (K_\xi' K_{m\phi} K_{h\phi}\phi^{0.6} + 0.85 K_{\xi1} K_{h2} B_1^{0.6}) K_{\eta1}(v_0 - v_0') \times \left(\dfrac{v - v_0'}{v_0 - v_0'}\right)^{n_1}$ 式中　$K_{h\phi}$——淹没柱体折减系数,$K_{h\phi} = 1.0 - \dfrac{0.001}{(h_\phi/h + 0.1)^3}$; $K_{\xi1}$,B_1——按承台底低于一般冲刷线计算; K_{h2}——墩身承台减少系数; $K_{\eta1}$,v,v_0,v_0',n_1 见65-1 修正式; K_ξ',$K_{m\phi}$见序号9

续表

序号	墩形示意图	墩形系数 K_ξ	桥墩计算宽度 B_1
11		按下式计算局部冲刷深度 h_b： $h_b = K_{cd} h_{by}$ $K_{cd} = 0.2 + 0.4 \left(\dfrac{c}{h} \right)^{0.3} \left[1 + \left(\dfrac{z}{h_{by}} \right)^{0.6} \right]$ 式中 K_{cd}——大直径围堰群桩墩形系数； 　　　h_{by}——按序号1墩形计算的局部冲刷深度。 适用范围： $0.2 \leqslant \dfrac{c}{h} \leqslant 1.0 , 0.2 \leqslant \dfrac{z}{h_{by}} \leqslant 1.0$	$B_1 = b$
12		按下式计算局部冲刷 h_b： $h_b = K_a K_{zh} h_{by}$ $K_{zh} = 1.22 K_{h2} \left(1 + \dfrac{h_\phi}{h} \right) + 1.18 \left(\dfrac{\phi}{B_1} \right)^{0.6} \dfrac{h_\phi}{h}$ $K_a = -0.57 a^2 + 0.57 \alpha + 1$ 式中 h_{by}——按序号1墩形计算的局部冲刷深度； 　　　K_{zh}——工字承台大直径基桩组合墩墩形系数； 　　　α——桥轴法线与流向的夹角(以弧度计)。 适用范围： $D = 2\phi$ $0.2 < \dfrac{h_2}{h} < 0.5 , 0 < \dfrac{h_\phi}{h} < 1.0$ $a = 0 \sim 0.785$	B_1

②式65-1 的修正式：

当 $v \leqslant v_0$ 时(见图 10.8 中的直线部分)

$$h_b = K_\xi K_{\eta 2} B_1^{0.6} (v_0 - v_0') \tag{10.40}$$

当 $v > v_0$ 时(见图 10.8 中的曲线部分)

$$h_b = K_\xi K_{\eta 1} B_1^{0.6} (v_0 - v_0') \left(\dfrac{v - v_0'}{v_0 - v_0''} \right)^{n_1} \tag{10.41}$$

$$v_0 = 0.024\ 6 \times \left(\frac{h_P}{\overline{d}}\right)^{0.14} \sqrt{332\ \overline{d} + \frac{10 + h_P}{\overline{d}^{0.72}}} \tag{10.42}$$

$$K_{\eta 1} = 0.8 \times \left(\frac{1}{\overline{d}^{0.45}} + \frac{1}{\overline{d}^{0.15}}\right) \tag{10.43}$$

$$v_0' = 0.462 \times \left(\frac{\overline{d}}{B_1}\right)^{0.06} v_0 \tag{10.44}$$

$$n_1 = \left(\frac{v_0}{v}\right)^{0.25\overline{d}^{0.19}} \tag{10.45}$$

式中，$K_{\eta 1}$，$K_{\eta 2}$ 为河床颗粒影响系数；v_0' 为墩前泥沙起冲流速，m/s；n_1 为指数；其他符号意义同前。

③一般冲刷下墩前行近流速的计算：

a. 当采用式（10.31）即 64-2 简化式计算一般冲刷深度时，有

$$v = \frac{A^{0.1}}{1.04}\left(\frac{Q_2}{Q_c}\right)^{0.1}\left[\frac{B_c}{\mu(1-\lambda)B_2}\right]^{0.34}\left(\frac{h_{mc}}{\overline{h}_c}\right)^{\frac{2}{3}}\overline{v}_c \tag{10.46}$$

式中，$\overline{v}_c$ 为河槽平均流速，m/s；$\overline{h}_c$ 为河槽平均水深，m。

b. 当采用式 64-1 的修正式计算一般冲刷深度时，有

$$v = E\overline{d}^{-\frac{1}{6}} \cdot h_P^{\frac{2}{3}} \tag{10.47}$$

c. 采用式（10.34）计算一般冲刷深度时，有

$$v = v_{H1} \cdot h_P^{\frac{1}{5}} \tag{10.48}$$

d. 当采用式（10.35）计算一般冲刷深度时，有

$$v = \frac{0.33}{I_L} \cdot h_P^{\frac{3}{5}} \tag{10.49}$$

e. 当采用式（10.36）计算一般冲刷深度时，有

$$v = \frac{0.33}{I_L} \cdot h_P^{\frac{1}{6}} \tag{10.50}$$

（2）黏性土河床桥墩的局部冲刷

当 $\dfrac{h_P}{B_1} < 2.5$ 时

$$h_b = 0.83K_\xi B_1^{0.6} I_L^{1.25} v \tag{10.51}$$

当 $\dfrac{h_P}{B_1} \geqslant 2.5$ 时

$$h_b = 0.55K_\xi B_1^{0.6} h_P^{0.1} I_L^{1.0} v \tag{10.52}$$

式中，I_L 为冲刷坑范围内黏性土液性指数，适用范围为 $0.16 \sim 1.48$；其他符号意义同前。

3）墩台基底最小埋置深度

为了确定桥下最低冲刷线和墩台基底最小埋置深度，应根据桥位河段具体情况，取河床自然演变冲刷、一般冲刷和局部冲刷的不利组合，作为确定墩台基础埋深的依据，同时应符合《公路桥涵地基与基础设计规范》的有关规定。

（1）选择冲刷值的组合

①河槽中的各桥墩：

a. 非黏性土河床，可用 64-2 简化式（10.31）与 65-2 式［式（10.38）或式（10.39）］进行（h_P + h_b）的组合；也可以用 64-1 修正式（10.33）与 65-1 修正式［式（10.40）或式（10.41）］进行组合，并从组合中取定（h_P + h_b）的最大值。

b. 黏性土河床，可用式（10.35）与式（10.51）或式（10.52）进行组合。

②河滩中的各桥墩：

a. 非黏性土河床，可用式（10.34）与 65-2 式（或 65-1 修正式）进行组合。

b. 黏性土河床，可用式（10.36）与式（10.51）或式（10.52）进行组合。

③桥台：

a. 位于河槽中，（h_P + h_b）取与河槽各桥墩同值。

b. 位于河滩中，对河槽摆动不稳定的河段上，先比较偏斜冲刷 h'_P 与河槽 h_P 值，取其大者再与河槽 h_b 组合；对稳定河段上，则比较 h'_P 与河滩 h_b 值，取其大者再与 h_b 组合。

（2）绘制最低冲刷线

全部冲刷计算完成后，最大冲刷水深包括下列三个部分，即

$$h_s = h_P + h_b + \Delta h \tag{10.53}$$

式中，h_s 为最大冲刷水深，m；Δh 为自然演变冲刷深度，m。以上数据可通过现场观测和调查确定。

同时，可用下式推算各墩台最大冲刷时的高程，即

$$H_{CM} = H_P - h_s \tag{10.54}$$

式中，H_P 为桥位断面的设计水位，m。

依据各墩台的 H_{CM} 值可在桥轴纵断面上绘制出最低冲刷线。

（3）确定墩台基底最小埋置高程

非岩性河床墩台基底埋深应在最低冲刷线以下，且不小于表 10.22 的规定。

桥梁各墩台基底最小埋置高程为

$$H_{JM} = H_{CM} - \Delta \tag{10.55}$$

表 10.22　基底埋深安全值 Δ

桥梁类别	总冲刷深度/m				
	0	5	10	15	20
一般桥梁	1.5	2.0	2.5	3.0	3.5
特殊大桥	2.0	2.5	3.0	3.5	4.0

注：①总冲刷深度为自河床面算起的河床自然演变冲刷、一般冲刷与局部冲刷深度之和。

②表列数字为墩台基底埋入总冲刷深度以下的最小限值，若计算流量、水位和原始断面资料无十分把握或河床演变尚不能获得准确资料时，安全值 Δ 可适当加大。

③若桥址上下游已有已建桥梁或属旧桥改建，应调查旧桥的特大洪水冲刷情况，新桥墩台基础埋置深度应在旧桥最大冲刷深度上酌情增加必要的安全值。

(4)岩石河床墩台基础的埋置深度

若桥梁墩台基础建于岩石河床上,一方面由于长期的水流侵蚀冲刷,另一方面墩台施工(如打板桩围堰等临时工程)也会对岩石结构造成破坏,往往会产生严重冲刷。此时除应清除风化层外,还应根据基岩强度,将基础嵌入岩层一定深度,或采用其他锚固措施使基础与岩石连成整体。选用岩石地基桥墩基础冲刷及基底埋置深度数值的选用参照表 10.23。

表 10.23 岩石地基桥墩基础冲刷及基底埋置深度参考数据表

岩石特征				调查资料		建议埋入岩面深度(按施工枯水季平均水位至岩面的距离分级)		
岩石类别	极限抗压强度/MPa	调查到有冲刷的桥渡岩石特征		桥梁座数	各桥的最大冲刷深度/m	$h < 2$ m	$H = (2 \sim 10)$ m	$h > 10$ m
		岩石名称	特征					
I 极软岩	<5	胶结不良的长石砂岩、炭质页岩等	成分以长石为主,石英凝灰碎屑、云母次之;以黏土及铁质胶结,胶结不良,用手可捏成散砂,淋滤现象明显,但岩质均匀,节理、裂隙不发育。其他岩石如风化严重,节理、裂隙发育,强度小于 5 MPa,用镐、锹易挖动者	2	0.65 ~ 3.0	3 ~ 4	4 ~ 5	5 ~ 7
II 软质岩	II₁ 5 ~ 15	黏土岩、泥质页岩等	成分以黏土为主,方解石、绿泥石、云母次之;胶结成分以泥质为主,钙质、铁质次之;干裂现象严重,易风化,处于水下的岩石整体性好,不透水,暴露后易干裂成碎块,碎块较坚硬,但遇水后崩解成土状	10	0.4 ~ 2.0	2 ~ 3	3 ~ 4	4 ~ 5
	II₂ 15 ~ 30	砂质页岩、砂页岩互层、砂质砾岩等	砂页岩成分同上,夹砂颗粒;砂岩以石英为主,长石、云母次之,再辅以圆砾石、砂粒、黏土等组成。胶结物以泥质、钙质为主,砂页次之,层理、节理较明显,砂页岩在水陆交替处易干裂、崩解	9	0.4 ~ 1.25	1 ~ 2	2 ~ 3	3 ~ 4

续表

岩石特征				调查资料		建议埋入岩面深度(按施工枯水季平均水位至岩面的距离分级)		
岩石类别	极限抗压强度/MPa	调查到有冲刷的桥渡岩石特征		桥梁座数	各桥的最大冲刷深度/m	$h < 2$ m	$H = (2 \sim 10)$ m	$h > 10$ m
		岩石名称	特 征					
Ⅲ	硬质岩(较硬岩、坚硬岩)	>30	板岩、钙质砂岩、矽质岩、石灰岩、花岗岩、流纹岩、石英岩等	岩石坚硬,强度虽大于30 MPa,但节理、裂隙、层理非常发育,应考虑冲刷;如岩体完整,节理、裂隙、层理少,风化很微弱,可不考虑冲刷,但基底也宜埋入岩面0.2~0.5 m	9	0.4~0.7	0.2~1.0	0.2~2.0	0.5~3.0

注:①在条件较好的情况下,可选用埋深数值的下限;在条件较差的情况下,可选用埋深数值的上限。情况特殊的桥,如在水坝下游或流速特大等,可不受表列数值限制。

②表列调查最大冲刷值系参考桥中冲刷最深的桥墩,建议埋深值也按此值推广使用。处于非主流部分及流速较小的桥墩,可按具体情况适当减小埋深。

③岩石栏内系调查到的岩石具体名称,使用时应以岩石强度作为选用表中数值的依据。

④表列埋深数值系由岩面算起包括风化层部分,已风化成松散砂粒或土状的除外。

⑤要考虑岩性随深度变化的因素,应以基底的岩石为准,并适当考虑基底以上岩石的可冲性质。

⑥表中建议埋深系指扩大基础或沉井的埋深,如用桩基可作为最大冲刷线的位置。

⑦岩石类别栏中,带括号者均为现行相关规范岩石坚硬程度类别的规定。

【例10.4】 接例10.3,根据钻探资料,河滩表面土为粗砂层,平均粒径 $\bar{d} = 1.5$ mm,河槽及高程129.00 m以下为小颗粒的砾石层,$\bar{d} = 3$ mm。桥位河段历年汛期洪水平均含沙量 $\rho = 0.8$ kg/m³。据分析,桥下河槽能扩宽至全桥,但自然演变冲刷 $\Delta h = 0$。本桥为一般性桥梁,试确定最低冲刷线高程和桥梁墩台最小埋置高程。

【解】 (1)冲刷计算

①用64-2简化公式[式(10.31)]计算河槽一般冲刷。

$$h_P = 1.04 \times \left(A_d \frac{Q_2}{Q_c} \right)^{0.90} \left[\frac{B_c}{(1 - \lambda) \mu B_{cg}} \right]^{0.66} \cdot h_{cm}$$

式中,桥下河槽能扩宽至全桥,$Q_2 = Q_P = 3\ 468$ m³/s,$B_c = 80$ m,$Q_c = 1\ 958$ m³/s,$L_0 = 11.8$ m,$v_P = v_c = 2.88$ m/s,查表10.18得 $\mu = 0.908$。$B_{cg} = L = 154.8$ m,$h_{cm} = 11$ m。

平滩(造床)水位时,$B = 75$ m,面积

$$S = \frac{1}{2} \times 4.5 \times 15 + \frac{1}{2} \times (4.5 + 5.5) \times 20 + \frac{1}{2} \times 5.5 \times 40 = 243.75 (\text{m}^2)$$

单宽流量集中系数

$$A_d = \left(\frac{\sqrt{B}}{H} \right)^{0.15} = \left(\frac{\sqrt{75}}{3.25} \right)^{0.15} = 1.16$$

河槽一般冲刷时,有

$$h_P = 1.04 \times \left(1.16 \times \frac{3\,468}{1\,958}\right)^{0.9} \times \left(\frac{80}{(1 - 0.088\,4) \times 0.908 \times 154.8}\right)^{0.66} \times 11$$

$$= 1.04 \times 1.912 \times 0.732 \times 11 = 16.01(\text{m})$$

②用式 64-1 的修正式[式(10.33)]计算河槽一般冲刷。

$$h_P = \left[\frac{A_d \dfrac{Q_2}{\mu B_{cj}} \left(\dfrac{h_{cm}}{\overline{h}_{cq}}\right)^{\frac{5}{3}}}{E\,\overline{d}^{-\frac{1}{6}}}\right]^{\frac{3}{5}}$$

式中，$A_d = 1.16$，$Q_2 = Q_P = 3\,468 \text{ m}^3/\text{s}$，$\mu = 0.908$，$h_{cm} = 11 \text{ m}$。能扩宽至全桥时 $B_{cj} = L_j = 11.8 \times 12 = 141.6 \text{ m}$。

砾石层 $\overline{d} = 3 \text{ mm}$，当 $\rho = 0.8 \text{ kg/m}^3$ 时，查表 10.19 得，$E = 0.46$，河槽为一般冲刷，有

$$h_P = \left[\frac{1.16 \times \dfrac{3\,468}{0.908 \times 141.6} \times \left(\dfrac{11}{8.5}\right)^{\frac{5}{3}}}{0.46 \times 3^{\frac{1}{6}}}\right]^{\frac{3}{5}} = 14.59(\text{m})$$

③计算桥台冲刷：

$$h'_P = P\left[(h_{cm} - h)\frac{h}{h_{cm}} + h\right]$$

由例 10.3 可知，左台 $h = 3.9 \text{ m}$，右台 $h = 3.78 \text{ m}$，则

$$P = \frac{A}{A_j} = \frac{1\,204}{970.2} = 1.24$$

左台偏斜冲刷时，有

$$h'_P = 1.24 \times \left[(11 - 3.9) \times \frac{3.9}{11} + 3.9\right] = 7.96(\text{m})$$

右台偏斜冲刷时，有

$$h'_P = 1.24 \times \left[(11 - 3.78) \times \frac{3.78}{11} + 3.78\right] = 7.76(\text{m})$$

④河滩为一般冲刷，由式(10.34)，可得

$$h_P = \left[\frac{\dfrac{Q_1}{\mu B_{tj}} \left(\dfrac{h_{tm}}{h_{tq}}\right)^{\frac{5}{3}}}{v_{H1}}\right]^{\frac{5}{6}}$$

本题桥下河槽能扩宽至全桥，故河滩一般冲刷 h_P 可不必计算，即冲刷后桥下河滩变为河槽的一部分了。

若假定桥下河槽不能扩宽至全桥，则式中桥下河滩最大水深 $h_{tm} = 6 \text{ m}$，天然状况下桥下河滩部分通过流量

$$Q''_t = Q_P - Q_c - Q_1 = 3\,468 - 1\,958 - 627.6 = 882.4(\text{m}^3/\text{s})$$

桥下河滩部分通过的设计流量

$$Q_1 = \frac{Q''_t}{Q_c + Q''_t}Q_P = \frac{882.4}{1\,958 + 882.4} \times 3\,468 = 1\,077.4(\text{m}^3/\text{s})$$

桥下河滩过水面积

$$A_t = A_{0M} - A_c = 1\,064.3 - 680 = 384.3(\text{m}^2)$$

桥下河滩宽度

$$B_{tj} = 7.8 + 67 = 74.8(\text{m})$$

河滩部分桥孔净长

$$B'_{tj} = 74.8 - 1.2 \times 5 = 68.8(\text{m})$$

桥下河滩平均水深

$$h_{tq} = \frac{A_t}{B_t} = \frac{384.3}{74.8} = 5.14(\text{m})$$

河滩粗砂表层 $\overline{d} = 1.5$ mm，查表 10.20， $v_{H1} = 0.5$ m/s。

河滩为一般冲刷，有

$$h_P = \left[\frac{\dfrac{1\,077.4}{0.908 \times 68.8} \times \left(\dfrac{6}{5.14}\right)^{\frac{5}{3}}}{0.5} \right]^{\frac{5}{6}} = 22.58(\text{m})$$

由结果可见，数值超过河槽一般冲刷 h_P 值，故不符合桥下河槽不能扩宽至全桥的假定。

⑤用式 65-2 计算桥墩局部冲刷：河槽计算层为小颗粒的砾石 $\overline{d} = 3$ mm，则

$$v_0 = 0.28(\overline{d} + 0.7)^{0.5} = 0.28 \times (3 + 0.7)^{0.5} = 0.538\,6(\text{m/s})$$

用式(10.46)计算一般冲刷后墩前行近流速，有

$$v = \frac{A^{0.1}}{1.04}\left(\frac{Q_2}{Q_c}\right)^{0.1}\left[\frac{B_c}{\mu(1-\lambda)B_2}\right]^{0.34}\left(\frac{h_{cm}}{\overline{h_c}}\right)^{\frac{2}{3}}\overline{v_c}$$

$$= \frac{1.16^{0.1}}{1.04} \times \left(\frac{3\,468}{1\,958}\right)^{0.1} \times \left[\frac{80}{0.908 \times (1 - 0.088\,4) \times 154.8}\right]^{0.34} \times \left(\frac{11}{8.5}\right)^{\frac{2}{3}} \times 2.88$$

$$= 3.011\,6(\text{m/s})$$

查表 10.21，双柱墩为序号 2，$K_\xi = 1$，$B_1 = d = 1.2$ m。

墩前泥沙起冲流速

$$v'_0 = 0.12(\overline{d} + 0.5)^{0.55} = 0.12 \times (3 + 0.5)^{0.55} = 0.239(\text{m/s})$$

当 $v > v_0$ 时为动床冲刷，由式(10.39)计算 h_b，有

$$n_1 = \left(\frac{v_0}{v}\right)^{0.23 + 0.19\lg\overline{d}} = \left(\frac{0.538\,6}{3.011\,6}\right)^{0.23 + 0.19\lg 3} = 0.296$$

$$K_{\eta 2} = \frac{0.002\,3}{\overline{d}^{2.2}} + 0.375\,\overline{d}^{0.24} = \frac{0.002\,3}{3^{2.2}} + 0.375 \times 3^{0.24} = 0.49$$

$$h_b = 1 \times 0.49 \times 1.2^{0.6} \times 16.01^{0.15} \times \left(\frac{3.011\,6 - 0.239}{0.538\,6}\right)^{0.296} = 1.346(\text{m})$$

⑥用式 65-1 的修正式计算桥墩局部冲刷：此时河槽一般冲刷用式 64-1 的修正式的计算值 $h_P = 14.59$ m，根据式(10.42)计算河床起动流速，有

$$v_0 = 0.024\,6 \times \left(\frac{h_P}{\overline{d}}\right)^{0.14}\sqrt{332\,\overline{d} + \frac{10 + h_P}{\overline{d}^{0.72}}}$$

$$= 0.024\,6 \times \left(\frac{14.59}{3}\right)^{0.14} \times \sqrt{332 \times 3 + \frac{10 + 14.59}{3^{0.72}}} = 0.97(\text{m/s})$$

墩前泥沙起冲流速由式(10.44)计算,有

$$v'_0 = 0.462 \times \left(\frac{\overline{d}}{B_1}\right)^{0.06} v_0 = 0.462 \times \left(\frac{3}{1.2}\right)^{0.06} \times 0.97 = 0.47(\text{m/s})$$

一般冲刷后墩前行近流速 v 由式(10.47)计算,有

$$v = E\,\overline{d}^{-\frac{1}{6}} \cdot h_{\text{P}}^{\frac{2}{3}} = 0.46 \times 3^{\frac{1}{3}} \times 14.59^{\frac{2}{3}} = 3.30(\text{m/s})$$

$v > v_0$,由式(10.41),有

$$h_{\text{b}} = K_{\xi} K_{\eta 1} B_1^{0.6} (v_0 - v'_0) \left(\frac{v - v'_0}{v_0 - v'_0}\right)^n$$

式中,$K_{\xi} = 1$,$B_1 = 1.2$ m(同上)。

$$K_{\eta 1} = 0.8 \times \left(\frac{1}{\overline{d}^{0.45}} + \frac{1}{\overline{d}^{0.15}}\right) = 0.8 \times \left(\frac{1}{3^{0.45}} + \frac{1}{3^{0.15}}\right) = 1.166$$

$$n = \left(\frac{v_0}{v}\right)^{0.25 d^{0.19}} = \left(\frac{0.97}{3.30}\right)^{0.25 \times 3^{0.19}} = 0.686$$

$$h_{\text{b}} = 1 \times 1.166 + 1.2^{0.6} \times (0.97 - 0.47) \times \left(\frac{3.30 - 0.47}{0.97 - 0.47}\right)^{0.686} = 2.99(\text{m})$$

(2)确定冲刷值的组合

此题桥下河槽能扩宽至全桥,左、右台偏斜冲刷值 h'_{P} 相对河槽一般冲刷值 h_{P} 较小,故桥下只需用河槽一般冲刷 h_{P} 与河槽桥墩局部冲刷 h_{b} 组合。

将64-2简化式与65-2式组合,有

$$h_{\text{P}} + h_{\text{b}} = 16.01 + 1.346 = 17.356(\text{m})$$

将64-1修正式与65-1修正式组合,有

$$h_{\text{P}} + h_{\text{b}} = 14.59 + 2.99 = 17.58(\text{m})$$

现取定 $h_{\text{P}} + h_{\text{b}} = 17.58$ m。

(3)计算冲刷线高程

用式(10.53)及式(10.54)计算各墩台最大冲刷时的高程,有

$$H_{\text{CM}} = H_{\text{P}} - h_{\text{s}} = H_{\text{P}} - (h_{\text{P}} + h_{\text{b}} + \Delta h) = 135.00 - (17.58 + 0) = 117.41(\text{m})$$

据此高程可在桥轴纵断面图绘出最低冲刷线(略)。

(4)确定墩台基底最小埋置高程

总冲刷深度为 $h_{\text{s}} - h_{\text{mc}} = 17.41 - 11.00 = 6.41(\text{m})$,查表10.22,一般桥梁取安全值 $\Delta = 2.5$ m。桥梁各墩台基底最小埋置高程

$$H_{\text{JM}} = H_{\text{CM}} - \Delta = 117.41 - 2.50 = 114.91(\text{m})$$

据此高程可绘出各墩台基底最小埋置线。本题最低冲刷线和基底最小埋置线均为水平线。

本章小结

(1)水流在经过小桥桥孔时的变化过程与宽顶堰流类似,因此,宽顶堰流的计算公式可应用于小桥的水力计算中。

（2）大、中桥水力计算主要包括桥孔长度、桥面中心和引道路堤最低设计高程以及桥梁墩台基础最小埋置深度。

（3）掌握推算桥面中心最低高程的方法，在计算过程中必须详细分析影响桥下水位增高的各个因素，并客观合理地进行组合。根据不同的导流堤设置和上游水面降落情况确定引道路堤最低设计高程。

（4）桥梁墩台冲刷深度应根据地区特点、河段特性、水文与泥沙特征、河床地质等情况采用相应的公式计算，必要时可利用实测、调查资料验算，分析论证后选用合理的计算成果。桥梁墩台冲刷包括河床自然演变冲刷、一般冲刷和局部冲刷三部分。在确定基础埋深时，应根据桥位河段情况，取其不利组合作为基础埋深的依据。

习 题

10.1 一般地区的桥位选择有哪些方面的要求？

10.2 桥位调查主要包括哪些内容？

10.3 桥面中心最低高程的确定包括哪些因素？哪些因素尚无成熟的计算公式而需根据调查和实测确定？

10.4 什么是波浪高度和波浪侵袭高度？

10.5 冲刷计算的目的是什么？

10.6 何谓桥下一般冲刷？分别有哪些公式？各自的适用性如何？

10.7 何谓桥下局部冲刷？分别有哪些公式？各自的适用性如何？

10.8 影响局部冲刷的主要因素有哪些？

10.9 在确定桥下最低冲刷线和墩台基底最小埋置深度时，计算公式中出现的 Δh 和 Δ 有什么不同？

10.10 假设例10.2的资料中，桥位处于宽滩河段，试选用公式计算最小桥孔净长。

10.11 已有水文资料：设计流量及水位分别为 $Q_p = 3\,500\ \mathrm{m^3/s}$，$H_p = 63.65\ \mathrm{m}$，天然河槽流量 $Q_c = 3\,190\ \mathrm{m^3/s}$，深槽底部高程 $H_s = 51.26\ \mathrm{m}$，取桥下 $\Delta_c = 3.5\ \mathrm{m}$，河滩 $\Delta_c = 2\ \mathrm{m}$，一般冲刷深度 $h_p = 15.17\ \mathrm{m}$，局部冲刷深度 $h_b = 2.59\ \mathrm{m}$，河滩一般冲刷深度 $h_{tp} = 5.08\ \mathrm{m}$。试确定：

（1）桥下河槽最低冲刷线高程及桥下河槽基底最小埋置高程各为多少？

（2）河滩最低冲刷线高程及桥台基底最小埋置高程各为多少？

10.12 某桥跨越河滩河段，设计流量 $Q_P = 8\,470\ \mathrm{m^3/s}$，河槽流量 $Q_c = 8\,060\ \mathrm{m^3/s}$，河槽宽度 $B_c = 300\ \mathrm{m}$，试计算桥的孔径长度。

附录Ⅰ　常用的粗糙系数表

等级	槽壁种类	n	$1/n$
1	涂覆珐琅或釉质的表面;精细刨光且拼合良好的木板	0.009	111.1
2	刨光的木板;纯粹水泥的粉饰面	0.010	100.0
3	水泥(含1/3细砂)粉饰面;新的陶土;安装和接合良好的铸铁管和钢管	0.011	90.9
4	未刨的木板,但拼合良好;在正常情况下内无显著积垢的给水管;极洁净的排水管;极好的混凝土面	0.012	83.3
5	琢石砌体;极好的砖砌体;正常情况下的排水管;略微污染的给水管;非完全精密拼合的、未刨的木板	0.013	76.9
6	污染的给水管和排水管;一般的砖砌体;一般情况下渠道的混凝土面	0.014	71.4
7	粗糙的砖砌体,未琢磨的石砌体,有未经修饰的表面,石块安置平整;污垢极重的排水管	0.015	66.7
8	普通块石砌体,其状况良好者;旧破砖砌体;较粗糙的混凝土;光滑的开凿得极好的崖岸	0.017	58.8
9	覆有坚厚淤泥层的渠槽;用致密黄土和致密卵石做成而为整片淤泥薄层所覆盖的良好渠槽	0.018	55.6
10	很粗糙的块石砌体;用大块石的干砌体;卵石铺筑面;纯粹由岩石开凿的渠槽;由黄土、致密卵石和致密泥土做成而为淤泥薄层所覆盖的渠槽(正常情况)	0.020	50.0
11	用带尖角的大块乱石铺筑,表面经过普通处理的岩石渠槽;致密黏土渠槽;由黄土、致密卵石和致密泥土做成而非为整片的(有些地方断裂的)淤泥薄层所覆盖的渠槽;受到中等以上养护的大型渠槽	0.022 5	44.4
12	受到中等养护的大型渠槽;受到良好养护的小型土渠;在有利条件下的小河和溪涧(自由流动无淤塞和显著水草等)	0.025	40.0
13	中等条件以下的大渠道;中等条件的小渠槽	0.027 5	36.4
14	条件较差的渠道和小河(例如有些地方有水草和乱石或显著的茂草,有局部的坍坡等)	0.030	33.3
15	条件很差的渠道和小河,断面不规则,严重地受到石块和水草的阻塞等	0.035	28.6
16	条件特别差的渠道和小河(沿河有崩崖巨石、绵密的树根、深潭、坍崖等)	0.040	25.0

部分习题答案

第1章

1.1 $\rho = 1\ 030\ \text{kg/m}^3$

1.2 $E = 1.375 \times 10^9\ \text{Pa}$

1.3 $\Delta p = 1.962 \times 10^7\ \text{Pa}$

1.4 $\tau = 1.1 \times 10^{-3}\ \text{Pa}, 7.8 \times 10^{-4}\ \text{Pa}, 0$

1.5 $T = 2A\mu \dfrac{u}{x}$

1.6 $\mu = 0.208\ 3\ \text{Pa} \cdot \text{s}$

1.7 $P = 162.36\ \text{W}$

第2章

2.1 （a）$p = 68.65\ \text{kPa}$,（b）$p = -29.42\ \text{kPa}, 0, 19.61\ \text{kPa}$

2.2 $p = -4.9\ \text{kPa}, p_v = 4.9\ \text{kPa}$

2.3 （1）$p_{\text{abs}} = 115.55\ \text{kPa}, p = 17.47\ \text{kPa}$;（2）$p = 9.63\ \text{kPa}, h = 1.21\ \text{m}$

2.4 $p = -9.8\ \text{kPa}, h = 2\ \text{m}$

2.5 $H = 0.4\ \text{m}$

2.6 $h_4 = 1.28\ \text{m}$

2.7 （1）$\Delta p = 185.2\ \text{kPa}$;（2）$\Delta p = 175.4\ \text{kPa}$

2.8 （1）$\Delta p = 1.86\ \text{kPa}$;（2）$\Delta p = 0.78\ \text{kPa}$

2.9 $p = 6.66\ \text{kPa}, h_1 = 0.628\ \text{m}$

2.10 $p_0 = 268.8\ \text{kPa}$

2.11 $x = 0.8\ \text{m}$

2.12 $P = 45.26\ \text{kN}$,作用点距 B 点 1.12 m

2.13 $P = 9.15\ \text{kN}, h = 0.31\ \text{m}$

2.14 $F = 24\ \text{kN}$

2.15 $P = 1\ 094\ \text{kN}, \theta = 32.6°$

2.16 $P = 5\ 107\ \text{kN}$

第3章

3.1 $a = 35.86\ \text{m/s}^2$

3.2 $(x+1)(y-2) = -2$

3.3 $a = 13.06\ \text{m/s}^2$,三元流动,非均匀流

3.4 $v = 0.413\ \text{m/s}, Q = 129.7 \times 10^{-6}\ \text{m}^3/\text{s}$

3.5 （1）$Q = 0.004\ 9\ \text{m}^3/\text{s}, G = 4.9\ \text{kg/s}$;（2）$v_1 = 0.625\ \text{m/s}, v_2 = 2.5\ \text{m/s}$

3.6 $Q = 10.9\ \text{L/s}$

3.7 $d_2 = 0.2\ \text{m}$

3.8 流向:$B \rightarrow A$

3.9 $v = 10.9\ \text{m/s}$

3.10 $Q = 51.1\ \text{L/s}$

3.11 $H = 1.23\ \text{m}$

3.12 $Q = 1.5\ \text{m}^3/\text{s}$

3.13 $p_{1\text{abs}} = 97.94\ \text{kPa}, p_{2\text{abs}} = 98.97\ \text{kPa}$

3.14 $R = 143.3\ \text{kN}$

3.15 $\theta = 32°, R = 456.6\ \text{kN}$

3.16　$Q = 8.48$ m³/s, $R = 22.45$ kN　　3.17　作用力为98.35 kN

第 4 章

4.1　(1)紊流;(2)$v_c = 0.085\ 2$ m/s

4.2　(1)$u_{max} = 11$ m/s;(2)$u = 8.25$ m/s;(3)$h_w = 0.036$ m

4.3　(1)$r = 0, \tau = 0; r = 0.5r_0, \tau = 0.25r_0$;(2)$\tau_1 = 5.13 \times 10^{-3}$ Pa, $\tau_2 = 9.37$ Pa

4.4　$\delta_0 = 1.732 \times 10^{-4}$ m　　　4.5　$h_w = 0.000\ 415, \lambda = 0.058\ 2$

4.7　$\lambda = 0.01$　　　　　　　　　　4.8　$H = 5.49$ m

4.9　$Q = 2.69 \times 10^{-4}$ m³/s

4.10　层流:$\delta = 3.23 \times 10^{-3}$ m;紊流:$\delta = 1.292 \times 10^{-2}$ m

第 5 章

5.1　$Q = 0.117$ m³/s　　　　　　　5.2　(1)$Q = 0.316$ m³/s;(2)$p_v = 59.6$ kPa

5.3　$H_t = 30.79$ m　　　　　　　　5.4　$H_1 = 22.6$ m

5.5　$H = 20.15$ m　　　　　　　　　5.6　$Q_2 = 0.141$ m³/s, $Q_3 = 0.390$ m³/s

5.7　$Q_2 = 0.710$ m³/s, $Q_2 = 0.444$ m³/s, $Q_3 = 0.266$ m³/s

第 6 章

6.1　$i = 0.171\ 6$　　　　　　　　　6.2　$v = 1.318$ m/s, $Q = 16.58$ m³/s

6.3　$n = 0.063\ 6$　　　　　　　　　6.4　$b = 4.15$ m, $h = 0.42$ m

6.6　$h_0 = 4.02$ m　　　　　　　　　6.7　$h_K = 0.972$ m, $E_s = 1.458$ m;缓流

6.8　$h_K = 1.07$ m　　　　　　　　　6.9　$i_K = 0.006\ 1$

6.11　$Q = 63.26$ m³/s　　　　　　　6.12　$\Delta E = 3.05$ J, $\eta = 48.76\%$

6.13　$E_{S2} = 1.5$ m

第 7 章

7.1　$Q = 0.375$ m³/s　　　　　　　7.2　$b \geqslant 1.77$ m

7.3　$H = 1.244$ m　　　　　　　　　7.4　$q = 0.129$ m²/s

7.5　$Q = 7.13$ L/s

第 8 章

8.1　$Q = 1.551 \times 10^{-7}$ m³/s　　　8.2　$q = 9.96 \times 10^{-5}$ m³/s

8.3　$v = u = 2 \times 10^{-7}$ m/s　　　　8.4　$h = 10.98$ m

8.5　$q = 5 \times 10^{-9}$ m²/s　　　　　8.6　$Q = 0.013$ m³/s

8.7　$R = 306.93$ m

第 9 章

9.9　$Q_{2\%} = 3\ 250$ m³/s, $Q_{1\%} = 3\ 500$ m³/s, $Q_{0.33\%} = 3\ 850$ m³/s

9.10　$Q_{2\%} = 3\ 043$ m³/s, $Q_{1\%} = 3\ 247$ m³/s, $Q_{0.33\%} = 3\ 519$ m³/s

9.11　$\overline{Q} = 1\ 839$ m³/s, $C_v = 0.48, C_s = 1.1$

$Q_{2\%} = 4\ 119$ m³/s, $Q_{1\%} = 4\ 561$ m³/s, $Q_{0.33\%} = 5\ 241$ m³/s

$$\sigma'_Q = \pm 8\% , \sigma'_{C_v} = \pm 14\% , \sigma'_{Q_{1\%}} = \pm 18\%$$

9.13 $Q_{2\%} = 3\,500\ \text{m}^3/\text{s} , Q_{1\%} = 3\,766\ \text{m}^3/\text{s}$

第 10 章

10.10 $L_j = 137\ \text{m}$

10.11   ①$H_s = 45.79\ \text{m} , H_N = 42.29\ \text{m}$ ②$H_{ts} = 58.57\ \text{m} , H_{tN} = 56.57\ \text{m}$

10.12 $L_j = 197\ \text{m}$

主要参考文献

[1] 李玉柱,贺五洲. 工程流体力学[M]. 北京:清华大学出版社,2006.

[2] 龙天渝,蔡增基. 流体力学[M]. 2版. 北京:中国建筑工业出版社,2013.

[3] 刘鹤年. 流体力学[M]. 2版. 北京:中国建筑工业出版社,2004.

[4] 毛根海. 应用流体力学[M]. 北京:高等教育出版社,2006.

[5] 禹华谦. 工程流体力学[M]. 北京:高等教育出版社,2004.

[6] 丁祖荣. 流体力学(上册)[M]. 北京:高等教育出版社,2003.

[7] 丁祖荣. 流体力学(中册)[M]. 北京:高等教育出版社,2003.

[8] 张维佳. 水力学[M]. 北京:中国建筑工业出版社,2008.

[9] 吴持恭. 水力学[M]. 4版. 北京:高等教育出版社,2009.

[10] 赵振兴,何建京. 水力学[M]. 北京:清华大学出版社,2005.

[11] 闻德荪. 工程流体力学[M]. 北京:高等教育出版社,2003.

[12] 刘亚坤. 水力学[M]. 北京:中国水利水电出版社,2008.

[13] 莫乃榕. 水力学习题详解[M]. 北京:华中科技大学出版社,2007.

[14] 赵明登. 水力学学习指导与习题解答[M]. 北京:中国水利水电出版社,2009.

[15] 龙北生. 水力学[M]. 北京:中国建筑工业出版社,2000.

[16] 柯葵,朱立明,李嵘. 水力学[M]. 上海:同济大学出版社,2001.

[17] 许珊珊. 水力学与桥涵水文[M]. 北京:化学工业出版社,2015.

[18] 叶镇国,彭文波. 水力学与桥涵水文[M]. 2版. 北京:人民交通出版社,2011.

[19] 安宁,殷克俭. 水力学与桥涵水文[M]. 2版. 成都:西南交通大学出版社,2014.

[20] Vennard J K, Street R J. Elementary fluid mechanics. 6th ed. New York:John Wiley & Sons, 1982.

[21] Finnenaore E J, Franzini J R, fluid mechanics with engineering application. Tenth ed. New York:McGraw-Hill Book Company, 2002.

[22] Pope S B. Turbulent Flow. Cambridge University Press,2000.

[23] Clayton T. Crowe, Donald F. Elger, John A. Roberson. Engineering Fluid Mechanics, 7th Edition. New York:McGraw-Hill Book Co. 2001.